智能变电站自动化
实训指导书

国网重庆市电力公司培训中心　组编

中国电力出版社
CHINA ELECTRIC POWER PRESS

内 容 提 要

　　本书是智能变电站自动化系统运维的实训指导教程，涵盖了北京四方、南瑞科技、南瑞继保三家厂商的主流设备和系统，具体介绍了各套系统从 SCD 文件配置及下装，各设备的配置、常见故障的排查、处理及典型案例，旨在提高智能变电站自动化系统运维检修相关人员的岗位工作技能。

　　本书可作为从事智能变电站自动化系统运维、检修、调试、验收相关工作的培训教材，也可作为相关专业人员的工作参考书。

图书在版编目（CIP）数据

智能变电站自动化实训指导书/国网重庆市电力公司培训中心组编. —北京：中国电力出版社，2022.8
ISBN 978-7-5198-6518-4

Ⅰ. ①智…　Ⅱ. ①国…　Ⅲ. ①智能系统–变电所–自动化技术　Ⅳ.①TM63

中国版本图书馆 CIP 数据核字（2022）第 022656 号

出版发行：中国电力出版社
地　　址：北京市东城区北京站西街 19 号（邮政编码 100005）
网　　址：http://www.cepp.sgcc.com.cn
责任编辑：陈　丽
责任校对：黄　蓓　常燕昆
装帧设计：赵丽媛
责任印制：石　雷

印　　刷：望都天宇星书刊印刷有限公司
版　　次：2022 年 8 月第一版
印　　次：2022 年 8 月北京第一次印刷
开　　本：787 毫米×1092 毫米　16 开本
印　　张：25.25
字　　数：490 千字
印　　数：0001—1000 册
定　　价：108.00 元

前言

国网重庆市电力公司培训中心 220kV 智能变电站自动化子站实训室于 2017 年 6 月投入使用，主要设备有北京四方 CSC-2000（V2）、南瑞继保 PCS-9700、南瑞科技 NS-3000S 智能变电站自动化系统、网络报文分析仪及同步相量数据集中器。为充分发挥 220kV 智能变电站自动化子站实训室的作用，提高站端自动化人员的专业技能，结合实训室设备配置，编写了《智能变电站自动化实训指导书》。

本指导书详细讲解了智能变电站自动化系统的 SCD 文件配置及下装，监控主机的维护和调试，测控装置、智能终端、合并单元、数据通信网关机、交换机等自动化设备的参数配置、维护和调试。每一个步骤都用图文方式给出了详细讲解，点明了维护要点及注意事项，并提供了完整的工程实例演示和常见故障排查思路及处理方法。同时，本指导书在编写过程中，从方法论上对故障排除思路进行了进一步的提炼，并收集了智能变电站的故障典型案例。因此，本指导书既可以作为智能变电站自动化系统运维、检修、调试、验收、站端自动化技能评价等相关工作的培训教材，也可以作为相关人员的专业参考工具书使用。

2021 年，国家电网有限公司发布了《关于加强设备运检全业务核心班组建设的指导意见》（国家电网设备〔2021〕554 号），要求各单位落实核心业务管控要求，推动技改大修项目自主实施，做实做强做优基层班组，推动班组由"作业执行单元"向"价值创造单元"转变，实现变电检修班组核心业务能力和人员技能水平显著提升，持续提升变电专业核心竞争力。本指导书的出版，顺应了公司要求，其详尽的内容，可以作为"传帮带"和集中培训之外的良好补充。二次检修人员可以在布置好安全措施后，参照本指导书，在实际工作中以"战"促学，满足各基层单位的培训需求，具有较高的实用价值。

本指导书在编写过程中得到了国网重庆市电力公司电力调度控制中心、国网重庆市电力公司培训中心、国网重庆市电力公司超高压分公司、国网重庆市电力公司市北供电分公司、国网重庆市电力公司万州供电分公司、国网重庆市电力公司长寿供电分公司、国网重庆市电力公司市南供电分公司、四方继保（武汉）软件有限公司的大力指导和支持，在此深表感谢！

由于编写时间仓促，难免存在疏漏之处，恳请各位专家和读者提出宝贵意见，以不断完善。

编　者

2022 年 1 月

目录

第一章

智能变电站自动化系统概述

第一节 术 语 和 定 义

（1）智能变电站一体化监控系统（integrated supervision and control system of smart substation）。按照全站信息数字化、通信平台网络化、信息共享标准化的基本要求，通过系统集成优化，实现全站信息的统一接入、统一存储和统一展示，实现运行监视、操作与控制、综合信息分析与智能告警、运行管理和辅助应用等功能。

（2）数据通信网关机（data communication gateway）。一种通信装置，实现智能变电站与调度、生产等主站系统之间的通信，为主站系统实现智能变电站监视控制、信息查询和远程浏览等功能提供数据、模型和图形的传输服务。

（3）综合应用服务器（comprehensive application server）。实现与状态监测、计量、电源、消防、安防和环境监测等设备（子系统）的信息通信，通过综合分析和统一展示，实现一次设备在线监测和辅助设备的运行监视、控制与管理。

（4）全景数据（panoramic data）。反应电网运行状态的稳态、暂态、动态数据、设备运行状态以及图形、模型等数据的统称。

（5）数据服务器（data server）。实现智能变电站全景数据的集中存储，为各类应用提供统一的数据查询和访问服务。

（6）IED（intelligent electronic device）。智能电子设备，由一个或多个处理器组成，具有从外部源接收和传送数据或控制外部源的设备，智能变电站所有满足 IEC 61850 标准通信协议的电子设备均为智能电子设备。

（7）ICD（IED capability description）文件。IED 能力描述文件；由装置厂商提供给系统集成厂商，该文件描述 IED 提供的基本数据模型及服务，但不包含 IED 实例名称和通信参数。

（8）CID（configured IED description）文件。IED 实例配置文件；每个装置有一个，由装置厂商根据 SCD 文件中本 IED 相关配置生成。

（9）SCD（substation configuration description）文件。全站系统配置文件；全站唯一，该文件描述所有 IED 的实例配置和通信参数、IED 之间的通信配置以及变电站一次系统结构，由系统集成厂商完成。SCD 文件应包含版本修改信息，明确描述修改时间、修改版本号等内容。

（10）SSD（system specification description）。系统规范文件，应全站唯一，该元件描述变电站一次系统结构以及相关联的逻辑节点，最终包含在 SCD 文件中。

（11）PMU（phasor measurement unit）。同步相量测量装置，用于实时监测记录电网动态过程中的相量数据。

（12）智能终端（intelligent terminal）。与一次设备采用电缆连接，与保护、测控等二次设备采用光纤连接，实现对一次设备的信息采集、控制等功能。

（13）合并单元（merging unit）。对一次互感器传输过来的电气量进行合并和同步处理，并将处理后的数字信号按照特定格式转发给间隔级设备使用的装置。

（14）合并单元智能终端集成装置（integrated decive about merging unit and intelligent terminal）。与一次设备采用电缆连接，对来自一次设备的模拟信号及状态信号进行采集处理，输出数字信息给测控和计量等装置，并实现对一次设备的测量、控制等功能，是合并单元与智能终端集成一体的装置。

（15）GOOSE（generic object oriented substation event）。GOOSE 是一种面向通用对象的变电站事件。主要用于实现在多 IED 之间的信息传递，包括传输跳合闸信号（命令），具有高传输成功概率。

（16）SV（sampled value）。采样值。基于发布/订阅机制，交换采样数据集中的采样值的相关模型对象和服务，以及这些模型对象和服务到 ISO/IEC8802-3 帧之间的映射。

（17）MMS（manufacturing message specification）。MMS 即制造报文规范，是 ISO/IEC9506 标准所定义的一套用于工业控制系统的通信协议。MMS 规范了工业领域具有通信能力的智能传感器、智能电子设备（IED）、智能控制设备的通信行为，使不同制造商的设备之间具有互操作性（interoperation）。

（18）IEC 61850（Ed1）系列标准（communication networks and systems in substations）。它规范了变电站内智能电子设备（IED）之间的通信行为和相关的系统要求。

第二节 监控系统体系架构

一、一体化监控系统结构

智能变电站一体化监控系统基于监控主机和综合应用服务器，统一存储变电站模型、图形和操作记录、运行信息、告警信息等历史数据，为各类应用提供数据查询和访问服务，智能变电站一体化监控系统架构示意图如图 1-1 所示。

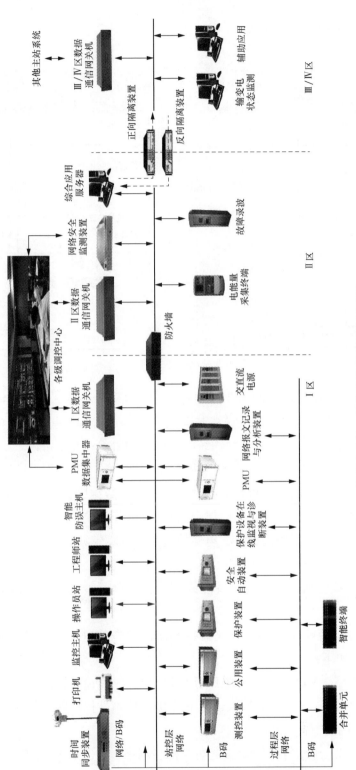

图 1-1 智能变电站一体化监控系统架构示意图

三层两网结构图如图 1-2 所示。

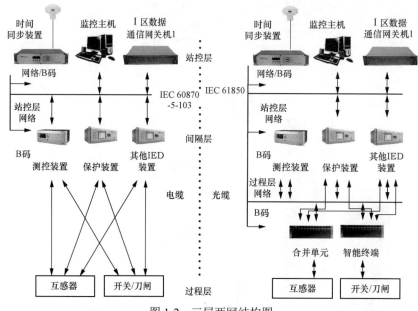

图 1-2 三层两网结构图

智能变电站与传统变电站的主要区别有：①原间隔设备的采样和控制单元功能以过程层设备的形式就地布置，一次设备与间隔层设备之间的信息交互由电缆连接替代为光缆连接；②原各自厂商的私有规约统一为标准的 IEC 61850 协议。

（1）设备构成。智能变电站一体化监控系统由站控层、间隔层、过程层设备组成。

1）站控层设备包括监控主机、数据通信网关机、数据服务器、综合应用服务器、操作员站、工程师工作站、PMU 数据集中器和计划管理终端等。

2）间隔层设备包括测控装置、继电保护装置、故障录波装置、网络记录分析仪及稳控装置等。

3）过程层设备包括合并单元、智能终端、合并单元智能终端集成装置、智能组件等。

（2）网络构成。智能变电站一体化监控系统网络在物理上由站控层网络、过程层网络组成，要求如下：

1）站控层网络。110kV 及以上电压等级智能变电站站控层网络采用双星形电以太网，各站控层及间隔层设备应支持双以太网连接，传输站控层网络的 MMS 报文。

2）过程层网络。

a. 220kV 及以上电压等级智能变电站过程层网络：220kV 电压等级间隔采用双星形光以太网，110kV 电压等级间隔采用单星形以太网，主变压器高、中压侧采用双星形以太网，主变压器低压侧接入主变压器中压侧网络，GOOSE 网与 SV 网共网传输。

b. 110kV 智能变电站过程层网络：采用单星形以太网，GOOSE 网与 SV 网共网传输。

（3）系统架构示意图。220kV 及以上电压等级智能变电站一体化监控系统架构示意图，如图 1-3 所示；110kV 及以上电压等级智能变电站一体化监控系统架构示意图，如图 1-4 所示；关键设备配置如图 1-5 所示。

二、系统硬件配置

1. 站控层设备

站控层负责变电站的数据处理、集中监控和数据通信。

（1）220kV 及以上电压等级智能变电站站控层主要设备配置要求。

1）监控主机兼操作员工作站双套配置。

2）数据服务器单套配置。

3）综合应用服务器宜双套配置（集成状态检测主机、智能辅助系统主机功能）。

4）Ⅰ区数据通信网关机双套配置。

5）图形网关机单套配置（Ⅰ区数据通信网关机具备图形网关机功能时不再独立配置）。

6）Ⅱ区数据通信网关机应双套配置。

7）Ⅰ区中心交换机宜按 20 个百兆电口、4 个百兆光口配置，Ⅱ区交换机宜按 20 个百兆电口、4 个百兆光口配置，交换机数量按终期规模配置，每台交换机需备用 2 个电口、1 个光口。

8）防火墙双套配置。

9）网络打印机宜单套配置。

10）根据应用需求配置Ⅲ/Ⅳ区数据通信网关机及正、反向隔离装置。

11）500kV 及以上电压等级智能变电站操作员站可独立双重化配置。

12）组屏原则：监控主机组 2 面屏，数据服务器、图形网关机及防火墙组 2 面屏，综合应用服务器、Ⅲ/Ⅳ区数据通信网关机及正、反向隔离装置组 2 面屏，Ⅰ区数据通信网关机与Ⅰ区交换机组 2 面屏，Ⅱ区数据通信网关机与Ⅱ区交换机组 2 面屏。

（2）110kV 智能变电站主要设备配置要求。

1）监控主机兼操作员工作站双套配置。

2）综合应用服务器单套配置（集成状态检测主机、智能辅助系统主机功能）。

3）Ⅰ区数据通信网关机双套配置。

4）图形网关机双套配置（Ⅰ区数据通信网关机具备图形网关机功能时不再独立配置）。

5）Ⅱ区数据通信网关机单套配置。

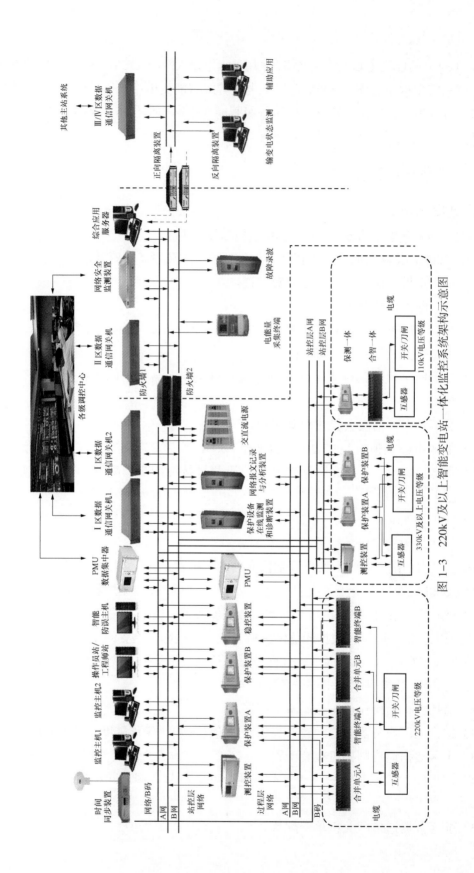

图 1-3 220kV 及以上智能变电站一体化监控系统架构示意图

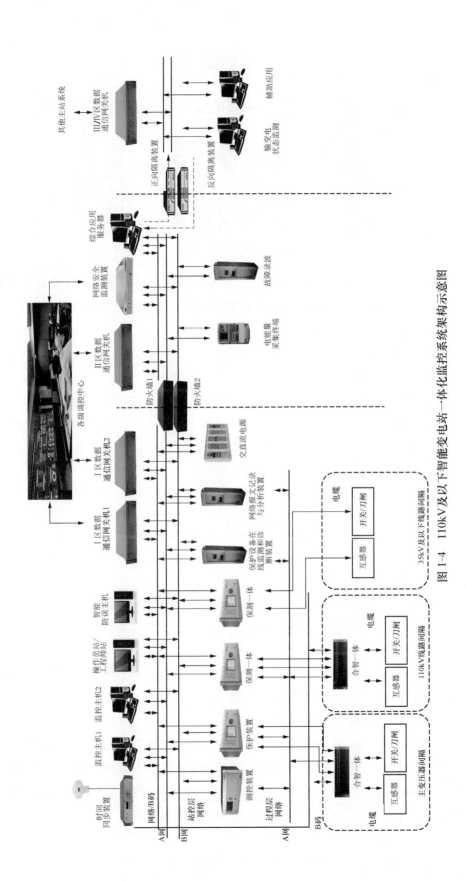

图 1-4 110kV及以下智能变电站一体化监控系统架构示意图

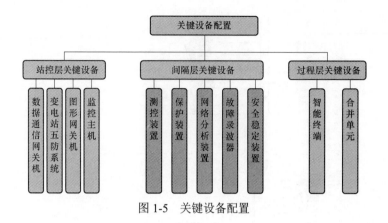

图 1-5　关键设备配置

6）Ⅰ区中心交换机宜按 20 个百兆电口、4 个百兆光口配置，Ⅱ区交换机宜按 20 个百兆电口、4 个百兆光口配置，交换机数量按终期规模配置，每台交换机需备用 2 个电口、1 个光口。

7）防火墙单套配置。

8）网络打印机单套配置。

9）根据应用需求配置Ⅲ/Ⅳ区数据通信网关机及正、反向隔离装置。

10）组屏原则：监控主机、图形网关机组 2 面屏，综合应用服务器及防火墙组 1 面屏，Ⅲ/Ⅳ区数据通信网关机及正、反向隔离装置组 1 面屏，Ⅰ区、Ⅱ区数据通信网关机及交换机组 2 面屏。

2. 间隔层设备

（1）220kV 及以上电压等级智能变电站主要设备配置要求。

1）220kV 电压等级间隔测控装置应独立配置，主变压器间隔测控装置按电压等级独立配置，本体测控装置单独配置。

2）110kV 电压等级线路、母联（分段）应按间隔配置保护测控集成装置。

3）每段母线电压互感器单独配置测控装置。

4）公用测控装置按需配置。

5）间隔层交换机宜按 20 个百兆电口、4 个百兆光口配置，交换机数量按本期规模配置，每台交换机宜备用 2 个电口、1 个光口。

6）网络报文分析装置宜单套配置。

7）组屏原则：220kV 线路间隔每 4 台测控装置组 1 面屏，220kV 母联、母线测控装置组 1 面屏，每台主变压器间隔本体及各侧测控装置组 1 面屏，110kV 线路间隔保护测控集成装置宜两间隔组 1 面屏，110kV 母联、母线测控装置组 1 面屏，公用测控装置单独组屏，35kV 及以下电压等级测控装置就地安装。

（2）110kV 智能变电站主要设备配置要求。

1）110kV 电压等级线路、母联（分段）应按间隔配置保护测控集成装置。

2）主变压器间隔测控装置按电压等级单独配置，本体测控功能集成在高压侧测控装置。

3）每段母线电压互感器单独配置测控装置。

4）公用测控装置宜双套配置。

5）间隔层交换机宜按 20 个百兆电口、4 个百兆光口配置，交换机数量按本期规模配置，每台交换机宜备用 2 个电口、1 个光口。

6）网络报文分析装置单套配置。

7）组屏原则：每台主变压器间隔本体及各侧测控装置组 1 面屏，每 2 个 110kV 线路间隔保护测控集成装置组 1 面屏，110kV 母线测控装置组 1 面屏，公用测控装置单独组屏，35kV 及以下电压等级测控装置就地安装。

3. 过程层设备

（1）220kV 及以上电压等级智能变电站主要设备配置要求。

1）过程层中心交换机宜配置 20 个百兆光口，4 个千兆光口，中心交换机级联采用千兆光口。

2）过程层交换机宜配置 16 个百兆光口；220kV 电压等级每个间隔配置 2 台交换机；110kV 电压等级宜每两个间隔配置 1 台交换机；每台主变压器高压侧宜配置 2 台交换机，中、低压侧配置 2 台交换机；220kV 母联间隔配置 2 台交换机；110kV 母联间隔配置 1 台交换机。

3）交换机数量按本期规模配置，每台交换机需留有不少于 20%备用口，每个光口接入流量不超过本光口最大流量 40%。

（2）110kV 智能变电站主要设备配置要求。

1）过程层中心交换机宜配置 20 个百兆光口，4 个千兆光口，中心交换机级联采用千兆光口。

2）过程层交换机宜配置 16 个百兆光口；110kV 电压等级宜每两个间隔配置 1 台交换机；主变压器高压侧宜配置 1 台交换机，中、低压侧配置 1 台交换机；110kV 母联间隔配置 1 台交换机。

3）交换机数量按本期规模配置，每台交换机需留有不少于 20%备用口，每个光口接入流量不超过本光口最大流量 40%。

4. 调度数据网设备

110kV 及以上电压等级变电站调度数据网设备应双套配置，两套设备分屏布置，每套设备包含实时交换机、非实时交换机、实时纵向加密装置、非实时纵向加密装置、路由器。35kV 变电站宜双套分屏配置。

5. 电力监控系统安全防护设备

电力监控系统安全防护设备包含防火墙、正向隔离装置、反向隔离装置、纵向加密认证装置、网络安全监测装置。

三、系统软件配置

1. 系统软件

主要系统软件包括操作系统、历史/实时数据库和标准数据总线与接口等，配置要求：

（1）操作系统。操作系统应采用国家指定部门检测认证的安全加固的操作系统（Linux/Unix 操作系统）。

（2）历史数据库。采用国家指定部门检测认证的安全加固的数据库，提供数据库管理工具和软件开发工具进行维护、更新和扩充操作。

（3）实时数据库。采用国家指定部门检测认证的安全加固的数据库，提供安全、高效的实时数据存取，支持多应用并发访问和实时同步更新。

（4）应用软件。采用模块化结构，具有良好的实时响应速度和稳定性、可靠性、可扩充性。

（5）标准数据总线与接口。应提供基于消息的信息交换机制，通过消息中间件完成不同应用之间的消息代理、传送功能。

2. 工具软件

工具软件包括系统配置工具和模型校核工具。

（1）系统配置工具。

1）提供独立的系统配置工具和装置配置工具，能正确识别和导入不同制造商的模型文件，具备良好的兼容性。

2）系统配置工具应支持对一、二次设备的关联关系、全站的智能电子设备（IED）实例以及 IED 间的交换信息进行配置，导出全站 SCD 配置文件；支持生成或导入变电站规范模型文件（SSD）和智能电子设备配置描述（ICD）文件，且应保留 ICD 文件的私有项。

3）装置配置工具应支持装置 ICD 文件生成和维护，支持从 SCD 文件中提取需要的装置实例配置信息。

4）应具备虚端子导出功能，生成虚端子连接图，以图形形式来表达各虚端子之间的连接。

5）系统配置示意图如图 1-6 所示。

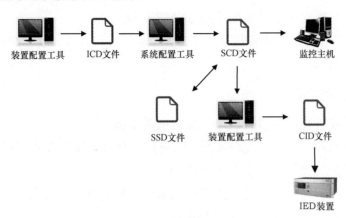

图 1-6　系统配置示意图

（2）模型校核工具。

1）应具备 SCD 文件导入和校验功能，可读取智能变电站 SCD 文件，测试导入的 SCD 文件的信息是否正确。

2）应具备合理性检测功能，包括介质访问控制（MAC）地址、网际协议（IP）地址唯一性检测和 VLAN 设置及端口容量合理性检测。

3）应具备智能电子设备实例配置文件（CID）文件检测功能，对装置下装的 CID 文件进行检测，保证与 SCD 导出的文件内容一致。

第三节　监控系统网络通信

一、站内信息传输

1. 站内信息传输要求

（1）与测控装置、保护装置、故障录波装置、安控装置、在线监测设备、辅助设备之间信息的传输应遵循 DL/T 860-7-2《变电站通信网络和系统　第 7-2 部分：变电站和线路（馈线）设备的基本通信结构—抽象通信服务接口（ACSI）》、DL/T 860-8-1《变电站通信网络和系统　第 8-1 部分：特定通信服务映射（SCSM）映射到 MMS》（ISO/IEC 9506　第 1 部分和第 2 部分）。

（2）同步相量数据传输格式采用 Q/GDW 131《电力系统实时动态监测系统技术规范》，装置参数和装置自检信息的传输遵循 DL/T 860-7-2、DL/T 860-8-1；当同一厂站内有多个 PMU 装置时，应设置通信集中处理模块，汇集各 PMU 装置的数据后，再与智能变电站一体化监控系统通信。

（3）故障录波文件格式采用 GB/T 22386《电力系统暂态数据交换通用格式》。

（4）与网络交换机信息传输应采用 SNMP 协议。

（5）在线监测设备的模型应遵循 Q/GDW 616《基于 DL/T 860 标准的变电设备在线监测装置应用规范》。

2. 站内信息数据流

（1）过程层设备与一次设备就地布置，电缆连接。

（2）过程层设备与间隔层测控装置、网络报文分析装置等设备间以光以太网连接，过程层设备与保护装置间以光缆直采直跳。

（3）间隔层设备与站控层设备间用电以太网双网进行信息交互。

（4）站内信息交互示意图如图 1-7 所示。

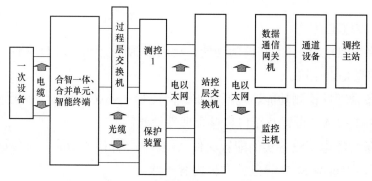

图 1-7　监控系统信息流示意图

二、站外信息传输

（1）Ⅰ区数据通信网关机的信息传输应遵循 DL/T 634.5-104《运动设备及系统　第 5-104 部分：传输规约采用标准传输协议集的 IEC 60870-5-101 网络访问》或 DL/T 860 系列标准。

（2）Ⅱ区数据通信网关机的信息传输遵循 DL/T 860 系列标准。

（3）广域相量测量信息传输由 PMU 数据集中器实现，传输格式遵循 Q/GDW 131《电力系统实时动态监测系统技术规范》。

（4）继电保护信息传输由Ⅰ区（或Ⅱ区）数据通信网关机实现；传输规约采用 DL/T 667《继电保护设备信息接口配套标准》或 DL/T 860 系列标准。

（5）应支持与多级调度（调控）中心的信息传输。

（6）与输变电站设备状态监测主站及 PMS 信息传输，信息模型应遵循 Q/GDW 616 标准，传输协议遵循 DL/T 860 系列标准。

三、二次系统安全防护

智能变电站一体化监控系统安全分区及防护原则：

（1）安全Ⅰ区的设备包括一体化监控系统监控主机、Ⅰ区数据通信网关机、数据服务器、操作员站、工程师工作站、保护装置、测控装置、PMU、一体化电源等。

（2）安全Ⅱ区的设备包括综合应用服务器、计划管理终端、Ⅱ区数据通信网关机、电能量采集终端等。

（3）安全Ⅰ区设备与安全Ⅱ区设备之间通信应采用防火墙隔离。

（4）智能变电站一体化监控系统通过正、反向隔离装置与Ⅲ/Ⅳ区数据通信网关机数据交互。

（5）智能变电站一体化监控系统与调控中心进行数据通信应设置纵向加密认证装置。

（6）安全Ⅲ/Ⅳ区设备包括输变电状态监测系统（一次设备在线监测装置、油色谱在线监测等）、辅助应用（视频监控、环境监测、安防、消防等子系统）等。

第二章

北京四方智能变电站自动化系统

第一节 SCD 文件配置及下装

一、SCD 配置工具简介

智能变电站二次系统配置器（以下简称系统配置器）是一个变电站的二次系统配置与集成工具，用以配置并集成基于 IEC 61850 标准建设的智能变电站内各个孤立的智能电子设备（IED），使之成为一个设备之间可以互相通信与操作的变电站自动化系统。

北京四方公司 System Configuration 系统配置器可全面配置变电站系统的信息，包括电压等级、间隔、IED 模型信息、IED 之间的拓扑关系、IED 的通信参数、虚端子配置；并能够生成 SCD 文件，生成 CID 文件，导出虚端子表，导出配置文件，具备可视化校核虚端子等一系列功能；另外还可以对 ICD 模型、SCD 文件进行校验工作。

二、SCD 制作步骤

使用系统配置工具制作 SCD 文件的主要步骤如下：

（1）根据统计好的全站所需要通信的智能电子设备的软硬件信息，找到与之对应的 ICD 模型文件。将各供应商提供的 ICD 模型文件进行检测，检测通过后才可进行配置。

（2）智能设备通信配置。将所有装置按照间隔进行罗列，导入需要配置的 ICD 模型文件，对间隔名称、装置描述、装置型号、生产厂商、IEDName、IP 地址、AppID、VLAN 等信息进行配置。

（3）根据设计院提供的虚端子表和工程实际应用，进行虚端子配置。

（4）根据配置后的变电站系统信息，保存生成 SCD 文件。

（5）用系统配置器导出各装置的配置文件。

三、维护要点及注意事项

（1）SCD 文件制作主要分为新建工程、添加间隔、添加装置（ICD 模型文件导入）、通信配置、虚端子配置、配置文件导出等步骤。

（2）ICD 模型文件导入时需要确认该模型文件与实际装置的软硬件版本信息相匹配。模型文件导入后，应按照国家电网有限公司的相关要求对 IED 进行规范化命名，参考命名规则如表 2-1 所示。

表 2-1   IED 命 名 规 则

第 1 位	第 2 位	第 3、4 位	第 5、6 位	第 7 位
IED 类型	对象类型	电压等级	间隔编号	套数
C—测控装置	G—公用	50～500kV	01	A 第一套
P—保护装置	B—开关	22～220kV	02	B 第二套
S—保护测控集成装置	T—主变压器	11～110kV	03	C 第三套
R—故障录波装置	L—线路	66～66kV		
J—远跳装置	M—母线	35～35kV		
I—智能终端	D—直流	10～10kV		
M—合并单元	X—规约转换			
O—在线监测装置	R—电抗			
A—合并单元智能终端集成装置	C—电容			
Q—其他智能设备	S—所变			
	U—所用电			
	E—分段（母联）			
	Z—备自投			
	Q—其他			
DM—电能表				
SW—交换机				
MAIN—监控主机				
DASR—数据服务器				
CMSR—数据通信网关机				
图形网关机				
CASR—综合应用服务器				
RAAM—网络报文记录装置				

（3）通信配置应根据变电站规模统筹规划，并按照统一原则进行配置，IP 地址、GOOSE 控制块、SV 控制块命名规则如下。

1）IP 地址分配及命名规则（见表 2-2）。智能变电站 IED 的网络 IP 地址采用 B 类地址，A 网采用 172.20.ABC.DEF，B 网采用 172.21.ABC.DEF，子网掩码 255.255.0.0。

表 2-2 IP 地址分配及命名规则

ABC（最大为 255）	00—站控层 IED 及公用 IED
	01—主变
	10—10kV 电压等级 IED
	11—110kV 电压等级 IED
	22—220kV 电压等级 IED
	35—35kV 电压等级 IED
	50—500kV 电压等级 IED
	66—66kV 电压等级 IED
	250—110kV 以下电压等级交换机，251—110kV 电压等级交换机，252—220kV 电压等级交换机，253—330kV 电压等级交换机，254—500kV 电压等级交换机
DEF（最大为 255）	DE 为 IED 所在间隔号，取值为 01～24；F 为间隔内 IED 数量，取值为 1～9
	1～99：站控层/间隔层网络交换机
	101～254：过程层网络交换机

注 对于 10kV 装置地址分配，DEF 按顺序编号。

2）GOOSE 控制块 MAC 地址分配规则。MAC 目的地址分配范围为 0x010ccd010000～0x010ccd013fff。

按数据集划分组播 MAC，分别为 GA，GB，GC，GD，…；双网的组播 MAC 一致。每个 GOOSE 数据集组播 MAC 设置如下。

GA：01-0c-cd-01-XX-X0

GB：01-0c-cd-01-XX-X1

GC：01-0c-cd-01-XX-X2

GD：01-0c-cd-01-XX-X3

其中，XXX 取值范围为 000～3ff。

3）SV 地址分配规则。MAC 目的地址分配范围为 0x010ccd040000～0x010ccd043fff。

按数据集划分组播 MAC，分别为 SA,SB,……；除了合智一体装置和合并单元装置组播 MAC 不一致外，其余双网的组播 MAC 宜一致。每个 SV 数据集组播 MAC 设置如下。

SA：01-0c-cd-04-XX-X0

SB：01-0c-cd-04-XX-X1

其中，XXX 取值范围为 000～3ff。

（4）虚端子类似于常规变电站的二次接线，配置虚端子时应仔细核对收发双方的定义，配置完后可利用系统配置器的可视化展示功能进行核查。

第二节 监 控 系 统

一、监控系统简介

监控主机俗称"后台机"，实现对变电站内主要设备的监视、测量、自动控制等综合性的自动化功能，保障变电站值班人员对变电站设备运行状况的实时监控。CSC2000（V2）变电站自动化系统（通常简称 V2 系统）是四方公司应用较为广泛的一套监控系统，适用于常规变电站和智能变电站。

启动 V2 监控系统有三种方法：

（1）鼠标左键双击桌面上"CSC2000-V2 SCADA"按钮，可快速启动监控系统，启动时间约为 1min；

（2）鼠标左键双击桌面上"CSC2000-V2Console"按钮，打开命令提示符窗口，运行命令：startjk，启动监控服务 Daemon，在监控后台服务启动正常后，Daemon 会自动带起监控界面程序。

注意：

（1）监控系统有些应用需要管理员权限启动，因此需要使用管理员权限打开可执行程序或命令窗口。

（2）在监控界面程序启动的情况下，无法退出 Daemon 监控程序，必须先退出监控界面程序，再在 Windows 操作系统右下角的四方 logo 上选择右键退出。

以上两种方法会屏蔽 Alt+Tab 切换键，想回到监控主机桌面，只能通过 Ctrl+Alt+Delete 启动任务管理器实现。

（3）在 Windows 下，也可以通过控制台的方式启动 localm 和 desk 命令，用 scadaexit 命令关闭监控服务，需要注意：localm、desk 和 scadaexit 命令需要在"CSC2000-V2Console"窗口下输入才行，且 localm 和 desk 命令要在两个不同的窗口中输入，监控软件在运行过程中不能关掉这两个命令窗口。

二、系统参数设置

1. 设置变电站属性

第一步：进入设备管理—设备清单—厂站—选中右侧对话框右击—设备属性—修改设备名称和设备名描述，必须为实际的变电站名称—选择站内的电压等级—确定（是）。图 2-1 给出了进入"设备管理"菜单的路径。

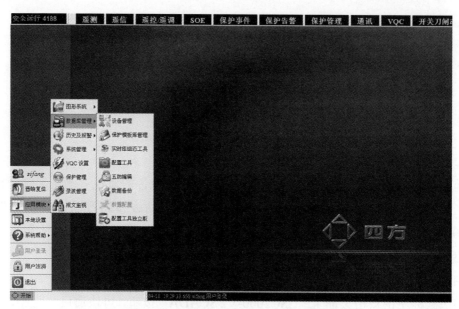

图 2-1　设置变电站属性数据库管理菜单

第二步：如图 2-2 所示，依据实际变电站名修改"设备名描述"，选择电压等级，然后确认。

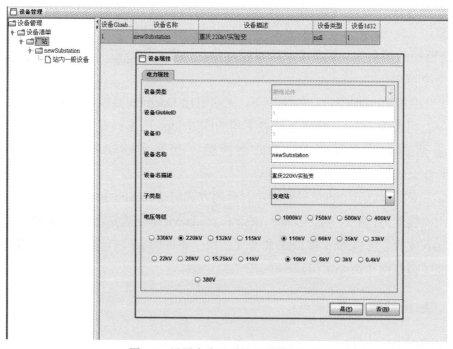

图 2-2　设置变电站属性设备管理菜单

2. 实时库信息（四遥）修改

从监控软件"开始"菜单打开"实时库组态工具"界面，如图 2-3 所示，按顺序选择：开始→应用模块→数据库管理→实时库组态工具；四遥量信息修改前，需要勾选四遥表上方的"编辑"按钮，修改完后，要依次点击实时库组态工具界面中的"保存""刷新""发布"按钮。

遥测量：主要修改名称、系数、存储周期。图 2-3 给出了遥测表信息修改的界面。

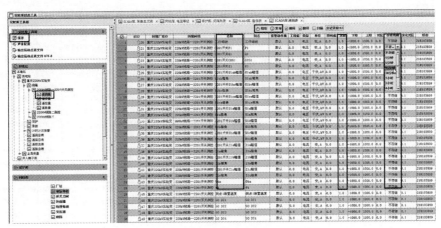

图 2-3　遥测表信息修改

注意：智能变电站测控装置上送给监控的是一次值，所以实时库中遥测量的系数为 1。常规变电站测控装置上送的是二次值，需要在遥测量表中的"系数"列整定系数，电压的系数为电压互感器变比，比如现场电压互感器变比为 220/100，那么监控主机实时库电压系数就是 2.2，单位为 kV；电流系数为现场电流互感器变比，比如现场电流互感器变比为 600/5，那么监控主机实时库电流系数就是 120，单位为 A；相应 P 和 Q 的系数为电压互感器变比乘电流互感器变比除 1000，比如，电压互感器变比为 220/100，电流互感器变比为 600/5，那么 P 和 Q 的系数为 0.264，单位为 MW 和 Mvar；线路间隔除电压、电流、有功功率、无功功率外，其他遥测量的系数都为 1。

遥测表中，原始值和工程值间的关系为：原始值×系数+偏移量=工程值。

遥信量：主要修改名称和类型；名称即为现场蓝图确定的描述，类型配置原则为将合位修改为对应一次设备的实际类型。即开关对应断路器，隔离开关、接地刀闸对应刀闸，只修改合位对应的类型，分位为默认的通用遥信即可。图 2-4 给出了遥信表信息修改的界面。

遥控量：主要修改名称，保证遥控表中的名称描述和遥信表中的描述对应起来，正确填写开关、刀闸❶双编号，注意类型对应正确。图 2-5 给出了遥控表信息修改的界面。

切记，实时库修改过，都要进行保存、刷新、发布。

注意：四方公司 V2 监控软件的实时库信息全部保存在 csc2100_home\project\

---

❶　书中名称"开关"与"断路器"同义，"刀闸"与"隔离刀闸"同义，书中"刀闸"单独出现时常涵盖了"隔离开关""接地刀闸"两类设备。

support 下，点击实时库工具箱里的保存，是以文本的形式保存在 csc2100_home\project\support\Rtdb_Data_Txt 里，点击实时库组态右上角×，之后保存，是在 support\Rtdb_Data_Txt 里以文本形式保存一份，同时在\support\bak 里以压缩包形式保存一份。

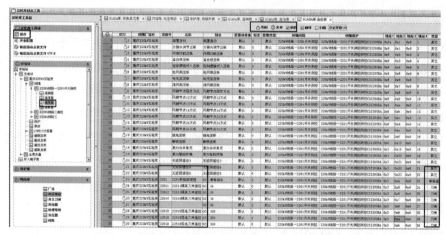

图 2-4　遥信表信息修改

图 2-5　遥控表信息修改

3. 遥测历史存储数据

遥测点在选择了存储周期后，相关测点会在相应的存储周期进行历史数据存储，将数据保存到商业库，以实现报表中相关数值的正常调用。遥测表中的存储周期字段在编辑状态下双击就可以选择相应的存储周期，通常是从 1min～24h 间做出选择，添加新点默认不存储。在遥测表中选择了相应存储周期后该点同时会被自动添加到遥测最值统计表中。图 2-6 给出了遥测数据存储界面。

设置完成后，系统会根据设置的存储周期完成数据入库。需要查看统计数据，可通过制作报表完成，报表制作方法可参考监控系统软件中附带的说明书中报表管理相关章节。

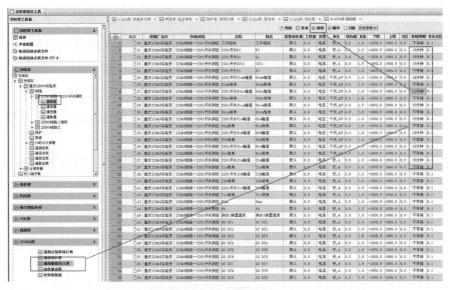

图 2-6　遥测数据存储

4. 遥信统计表

遥信表中类型选择为刀闸、断路器的点会自动进行遥信统计。参与遥信统计的遥信点，其"统计使能"标志位会被置位，且该点会自动出现在"遥信统计表"中。历史进程会根据该表在相应的周期（日、月、年）对该点进行统计，并将统计数据存入数据库中以供报表使用。如果遥信表中有其他类型的点需要参与统计，则只需将相应点的"统计使能"标志位置位即可，置位的同时该点会自动添加到遥信统计表。同理，如果类型为刀闸、断路器的点并不想参与统计，将该点统计使能标志位取消置位或者直接从遥信统计表中将该点删除即可。

5. 公式编辑

打开公式表后，在右边点击右键弹出浮动菜单（见图 2-7），选择属性对话框，可以对公式名称、触发周期等选项进行设置。

图 2-7　编辑公式

图 2-8　修改公式名称

在空行处点击右键菜单中的编辑公式（见图 2-8），在弹出的输入对话框输入新定义的公式名称。

在输入公式名称后，点击确定按钮。开始定义公式，有"IF 部分""THEN 部分""ELSE 部分""公式属性设置" 4 个页面，每个页面中又包括运算符、限值、逻辑值、选择变量等。

此处以合并信号为例（如将 2 个单位置信号通过与逻辑合并为一个信号）介绍建立公式的步骤：

（1）进入"IF 部分"页面，点击"新建"按钮（见图 2-9）。

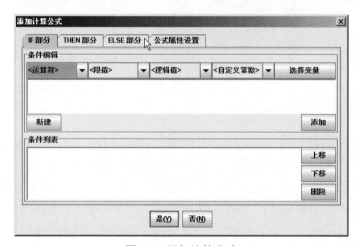

图 2-9　添加计算公式

（2）此时点击运算符下拉框，选择"逻辑与"运算符（&&），见图 2-10。

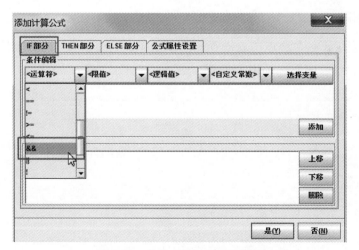

图 2-10　点击"逻辑与"运算符

选择后，将在公式编辑显示区域出现如图 2-11 所示界面，IF 指设定一个前提条件，

THEN 是条件满足时的结果，ELSE 是条件不满足时的结果。

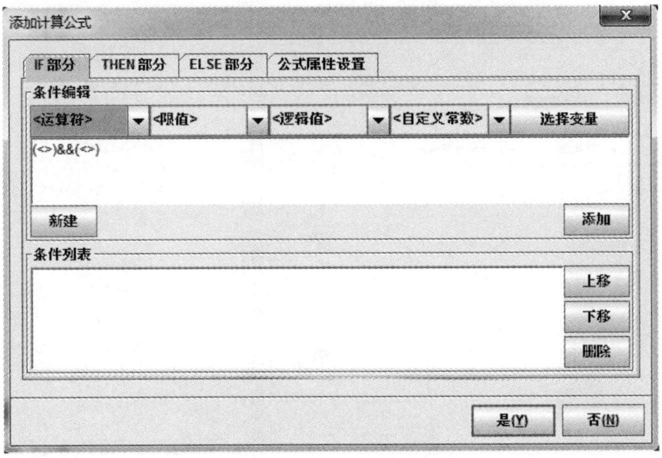

图 2-11 逻辑计算

制作公式时，需要先设定两个单位置遥信结果的"与"逻辑关系，再设定单位置遥信的赋值，如图 2-12 所示，先给两个条件设定条件与"&&"，然后再设定单个遥信的赋值，如当这两个信号逻辑值不同或是都等于 0 时，计算点才可以等于 0；当这两个信号都等于 1 时，计算点才可以等于 1，如图 2-12 所示。

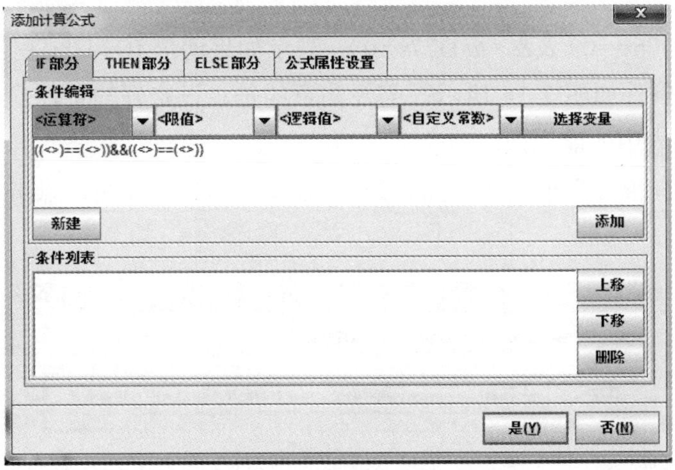

图 2-12 逻辑与运算

点击运算符左侧"(<>)"节点，可继续选择运算符，设计复杂的逻辑运算。表达式中的"(<>)"节点代表未知表达式，须根据需要进行输入。双击选中的"(<>)"节点，可直接在弹出的对话框中输入表达式。或者在如图 2-13 所示的公式节点处于选中状态情况下通过"选择变量"从点表中选择相应点完成公式逻辑。

确认表达式中无"(<>)"节点后，点击添加按钮。表达式会自动添加到下方的条件列表中。

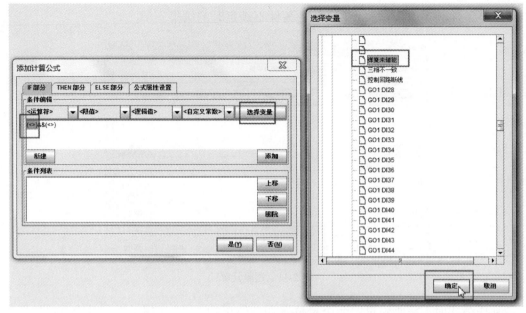

图 2-13　选择变量

在 IF 条件表达式中用具体表达式替换"(<>)"节点时，如果不是在运算符中通过选择完成而是输入条件表达式，表示两个条件相等用"=="而非"="，这点需要特别注意。

如：IF（@D76==0）&&（@D77==0），表示如果遥信 ID76 与遥信 ID77 同时等于 0，设定好的 if 条件如图 2-14 所示。需要注意的是，设定好的条件，需要点击添加按钮，放到条件列表中才能生效。

进入"THEN 部分"页面（见图 2-15），点击"新建"按钮，点击运算符下拉框选择运算符。

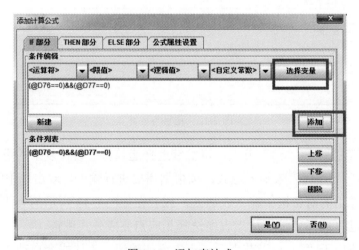

图 2-14　添加表达式

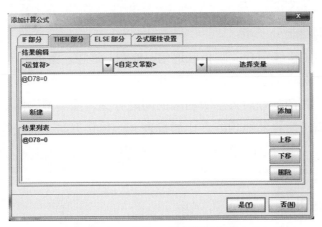

图 2-15　THEN 语句添加变量

对"（<>）"使用"选择变量"按钮赋值后，确认表达式中无"（<>）"节点后，点击添加按钮。表达式会自动添加到下方的条件列表中，如图 2-16 所示。

"ELSE 部分"页面的操作与"THEN 部分"页面相同。

注意：在"ELSE 部分"和"THEN 部分"中通过赋值语句赋值时格式为：变量=值。如：

IF（@D76= =0）&&（@D77==0 ）

THEN{ @D78=0;}

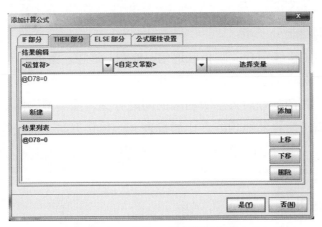

图 2-16　THEN 语句编写步骤

ELSE{ @D78=1;}

制作好的公式如图 2-17 所示。

图 2-17　制作好的公式

进入公式属性设置页面，修改公式名称，选择运算方式，选择周期运算，并需要指定运算周期（建议 1～3s），如图 2-18 所示。

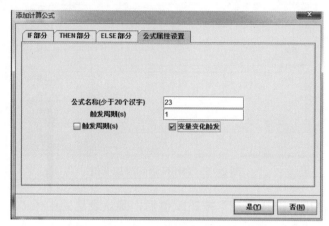

图 2-18　公式属性设置

公式也可以通过"添加"菜单添加一个空记录后手动编辑表达式的方式进行添加，手动添加的公式需要通过"编辑公式"菜单选择触发方式，否则公式处理程序不予更新和处理，此外公式的生效还需要启动 Formula.exe 进程。

三、监控图形画面绘制

监控图形画面绘制分三步：

第一步：绘制主接线图并关联相应遥信、遥测、遥控。图类型为"主接线图"的图全站唯一，只有此图可创建设备，形成拓扑。

第二步：主接线图画好后再绘制相应的间隔分图，图类型为间隔分图。

第三步：按需求配置其他功能，比如报表、一体化五防、曲线等。

V2 监控提供了"图形组态工具"（开始→应用模块→图形组态）实现对监控图形的维护工作。

1. 绘制主接线图

图形编辑状态下新建图形，鼠标点击图形弹出图形属性定义界面（见图 2-19）。

如图 2-19 所示，图类型选择主接线图，关联公司和厂站为所命名的变电站名；注意全站只能有一张"主接线图"类型的图形，用于绘制变电站的一次主接线图，以下关于母线及开关、刀闸、主变压器的绘制都是在"主接线图"类型的图形上实现。

主接线图有三大特点：①新建设备；②形成拓扑；③系统设置/遥控属性里的主界面禁止遥控指的就是图类型为主接线图的这张图，而不是图名称为主界面的导航图。画主接线图时需用到的工具条介绍如下：

图 2-19　创建主接线图

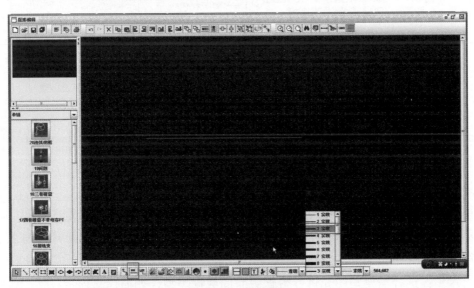　功能按钮主要用来实现图形跳转，电铃测试、电笛测试、间隔清闪等功能；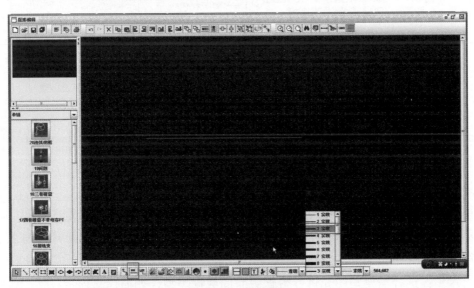 动态标记主要用于做遥测、光子牌；主接线图绘制时，主要用 绘制电力连接线、 绘制母线；有潮流要求时用 绘制线路，一般画在进线处，下面连接 电力连接线；

母线绘制的步骤（见图 2-20）为：

第一步：设置母线宽度；

第二步：点击母线编辑工具；

第三步：按住鼠标左键在图上画出一段母线；

图 2-20　绘制母线

第四步：选中母线然后双击鼠标左键，编辑母线电力属性（见图 2-21）；

图 2-21　电力属性修改

第五步～第九步：编辑母线的数据属性，将母线与母线电压互感器采集的电压值进行关联定义（见图 2-22）。

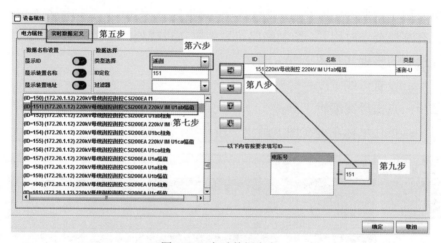

图 2-22　实时数据定义

开关、刀闸绘制（见图 2-23～图 2-26）步骤为：

第一步：选择电力连接线工具；

第二部：在图形区域，点击鼠标左键然后松开画出电力连接线；

第三步：在图形编辑界面左侧，选择图元类型及样式，鼠标点击选中；

第四步：点击连接线的相应位置摆放图元，图元会自动将连接线断开并与之连接；

第五步：选中图元并双击；

第六步：选择需要与图元进行数据关联的数据类型，如遥信、遥控；

第七步：选择关联数据；

第八步：点击"→"按钮添加，如图 2-26 所示双位置需要关联合分位。同时注意遥信合位和遥控类型对应是否正确。

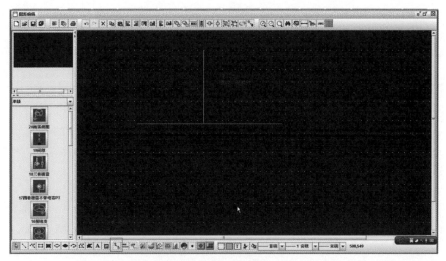

图 2-23 画连接线

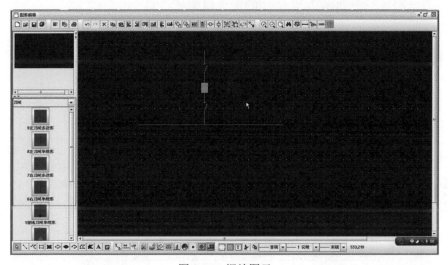

图 2-24 摆放图元

图 2-25 定义电力属性

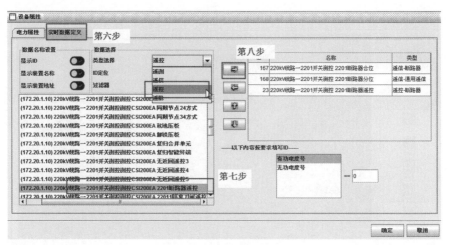

图 2-26　实时数据定义

按此方法即可绘制如图 2-27 所示的主接线图。

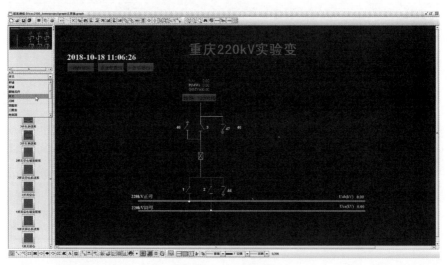

图 2-27　主接线图

最后点击"保存"，如果没有导航图，那么主接线图可取名为主界面，如果有导航图，主接线图可取名为主接线。注意：主接线图中图元开关、隔离开关、接地刀闸、手车、母线需关联实时库中的点，其他主变压器、单铺、避雷器等图元无需关联点。

注意：在画一个设备图元过程中，除了虚设备、"五防"设备、电力连接线、线路以外，还会自动地向实时库设备表增加一个设备，删除设备图元也会同时将其对应的设备从实时库中删除。但并不是在画面上的修改会马上反映到实时库中，而是当在图形保存时，才会把当前图形的设备相关变化存储到实时库。因此，当在图形编辑中有对设备图元的增加、删除、属性修改等操作时，除了需要保存图形以外，还需要对实时库做数据备份（见图 2-28）。在退出图形编辑时，会自动保存相关内容。

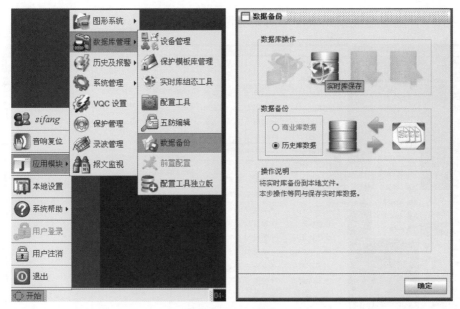

图 2-28　数据备份

2. 形成拓扑链接

V2 监控形成有效的拓扑链接需要三个要素：

（1）母线必须关联遥测库中对应的电压 ID；

（2）在主接线图点击鼠标右键，成功生成了拓扑连接关系，见图 2-29。

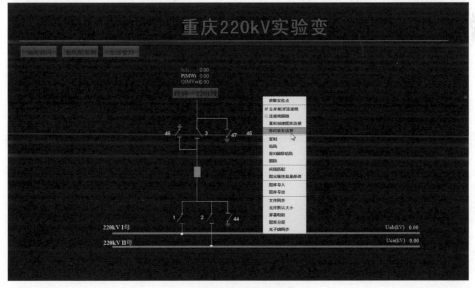

图 2-29　生成拓扑连接关系

（3）监控系统的拓扑进程（topoapp）需要在启动状态，可以在"开始→系统管理→节点管理"将"拓扑服务"置为"工作"，保存设置，并在"节点管理"界面选择"保存到数据库"，重启监控系统验证即可，见图 2-30。

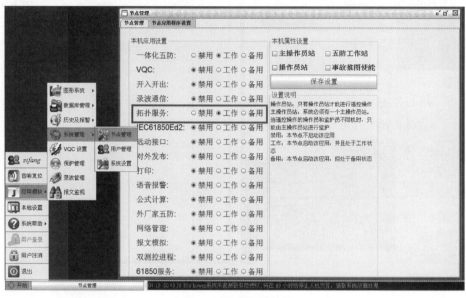

图 2-30　启动拓扑进程

3. 绘制间隔分图

间隔分图可仿照图 2-31 内容绘制，注意所有间隔分图图类型均选择为间隔分图。

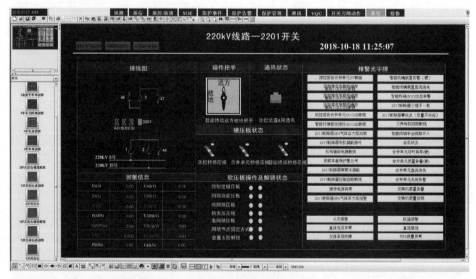

图 2-31　线路分图

图中接线图部分，是从主接线图拷贝到分图的，遥测和光字牌画的是动态标记。通信状态、压板、远方/就地把手画的是虚设备，具体关联如图 2-32～图 2-34 所示。

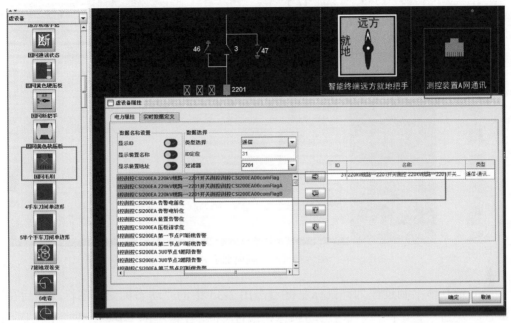

图 2-32　通信状态光字牌关联

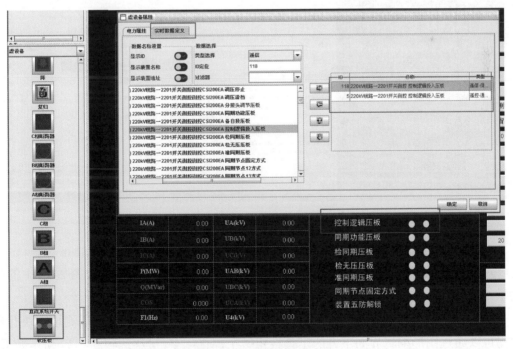

图 2-33　压板状态关联

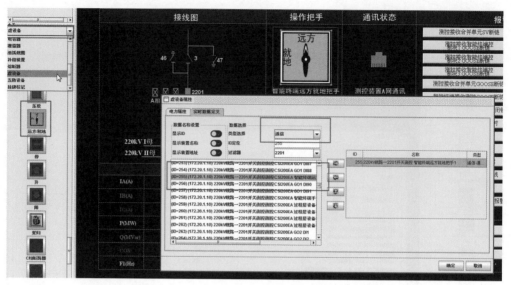

图 2-34　远方就地把手关联

遥测量具体绘制过程为：鼠标左键点击图 2-35 中的"动态标记"图标，然后在图中框选一块适当大小区域，弹出"动态标记属性"框，在框中的"类型"选项中选择"遥测"，然后选择需要反映在遥测编辑区域中的遥测量（可以一次选多个量）。

图 2-35　遥测量关联

点击图 2-36 中"动态标记属性"对话框中的确定按钮，即可生成图 2-37 中的遥测量。

至此，遥测量绘制完毕。具体的遥测值和名称的字体大小、颜色及遥测填充块背景色均可以通过图形编辑界面下方的工具按钮做个性化调整，最终达到图 2-37 所示效果。

光字牌具体绘制过程与遥测绘制类似，步骤为：鼠标左键点击图 2-38 中的"动态标记"按钮，然后在图中框选一块适当大小区域，弹出"动态标记属性"框，在框中的

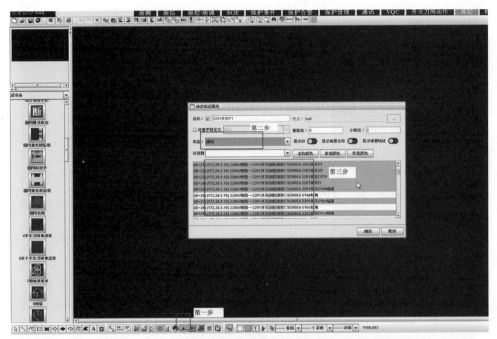

图 2-36　遥测点批量添加

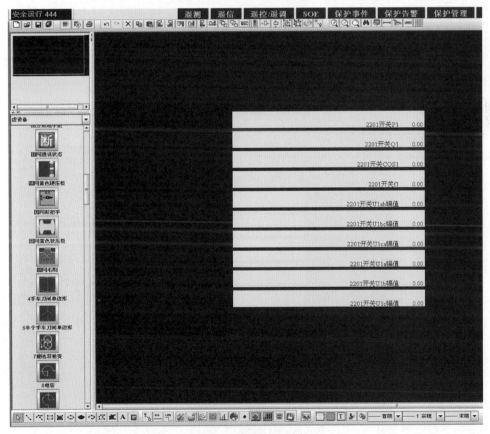

图 2-37　遥测批量制作

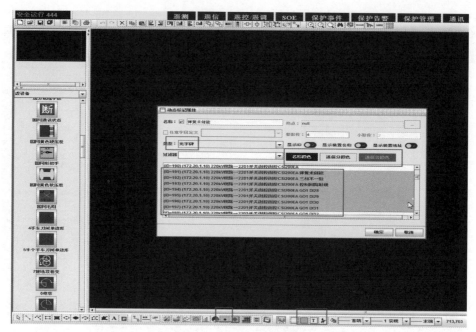

图 2-38　遥信点批量添加

"类型"选项中选择"光字牌",然后选择需要反映在光字牌编辑区域中的遥信量(可以一次选多个量)。

至此,光字牌绘制完毕。具体的光字牌和字体大小、颜色可以通过图形编辑界面上方和下方的工具按钮做调整,最终达到图 2-39 所示光字牌效果。

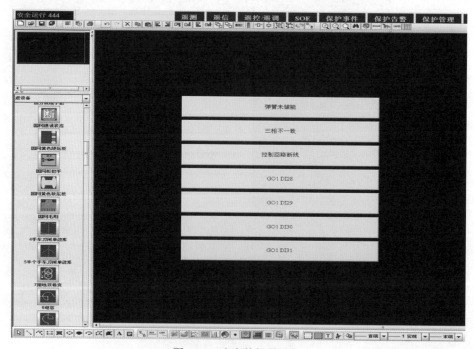

图 2-39　光字牌批量添加

4. 间隔复制与匹配

为了提高调试效率，同类型（如现场有 5 个配置一致的线路）间隔的图形可以通过间隔匹配的方式快速制作，包括单间隔或者整张间隔分图都可以快速复制，主要方法示例如下。

（1）如图 2-40 所示，先确定需要复制的源间隔或者部分分图，将其使用鼠标左键选中后，再点击鼠标右键选择复制。

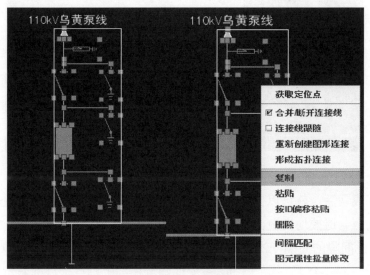

图 2-40　间隔复制

（2）接着再点击右键，选择"间隔匹配"，随后会弹出匹配选择窗口，见图 2-41。

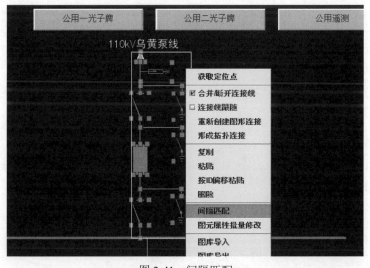

图 2-41　间隔匹配

（3）如图 2-42 所示，下面的间隔匹配窗口中，可以看到"源间隔"为"#1 主变高压测控"，"目标间隔"为可选项，比如现在需要快速制作"#2 主变高压测控"间隔，这时就可以将其选中（见图 2-42），点击确定。

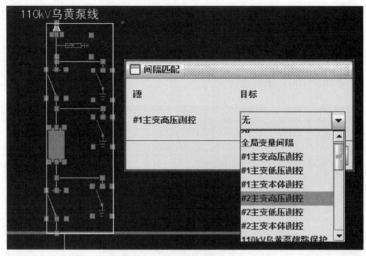

图 2-42　匹配间隔

（4）执行成功后，就可以自动生成"#2 主变高压测控"间隔一次图，此间隔所关联的遥测、遥信、遥控均变更为"#2 主变测控"。

（5）由于此间隔的间隔一次设备名称还没有变化，因此需要将其批量更改，其更改步骤如图 2-43~图 2-45 所示。在"#2 主变间隔分图"上，点击鼠标右键，选择"图元属性批量修改"。

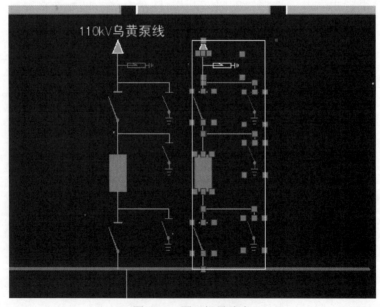

图 2-43　图元批量选中

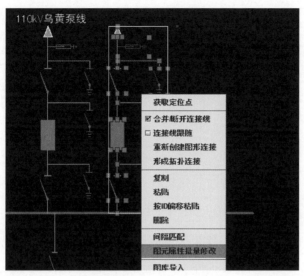

图 2-44　图元属性批量更改

（6）在弹出的图 2-45 中选择电压等级，并批量修改一次设备编号"应用"即可。

图 2-45　替换开关编号

至此，一个典型间隔的图形复制匹配制作完毕。

四、数据库组态配置

通过第一节中 SCD 的配置，V2 监控实时库所需的 SCD 信息已经配置完毕，此时已经可以将 SCD 信息入库，将"重庆 220kV 实验变.SCD"用系统配置器打开的同时，V2 监控也正常启动。

如图 2-46 所示，选择"工具→监控 V2→回读工程生成 V2 实时库"进行操作。

图 2-46　回读生成 V2 实时库

系统会默认勾选"是否第一次生成实时库"，如果是第一次生成实时库，默认点击开始即可，SCD 成功导入 V2 监控库后，出现如图 2-47 所示提示信息。

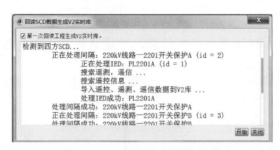

图 2-47　SCD 导入监控实时库

如果现场工程不是第一次入库（已有本站 SCD 间隔入库），后续制作 SCD 添加的间隔及装置均会自动入 V2 实时库（需要在制作 SCD 时，将监控软件正常开启），无需再次回读 SCD。

注意：由于选择第一次入库会导致清库，请确认后再操作。

判断 SCD 是否成功入库，可以打开 V2 监控"开始→应用模块→数据库管理→实时库组态工具"进行查验（见图 2-48）。

图 2-48　检查 SCD 正确入库

从图 2-48 可以看到，站控层设备，线路测控、线路保护 A、B 套均已经成功入库，后续即可开展监控系统的制作过程，请参照监控图库制作章节。

五、维护要点及注意事项

（1）监控主机操作系统和 CSC2000（V2）系统密码应符合信息安全相关要求，并妥善保管。

（2）按照相关文件要求，监控主机的操作系统应当使用 Linux/Unix 类，不得使用 Windows 系统，对存量 Windows 监控主机应严格执行主机加固，逐步进行改造更换。

（3）维护人员应当熟悉 Linux/Unix 类操作系统的操作，包括但不限于熟悉关机命令、重启命令、网络地址配置、网络服务启停、文件查看等。

（4）典型故障处理。监控主机采集不到变电站全部遥信、遥测量信息：

1）排查网络故障。可以采用 ping 命令，测试监控主机与各测控装置联通情况。逐层级排查监控主机网络配置错误或网络服务停止、监控主机网卡损坏、网线故障、交换机配置错误、交换机硬件故障等情况。

2）监控主机配置错误。根据配置情况，逐层级排查监控主机实例号错误、SCD 文件故障、监控系统软件运行异常等情况。

3）维护监控系统软件时，要注意做好相关文件夹（project 和 config）的改前、改后备份。

第三节　测　控　装　置

一、装置简介

1. 测控装置主要功能

（1）间隔主接线图显示。装置采用全中文大屏幕液晶显示，可显示本间隔线路主接线图。

（2）遥信。分为 GOOSE 信号开入和开入板开入。GOOSE 信号开入通过 GOOSE 板接收智能终端或其他装置发送来的 GOOSE 开关量信号。开入板主要用来接入常规站中的电缆硬开入信号（硬压板、直流消失等），具有防抖动功能。

（3）遥控。可接受主站下发的遥控命令，通过 GOOSE 插件完成控制断路器及刀闸，复归操作箱等操作。装置液晶面板下方，还提供了一排就地操作按钮，有权限的用户可通过按钮直接对主接线图上对应的断路器及刀闸进行分合操作。

（4）交流量采集。SV 插件接收合并单元或其他设备发出的 SV 信号，根据不同电压等级要求能上送本间隔三相电压有效值、三相电流有效值、$3U_0$、$3I_0$、有功、无功、频率等。

（5）直流、温度采集。测控装置GOOSE插件通过GOOSE报文从智能终端采集直流、温度遥测信号。

（6）有载调压。通过GOOSE插件从智能操作箱采集档位遥测信息，装置能响应当地主站发出的遥控命令（升、降、停），调节变压器分接头位置。

（7）同期功能。可根据需要选择检无压、检同期或自动捕捉同期方式，完成同期功能。

2. 测控装置结构

CSI-200EA/E 数字式综合测量控制装置主要用于智能变电站自动化系统，也可单独使用作为智能化测控装置。

装置采用前插拔组合结构，强弱电回路分开，弱电回路采用背板总线方式，强电回路直接从插件上出线，进一步提高了硬件的可靠性和抗干扰性能。各CPU插件间通过母线背板连接，相互之间通过内部总线进行通信。

（1）面板结构和功能介绍。MMI是装置的人机接口部分，采用大液晶显示，实时显示当前的测量值，当前投入的压板及间隔主接线图。间隔主接线图可根据用户要求配置。面板左侧的5个指示灯，清楚表明装置正常、异常的各种状态，面板上设置有6个就地功能按键，方便用户使用，见图2-49（a）。

装置面板采用一体化设计、一次精密铸造成型的弧面结构。具有造型独特、美观，安装方便，操作简单等特点。

硬件配置：输入设备为四方键盘、就地操作键、调试串口，输出设备为汉化液晶显示屏。

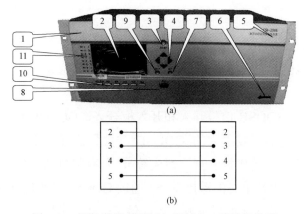

图 2-49　测控装置前面板与调试串口线连接关系
（a）测控装置前面板；（b）调试串口线连接关系
1—整体面板；2—汉化液晶显示屏；3—信号复位键；4—四方键盘；5—产品型号；6—公司徽标；
7—SET键；8—调试串口；9—QUIT键；10—就地操作键；11—运行指示灯

1）整体面板。内装人机接口 CPU 板 MMI。

2）汉化液晶显示屏。在没有做任何按键操作时，将循环显示装置当前的测量值、装置当前投入的压板及间隔主接线图，这几类信息每隔 3s 自动刷新，用户可以按 QUIT 键锁定其中某一个画面，便于观察或抄表，再按 QUIT 键则恢复循环显示。在进行菜单操作时，5min 内无任何按键，液晶显示屏自动退回循环显示状态。

3）信号复位键。复归告警信息及告警灯。

4）四方键盘。操作键盘，使光标在液晶菜单中上、下、左、右移动，其中上下键对数字有"+""−"功能和"是""否"的选择操作。

5）产品型号。数字式综合测量控制装置 CSI-200EA/E。

6）公司徽标。四方继保自动化股份公司的标志。

7）SET 键。进入下一级菜单或确认当前操作。

8）调试串口。对装置下发主接线图、配置表、PLC 逻辑等。九针串口线，装置端为针，PC 端为孔。连接方式为 2、3、4、5 端子直连 [见图 2-49（b）]。

9）QUIT 键。退出子菜单，返回上一级菜单或取消当前操作。

10）就地操作键（从左到右依次为）：远方/就地，切换远方、就地状态。只有切到就地状态下，以下的五个就地操作键才有效。进入就地操作状态需要有密码确认。

a. 显示切换。在主接线图、交流有效值、压板状态等循环显示信息间切换。

b. 元件选择。在主接线图中选择可控制的元件。

c. 分闸键。就地跳闸操作键，只可以在主接线状态下操作。

d. 合闸键。就地合闸操作键，只可以在主接线状态下操作。

e. 确认键。确认操作，任何分、合操作都需要确认后才能完成。

11）运行指示灯（从上到下依次为）：

a. 运行灯。装置运行时为常亮。

b. 告警灯。灯亮表示装置内部故障。

c. 解锁灯。进入解锁状态，具体解锁逻辑由 PLC 决定。

d. 远方灯。灯亮表示装置可遥控，当地不能操作。

e. 就地灯。灯亮表示只能就地操作，远方闭锁。

按键操作分为两部分，显示屏右侧的四方键盘区，用于完成普通情况下用户和装置的交互工作，显示屏下方的一排就地操作功能按键，是为应对紧急情况下测控装置就地控制而专门设置的。当操作人员正确进入就地状态后，就能在面板上完成原来需要通过远方遥控开关分合闸的功能。

（2）装置内部插件结构和功能。装置内部插件配置如图 2-50 所示，包括 SV 板、管理板（MASTER）、GOOSE 板、开入板、电源、面板。测控装置背板图如图 2-51 所示。

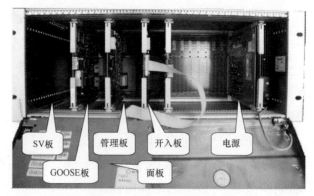

图 2-50　CSI-200EA/E 内部插件结构

图 2-51　CSI-200EA/E 背板图

　　早期智能变电站测控装置，多是 SV、GOOSE 插件独立的，各一块插件，后期根据相关要求，多是 SV/GOOSE 合一的光口插件。

　　管理（MASTER）插件如图 2-52 所示，此插件是装置的必备插件，本插件与 MMI 板之间通过串口连接，向上将需要显示的数据给 MMI 插件，向下接收 PC 机下发的装置配置表及可编程 PLC 逻辑等。

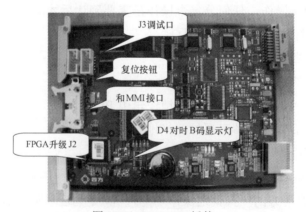

图 2-52　MASTER 插件

　　SV 插件（见图 2-53）提供三组光以太网接口连接合并单元装置或者 SV 网交换机，接收 SV 采样数据。装置能够接入符合 IEC 61850-9-2 规约的 SV 报文，采样频率须为 4000 点/s。同时计算电压、电流有效值、有功功率、无功功率、频率、功率因数等上传管理插件。

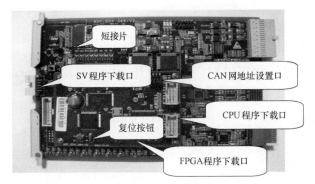

图 2-53 SV 插件

SV 插件的每块网口使用要求如下：

1）组单网时，网口采用 A 口，其他口不可用；

2）组独立双网时，采用 A、B 口，其他口不可用；

3）点对点不组网时，A、B、C 口均可以。

每个 SV 板最多建 3 个虚拟交流插件，同一块虚 AI 要订阅来自多个 MU 的数据，则多个 MU 的"大 CT 变比""大 PT 变比"要求一致。对于电压电流来自不同 MU 的情况，可订阅至同一块虚 AI。同一块虚 AI 上的电流和电压才能计算功率。同期所需的电压必须在同一块虚 AI 上。且只能在第一块虚 AI 上

GOOSE 插件如图 2-54 所示。GOOSE 板完成装置的 GOOSE 信息映射功能，包括 GOOSE 发布和订阅，GOOSE 插件提供光以太网接口与智能操作箱或 GOOSE 网交换机连接，用于遥信量的采集，包括开关、刀闸的位置信息，操作箱及保护装置的告警信息等，也可用于主站遥控开关、刀闸及复归操作箱等。

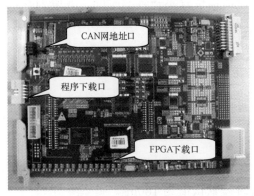

图 2-54 GOOSE 插件

GOOSE 插件的每块网口使用要求如下：

1）组单网时，网口采用 A 口，B、C 口可以为点对点；

2）组独立双网时，网口采用 A、B 口，C 口可以为点对点；

3）点对点不组网时，A、B、C 口均可以。

GOOSE 板使用原则：

1）1 块实 GOOSE 板可以对应多个虚开入板，1 块虚开入板只能对应 1 块实 GOOSE 板，多块虚开入板可以对应同 1 个实 GOOSE 板。

2）任意装置虚端子需订阅至同一块实 GOOSE 板。

二、定值及参数设置

1. 定值设置

选择定值，进入后提示定值区号选择，默认定值区为 00 区，进入定值设置界面，如图 2-55 所示。

```
\定值

常规定值                    调压定值

同期定值                    开入定值

3U₀越限
```

图 2-55　定值设置界面

注意：在分接头压板投上时，才显示调压定值；在同期功能压板投入时，才显示同期定值。

（1）常规定值。常规定值界面如图 2-56 所示。长/短延时指开入的防抖动确认延时，短延时以毫秒为单位，取值为 1～250 ms，长延时以秒为单位，取值为 0.1～25s。双位置时差是用于判别双位置遥信位置不一致的时间，取值为 0.1～25s。

```
\定值                        \常规定值

长延时                       2.000s

短延时                       20.00ms

1组双位置时差                5.000s
```

图 2-56　常规定值界面

定值整定为 0 时，取默认定值。短延时默认值为 40ms，宜设置为 20～30ms；长延时默认值为 1s；双位置时差默认值为 100ms。

常规定值只针对实开入板开入。GOOSE 开入的延时定值在智能终端设置。

操作：浏览定值用上下键，修改定值用左右键。

（2）同期定值。同期定值界面如图 2-57 所示。控制字 1：同期方式控制字，00FF（H）用右侧 16 个二进制位表示，用左右键将光标移动到某一位，在屏幕下方显示出该位所代表的控制信息。通过按上下键，可以设置各位为"0"或"1"各位代表如下信息：

\定值		\同期定值
控制字 1	1000	0001
8102	0000	0010
同期压差		10.00
同期频差		0.200
同期相差		20.00
提前时间		100.0ms
同期滑差		0.200

图 2-57　同期定值界面

1）D15：同期电压是否选 A 相。

2）D14：同期电压是否选 B 相。

3）D13：同期电压是否选 C 相。

4）D12：同期电压是否选 AB 相。

5）D11：同期电压是否选 BC 相。

6）D10：同期电压是否选 CA 相。

7）D9：备用。

8）D8：对侧相电压额定值，1：57.7V，0：100V。

9）D7－D6：备用。

10）D5：自动同期方式投切控制字，置"1"表示自动同期方式投入，置"0"表示退出。

11）D4：捕捉同期合闸捕捉时间范围 4U（4U 为四个时间单位，每个时间单位为 20s）。

12）D3：捕捉同期合闸捕捉时间范围 2U（2U 为两个时间单位，每个时间单位为 20s）。

13）D2：捕捉同期合闸捕捉时间范围 1U（1U 为一个时间单位，每个时间单位为 20s）。

注意：捕捉同期合闸时间基础捕捉时间为一个时间单位。

14）D1：检同期时是否允许检无压，1：检同期时无压禁止合闸，0：检同期时无压允许合闸。

15）D0：选择捕捉同期时的最小允许合闸角，1：捕捉同期时合闸角为整定角度，0：捕捉同期时合闸角趋近 0°。

16）同期压差：同期合闸时两侧电压差，单位：V；值 0.03～0.1U_n，误差不大于

0.1V，*Un* 为额定电压。数字化测控的压差定值为一次值，单位为 kV。

17）同期频差：同期合闸时两侧频率差，单位：Hz，范围：0.1～0.5Hz，误差不大于 0.01 Hz。

18）同期相差：同期合闸时两侧相角差，单位：°，值：1°～25°，误差不大于 1°。

19）提前时间：捕捉同期的导前时间，一般指开关接收到合闸脉冲到开关合上的时间，单位：ms，值：0.05～0.8s。

20）同期滑差：两侧电压频差变化率 d*f*/d*t*，单位：Hz/s，值：0.05～1Hz/s，误差不大于 0.1 Hz/s。

注意：数字化测控的压差定值为一次值，单位为 kV。

如电压互感器变比为 220kV/100V，当二次压差定值为 10V 时，对应的一次压差定值为 22kV。

控制字中 D8 位，在装置显示一次值时，为备用。

（3）3U0 越限。3U0 越限定值界面如图 2-58 所示。控制字 1：0003（H）用右侧 16 个二进制位表示，用左右键将光标每移动到一位，在屏幕下方显示出该位所代表的控制信息。用上下键设置 "0" 或 "1"，"0" 表示不投入；"1" 表示投入。各位代表如下信息：

	\定值	\3U0 越限
控制字 1	0000	0000
0003	0000	0001
节点 1 越限电压	节点	15.00
节点 2 越限电压	0.00	

图 2-58　3U0 越限定值界面

1）D15～D2：备用。

2）D1：节点 2、4、6 投入。

3）D0：节点 1、3、5 投入。

注意：节点 3、4 在配置了第 2 块交流板时有效，节点 5、6 在配置了第 3 块交流板时有效。节点 1、3、5 分别对应三块 8U4I 交流插件的 U3，节点 2、4、6 分别对应三块 8U4I 交流插件的 U4。另外节点 2、4、6 在设置了节点 1、3、5 后才有效。

4）操作：浏览定值用左右键，修改定值用上下键，确定使用 "set" 键。

注意：① 如果 3U0 是通过 SV 采集，其定值单位为 kV，以 10kV 的 3U0 为例，当二次值整定为 15V 时，对应的一次值应整定为 1.5kV；② 数字化站的 10kV 母线测控一般采用常规采样。

（4）调压定值。调压越限定值如图 2-59 所示。

控制字 1：0000（H）用右侧 16 个二进制位表示，用左右键将光标每移动到一位，在屏幕下方显示出该位所代表的控制信息。用上下键设置"0"或"1"各位代表如下信息：

	\定值\3U0 越限	
控制字 1	1000	0000
8000		0000
中心档位 1		00000
中心档位 2		00000
滑档时间		10.00s

图 2-59　调压越限定值

1）D15："1"表示调压允许，"0"表示调压不允许。

2）D14："1"表示调压位置采用十六进制，"0"表示调压位置采用十进制。

3）D13："1"表示调压分相，"0"表示调压不分相。

4）D12："1"表示中心档位使用 Xa、Xb、Xc（不用在中心档位 1、中心档位 2 控制字中做设置）。

5）D11："1"表示档位使用来自 GOOSE 开入。

6）D10～D0：备用。

7）中心档位 1、2：低二位有效，输入十进制数，最大到 99 档。

8）滑档时间：判别滑档所需的时间，与调压机构有关，一般设置为调节一档所需时间的两倍，整定范围为 0～12.5s。

关于档位接入：数字化变电站的档位采集由操作箱完成，通过 GOOSE 报文输入至测控装置。测控装置通过档位虚端子实现档位的采集。其中 D14 位只能置 1，即调压位置采用十六进制。D11 位置 1，档位使用来自 GOOSE 开入；其余定值同常规测控含义。

2. 查看运行值

按 SET 键进入，液晶显示如图 2-60 所示。

\运行值		
	有效值	积分电度
	开入量	谐波量
	零漂	相位
通讯状态		Goose

图 2-60　运行值显示界面

（1）查看有效值。

作用：查看某块测量板的有效值，包括电流、电压、频率、功率因数、直流、温度等。

操作：主菜单\运行值\有效值\交流 n 板（n=1～3）或主菜单\运行值\有效值\直流 n 板（n=1～2）。

当显示信息较多时，可用上下键翻滚屏幕内容。

（2）查看谐波量。

作用：查看交流板每一路模拟通道的基波和谐波有效值，最多可看 13 次谐波。

操作：主菜单\运行值\谐波量\交流 1 板\，液晶显示如图 2-61 所示。

\运行值	\谐波量	\交流 1 板	
U1a	U1b	U1c	I1a
I1b	I1c	U2a	U2b
U2c	3I0	U3a	U4a

图 2-61　交流 1 板显示界面

例：用光标选择 U1a，按 SET 键，液晶显示如图 2-62 所示。

\运行值	\谐波量	\交流 1 板	\U1a
基波	57.735		
2 次	.0000	3 次	.0000
4 次	.0000	5 次	.0000
6 次	.0000	7 次	.0000
8 次	.0000	9 次	.0000
10 次	.0000	11 次	.0000
12 次	.0000	13 次	.0000

图 2-62　U1a 显示界面

显示为各次谐波含量，精确到小数点后 4 位。

（3）查看模拟量相位。

作用：查看某块交流板的模拟量相位。

操作：主菜单\运行值\相位\交流 n 板（n=1～3）。

（4）通信状态。通信状态显示界面如图 2-63 所示。

\通信状态
间隔层 GOOSE 过程层 GOOSE SV

图 2-63　通信状态显示界面

作用：查看间隔层 GOOSE、过程层 GOOSE、SV 订阅和发布状态，判断通信情况。

操作：主菜单\运行值\间隔层 GOOSE

主菜单\运行值\过程层 GOOSE×板\×口

主菜单\运行值\SV 板\×口

（5）查看 GOOSE。

作用：查看装置定义的合并单元、智能终端的 GOOSE 开入，分位 GOOSE 开入和直流。

操作：主菜单\运行值\GOOSE

3. 报告

按 SET 键进入报告子菜单，液晶显示如图 2-64 所示。

图 2-64　报告显示界面

装置的 MASTER 板配有大容量的 FLASH 芯片，掉电不丢失，用于存储事件报文、告警报文、操作记录以及 SOE 报文。为便于查询，运行报文、操作记录和 SOE 报文可采用以下三种检索方式：

（1）运行报文。

作用：运行报告追忆。

操作：主菜单\报告\运行报文。

液晶显示如图 2-65 所示。

图 2-65　运行报文显示界面

用上下键选择时间，按 SET 键，当报文内容超过一屏时，用上下键滚屏。

（2）操作记录和 SOE 报文。

作用：分别为记录操作过程和 SOE 报文。

操作：主菜单\报告\运行报文。

4. 装置的各种设置

操作：按 SET 键进入，液晶显示如图 2-66 所示。

```
\设置

            整定时间                      修改密码
压板投退                  能量设置
```

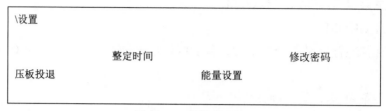

图 2-66　设置显示界面

软压板设置作用：装置的某些特定功能是否有效可通过软压板控制，软压板可在远方/就地进行投退，远方时用于遥控操作，就地时仅能使用四方键盘操作。

操作：主菜单\设置\压板投退\　按 SET 键，液晶显示如图 2-67 所示。

```
\设置\压板投退
分接头调节
同期功能
备自投
控制逻辑投入
……
```

图 2-67　压板投退显示界面

图中同期功能压板投入，其他压板退出。更改设置时，压板选择用上下键，进入或退出压板投退用左右键，投退压板用上下键。更改完成需按 SET 键，输入操作密码方可生效。

注意：就地压板只能在就地通过就地操作功能键进行投退。

5. 帮助

操作：按 SET 键进入，液晶显示如图 2-68 所示。

```
\帮助

装置编码                      操作说明
        对比度                当前温度
        背光设置
```

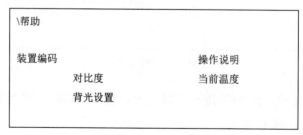

图 2-68　帮助显示界面

若遥控选择失败，处理思路为：首先保证测控装置与监控主机和数据通信网关机通信正常，再查看测控装置面板，“远方/就地”灯要置为“远方”状态，同时测控装置检修状态硬压板要退出，控制逻辑软压板要投入。

6. 扩展菜单及参数设置

基本配置——扩展菜单，同时按 QUIT 键和 SET 键，进入扩展主菜单（见图 2-69），输入密码。

```
扩展主菜单

网络地址          设置 CPU
  IP1 地址        通道校正
  整定比例系数     通道全调
  参数设置         SV Config
  GO Config       SVGO Config
```

图 2-69   扩展主菜单显示界面

（1）网络/IP 地址。设置装置在变电站网络中的地址。根据变电站网络地址分配设定，地址为两位 16 进制数。

例：装置的网络地址为 2A，设置装置在以太网中的地址。根据以太网 IP 地址分配设定。一般 IP1 地址为 192.168.001.*，IP2 为 192.168.002.*，其中*取本装置的网络地址，需要注意的是必须是十进制数。

例：装置网络地址为 2AH，则以太网 1 IP 地址：192.168.001.42，以太网 2 IP 地址：192.168.002.42。

（2）同期参数。同期参数显示界面如图 2-70 所示。

\参数设置	\同期参数
频差定值	.0200
无压定值	30.00
有压定值 1	90.00
有压定值 2	70.00
电压上限	120.0
对侧额定电压	.0000
同期固定角差	.0000

图 2-70   同期参数显示界面

1）频差定值：自动同期方式切换门槛定值（最小 0.02Hz、最大 1.0Hz），单位 Hz，默认值为 0.02Hz。

2）无压定值：检无压合闸时电压无压定值，单位为 V，默认值 30%Un。

3）有压定值 1：检同期合闸或自动同期方式的电压有压定值，单位为 V，默认值

$90\%U_\mathrm{n}$。

4）有压定值 2：捕捉同期合闸的电压有压定值，单位为 V，默认值 $70\%U_\mathrm{n}$。

5）电压上限：同期电压上限，单位为 V，默认值 $120\%U_\mathrm{n}$。

6）对侧额定电压：两侧为同一电压等级，本参数不使用，建议置 0。

7）同期固定角差：同期两侧计算角差时修正固定角度差，默认 0°。一般情况下，同期参数不需要设置，使用默认值即可。

三、配置文件生成及下装

装置软硬件版本统一到最新有效版本后，确认装置无异常告警，则可以开始对装置进行调试，流程如图 2-71 所示。

图 2-71　装置调试流程

（1）根据设计图纸选择正确模型文件和配置。

（2）SCD 文件创建及虚端子连接（详见系统配置器说明）。添加装置 ICD 模型，按照设计院提供的虚端子连接表连接虚端子，生成 SCD 文件。

（3）导出配置文件。智能变电站测控装置（GOOSE、SV 合一）导出虚端子配置如图 2-72 所示，选择"388（合并 GSE 和 SV）"，SV 接入模式选"网络"。

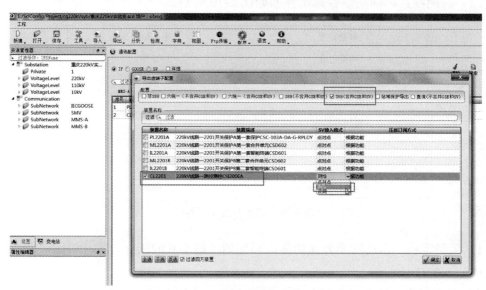

图 2-72　导出测控装置虚端子配置

（4）导出配置文件，需要下装到测控装置的如表 2-3 所示。

表 2-3 测控配置文件列表

	类型		说明
系统配置器导出文件	CL2201_S1.cid	CID 文件	FTP 下载至 MASTER 板
	CL2201_M1.ini	SV 插件配置文件	FTP 下载至 MASTER 板
	sys_go_ CL2201.cfg	配置文件	FTP 下载至 MASTER 板

注 实际导出装置配置文件时，选择需要导出的装置 IEDname，根据现场的实际情况选择"SV 接入模式""压板订阅方式"默认，选择导出文件的储存路径。

SV 接入模式分为点对点、组网和同源双网，其含义为：

（1）点对点：SV 信息直接从合并单元到测控装置，不经交换机。

（2）组网：SV 信息通过一个交换机到测控装置。

（3）同源双网：来自同一合并单元的 SV 信息分别通过两个交换机（A、B）到测控装置。

对于测控装置来说，如果只 SV 板的 1 个口接了 SV 的数据，无论此 SV 的数据来自交换机还是从 MU 点对点直接过来，都按照"网络"导出。

测控装置不涉及压板订阅方式的选择。

四、维护要点及注意事项

1. 遥测异常

（1）某相电压或电流不准。

处理思路：查看网络分析仪 SV 数据，看是否正常，如果不正常，检查 MU 合并单元输入是否正常。外部输入正常时，查看 SV 插件小板上面 J5 跳线是否正常。

（2）P、Q 不准。

处理思路：先看电压、电流是否正确，再检查相序是否正常。借助有效值、相位菜单。

2. 遥信异常

（1）单个遥信位置不对。

处理思路：检查单个遥信对应的接线，借助开入状态菜单。

（2）一组开入全分。

处理思路：检查此组开入的 COM 端以及遥信负电源，借助开入状态菜单。

（3）关于长短延时。如果某开入设置了长延时，则需要等延时到了之后，才能上送。借助常规定值菜单。

3. SV 异常

（1）查看报告中/事件报告中具体告警内容，确定具体通信中断 MU，查看网络分析仪该 SV 报文是否正常。使用抓包工具在接入测控装置的光纤查看 SV 报文是否正常。

（2）查看运行值/通信状态/SV 菜单中通信状态是否正常，查看导致异常的具体原因。

（3）如果 SV 通信状态中无任何接收信息，查看管理插件和 SV 插件中配置文件是否一致。

4. GOOSE 异常

（1）查看报告中/事件报告中具体告警内容，确定具体通信中断 MU，查看网络分析仪该 GOOSE 报文是否正常。使用抓包工具在接入测控装置的光纤查看 GOOSE 报文是否正常。

（2）查看运行值/通信状态/过程层 GOOSE 菜单中通信状态是否正常，查看导致异常的具体原因。

（3）如果 GOOSE 通信状态中无任何接收信息，查看管理插件和 GOOSE 插件中配置文件是否一致。

5. 遥控异常（假设监控主机和数据/通信网关机配置均正确）

（1）遥控选择失败。

处理思路：按顺序依次检查远方/就地灯状态是否正确、测控装置检修状态是否正确、控制逻辑压板是否未投入、IP 地址是否正确（借助 ping 命令，或者直接检查装置菜单）。可借助扩展主菜单进行处理。

（2）遥控执行失败。

1）开关非同期合闸、分闸和刀闸的合分。

处理思路：

第一步：看出口是否动作。如果出口没动，检查合闸或分闸条件。

对于开关，合闸条件一般包括：远方/就地把手在远方位置。

对于刀闸，合闸条件一般包括：远方/就地把手在远方位置，可能还有闭锁条件（不定）。

借助报告/运行报告/最新报告菜单。

第二步：查看网络分析仪报文，如果 GOOSE 出口动作了，检查智能终端是否有告警，是否置检修，是否为就地状态，回路压板、操作回路的接线是否正确等。

2）开关同期合闸。

处理思路：首先看装置主动弹出的同期合闸条件是否满足，如果不满足，需检查开关两侧电压，确定电压有效且不带检修品质，测控装置没有电压互感器断线和 MU 失步告警等。如果满足，检查智能终端外回路。借助报告/运行报告/最新报告菜单。

第四节 智 能 终 端

一、装置简介

四方公司 CSD 平台智能终端产品为 CSD-601 系列装置，分为 CSD-601A 及 CSD-601B 两种型号，其中 CSD-601A 为分相断路器智能终端，CSD-601B 为三相断路器智能终端。

CSD-601 系列智能终端（以下简称装置或产品）应用于智能变电站的过程层，硬件采用模块化设计，可通过开入的方式采集多种类型输入信号，如状态输入（重要信号可双位置输入）、告警输入、事件顺序记录（SOE）、主变压器分接头输入等；可接收保护装置下发的跳闸、重合闸命令，完成保护跳合闸；可接收测控装置转发的主站遥控命令，完成对断路器及相关刀闸的控制；可采集多种直流量，如 DC 0V～5V、DC 4mA～20mA，完成柜体温度、湿度、主变压器温度的采集上送。

1. 装置外形结构

图 2-73 和图 2-74 分别为 CSD-601A 型正面图和背面图。

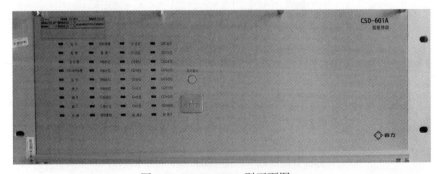

图 2-73 CSD-601A 型正面图

图 2-74 CSD-601 型背面图

2. 面板说明

CSD-601 型的面板配有 1 个电以太网口，可作为调试口使用。CSD-601 型端子接线图如图 2-75 所示。

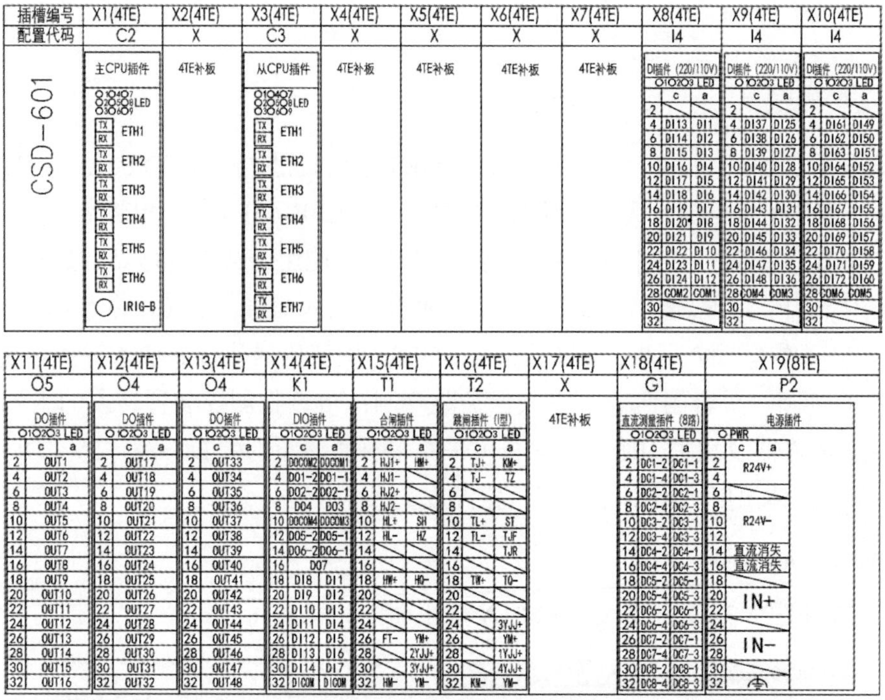

图中上半部分插槽：

插槽编号	X1(4TE)	X2(4TE)	X3(4TE)	X4(4TE)	X5(4TE)	X6(4TE)	X7(4TE)	X8(4TE)	X9(4TE)	X10(4TE)
配置代码	C2	X	C3	X	X	X	X	I4	I4	I4
	主CPU插件	4TE补板	从CPU插件	4TE补板	4TE补板	4TE补板	4TE补板	DI插件(220/110V)	DI插件(220/110V)	DI插件(220/110V)

CSD-601

主CPU插件：ETH1、ETH2、ETH3、ETH4、ETH5、ETH6、IRIG-B
从CPU插件：ETH1、ETH2、ETH3、ETH4、ETH5、ETH6、ETH7

X8 DI插件：4 DI13/DI1，6 DI14/DI2，8 DI15/DI3，10 DI16/DI4，12 DI17/DI5，14 DI18/DI6，16 DI19/DI7，18 DI20/DI8，20 DI21/DI9，22 DI22/DI10，24 DI23/DI11，26 DI24/DI12，28 COM2/COM1

X9 DI插件：4 DI37/DI25，6 DI38/DI26，8 DI39/DI27，10 DI40/DI28，12 DI41/DI29，14 DI42/DI30，16 DI43/DI31，18 DI44/DI32，20 DI45/DI33，22 DI46/DI34，24 DI47/DI35，26 DI48/DI36，28 COM4/COM3

X10 DI插件：4 DI61/DI49，6 DI62/DI50，8 DI63/DI51，10 DI64/DI52，12 DI65/DI53，14 DI66/DI54，16 DI67/DI55，18 DI68/DI56，20 DI69/DI57，22 DI70/DI58，24 DI71/DI59，26 DI72/DI60，28 COM6/COM5

图中下半部分插槽：

插槽	X11(4TE)	X12(4TE)	X13(4TE)	X14(4TE)	X15(4TE)	X16(4TE)	X17(4TE)	X18(4TE)	X19(8TE)
配置代码	O5	O4	O4	K1	T1	T2	X	G1	P2
	DO插件	DO插件	DO插件	DIO插件	合闸插件	跳闸插件(I型)	4TE补板	直流测量插件(8路)	电源插件

X11 DO插件：OUT1～OUT16
X12 DO插件：OUT17～OUT32
X13 DO插件：OUT33～OUT48
X18 直流测量插件：DC1～DC8
X19 电源插件：PWR、R24V+、R24V-、直流消失、IN+、IN-

图 2-75　CSD-601 端子接线图

装置面板共有 36 个 LED 灯，每个灯有红、绿两种颜色，每种颜色有灭、亮、闪三种状态。两种颜色的各种状态可根据配置文件随意组合，不同智能终端的指示灯定义不同，如表 2-4 和表 2-5 所示。

表 2-4　　　　　　　　　　分相智能终端（CSD-601A 型）面板指示灯

运行	对时异常	G1 合位	GD1 合位
检修	备用 1	G1 分位	GD1 分位
总告警	A 相合位	G2 合位	GD2 合位
GO A/B 告警	A 相分位	G2 分位	GD2 分位
动作	B 相合位	G3 合位	GD3 合位
跳 A	B 相分位	G3 分位	GD3 分位
跳 B	C 相合位	G4 合位	GD4 合位
跳 C	C 相分位	G4 分位	GD4 分位
合闸	控回断线	备用 2	备用 3

表 2-5　　　　　　　　　　　三相智能终端（CSD-601B 型）面板指示灯

运行	对时异常	G1 合位	GD1 合位
检修	备用 3	G1 分位	GD1 分位
总告警	断路器合位	G2 合位	GD2 合位
GO A/B 告警	断路器分位	G2 分位	GD2 分位
动作	备用 4	G3 合位	GD3 合位
跳闸	备用 5	G3 分位	GD3 分位
备用 1	备用 6	G4 合位	GD4 合位
备用 2	备用 7	G4 分位	GD4 分位
合闸	控回断线	备用 8	备用 9

面板灯说明：

（1）运行：装置上电正常为绿灯常亮，装置死机或面板异常会出现红灯常亮。

（2）检修：检修压板投入时，红灯常亮，否则熄灭。

（3）总告警：装置正常时熄灭；装置异常或装置故障时，红灯常亮，点亮后如告警消失需手动复归。

（4）GO A/B 告警：GOOSE 订阅异常时，红灯常亮；GOOSE 订阅恢复正常，熄灭。

（5）动作：外接三相不一致保护动作时点亮，CSD-601 系列目前只能输出三相不一致逻辑，无出口节点，此灯不使用。

（6）跳 A/B/C：接收到保护 GOOSE 跳令时点亮，为红灯常亮，跳令消失后需手动复归后熄灭，适用于 CSD-601A 型。

（7）跳闸：接收到保护 GOOSE 跳令时点亮，为红灯常亮，跳令消失后需手动复归后熄灭，适用于 CSD-601B 型。

（8）合闸：接收到保护重合闸命令时点亮，为红灯常亮，重合闸命令消失后需手动复归后熄灭。

（9）对时异常：对时信号异常时，为红灯常亮，否则熄灭。

（10）控制回路断线：控制回路断线逻辑输出时，红灯常亮，否则熄灭。

（11）A/B/C 相分/合位：位置对应开入有强电输入时点亮，合位为红色，分位为绿色，否则熄灭，适用于 CSD-601A；位置与开入对应关系参见下面开入插件说明。

（12）断路器分/合位：位置对应开入有强电输入时点亮，合位为红色，分位为绿色，否则熄灭，适用于 CSD-601B；位置与开入对应关系参见下面开入插件说明。

（13）G1/2/3/4 分/合位：位置对应开入有强电输入时点亮，合位为红色，分位为绿色，否则熄灭；位置与开入对应关系参见下面开入插件说明。

（14）GD1/2/3/4 分/合位：位置对应开入有强电输入时点亮，合位为红色，分位为绿色，否则熄灭；位置与开入对应关系参见下面开入插件说明。

3. 装置部件

（1）主 CPU 插件。主 CPU 插件如表 2-6 所示。

表 2-6　　　　　　　　　　　　　　主　CPU　插　件

主 CPU 插件

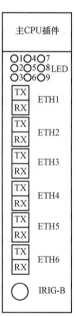

LED	状态	定义
LED1	闪烁	表示 ETH1 在通信状态，通信中断熄灭
LED2	闪烁	表示 ETH2 在通信状态，通信中断熄灭
LED3	闪烁	表示 ETH1 在通信状态，通信中断熄灭
LED4	闪烁	表示 ETH2 在通信状态，通信中断熄灭
LED5	闪烁	表示 ETH1 在通信状态，通信中断熄灭
LED6	闪烁	表示 ETH2 在通信状态，通信中断熄灭
LED7	闪烁	反映 B 码脉冲对时信号，闪烁频次很高，目视为微微亮
LED8	闪烁	主 DSP 工作状态，正常 2 次/s
LED9	闪烁	FPGA 工作状态，正常 1 次/s

ETH	定义
ETH1	单网或双网 GOOSE 模式下接收/发送 GOOSE 数据；下发主 DSP 程序、FPGA 程序、bootloder；调试口，查看装置信息，下发配置文件
ETH2	双网 GOOSE 模式下 B 网接收/发送 GOOSE 数据、单网模式下直跳网口 2 收发 GOOSE、调试口
ETH3	直跳网口 3，收发 GOOSE、调试口
ETH4	直跳网口 4，收发 GOOSE、调试口
ETH5	直跳网口 5，收发 GOOSE、调试口
ETH6	直跳网口 6，收发 GOOSE、调试口

IRIG-B：B 码对时输入接口

（2）开入插件。开入插件如表 2-7 所示。

表 2-7 开 入 插 件

LED	状态	定 义
LED1	常亮	电源指示灯
LED2	闪烁	程序运行指示灯，每秒闪烁
LED3	熄灭	备用

CSD-601 最多可配置 3 块开入插件，每块开入插件有 24 路开入。其中开入 1 插件 24 路开入为固定功能，开入 2 插件、开入 3 插件 24 路开入无定义

DI插件(220/110V)	
○1 ○2 ○3 LED	
c	a
2	
4 DI13	DI1
6 DI14	DI2
8 DI15	DI3
10 DI16	DI4
12 DI17	DI5
14 DI18	DI6
16 DI19	DI7
18 DI20	DI8
20 DI21	DI9
22 DI22	DI10
24 DI23	DI11
26 DI24	DI12
28 COM2	COM1
30	
32	

开入序号	CSD-601A	CSD-601B	端子号
1	断路器总分	断路器总分	a4
2	断路器总合	断路器总合	6
3	断路器 A 相分位	备用	a8
4	断路器 A 相合位	备用	a10
5	断路器 B 相分位	备用	a12
6	断路器 B 相合位	备用	a1
7	断路器 C 相分位	备用	a16
8	断路器 C 相合位	备用	18
9	1G 分位	1G 分位	a20
10	1G 合位	1G 合位	a22
11	2G 分位	2G 分位	a24
12	2G 合位	2G 合位	a26
13	3G 分位	3G 分位	c4
14	3G 合位	3G 合位	c6
15	4G 分位	4G 分位	c8
16	4G 合位	4G 合位	c10
17	1GD 分位	1GD 分位	c12
18	1GD 合位	1GD 合位	c14
19	2GD 分位	2GD 分位	c16
20	2GD 合位	2GD 合位	c1
21	3GD 分位	3GD 分位	c20
22	3GD 合位	3GD 合位	c2
23	4GD 分位	4GD 分位	c4
24	4GD 合位	4GD 合位	c26

二、定值及参数设置

点击"开入定值"菜单，点击插件选择下拉按钮选择插件，点击召唤定值，可在图 2-76 显示的窗中查看相应开入通道对应数值，此值为防抖延时，默认设置为 5ms。

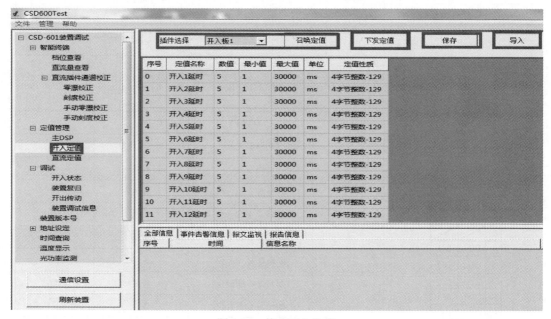

图 2-76　修改开入定值

三、配置文件生成及下装

SCD 文件制作完成后，可以导出配置文件，CSD-601 系列装置配置文件有两个：***_G1.cfg、***_G1.ini（***为文件名称可变部分）。

1. ***_G1.cfg 文件下载

***_G1.cfg 文件为研发归档配置文件，一般不需要修改。

2. ***_G1.ini 下载

***_G1.ini 由系统配置器导出，导出时选择 388（不合并 GSE 和 SV）。

连接装置前面板电口或主 CPU 板任一网口，打开 CSD600TEST，依次点击图 2-77 中的 1、2、3 处"GO.ini 下发"，选择要下发的***_G1.ini 文件，界面会提示文件下传成功，如图 2-77 所示。

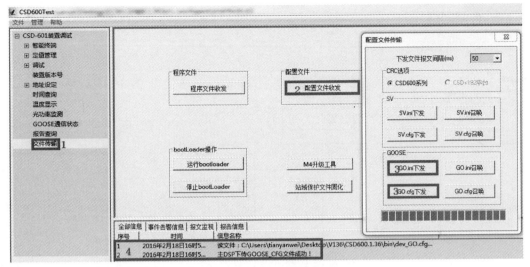

图 2-77　ini 文件下发

四、维护要点及注意事项

软件内部具备固定组合逻辑运算功能，运算的结果通过 GOOSE 报文的数据集输出。

1. 跳闸回路

跳闸回路如图 2-78 所示。

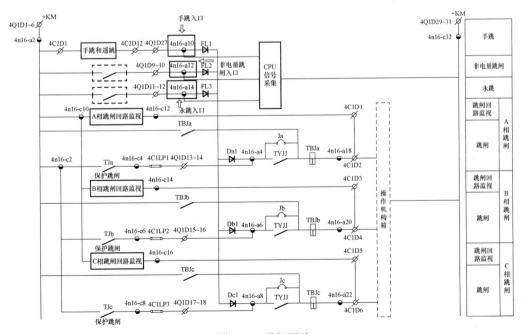

图 2-78　跳闸回路

2. 合闸回路

合闸回路如图 2-79 所示。

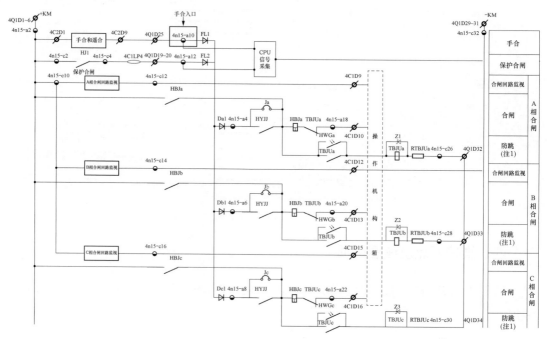

图 2-79　合闸回路

3. 三相不一致

三相不一致逻辑图如图 2-80 所示。

图 2-80　三相不一致逻辑图

"三相不一致"只能输出逻辑信号，无出口回路，逻辑不会点亮面板动作灯。

4. 手合逻辑

手合逻辑图如图 2-81 所示。

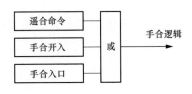

图 2-81　手合逻辑图

5. 手跳逻辑

手跳逻辑图如图 2-82 所示。

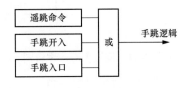

图 2-82　手跳逻辑图

手合/手跳逻辑解析：遥合命令、手合开入、手合入口任一项输出置 1，则输出手合逻辑。手跳逻辑同理。

遥合命令、遥跳命令不使用，实际开关遥合/遥分经开出插件开出节点至遥合/遥跳入口。

手合开入：DIO 板固定功能开入，两套智能终端配合时使用。

手跳开入：DIO 板固定功能开入，两套智能终端配合时使用。

手合入口：为合闸回路图中手合经 4n15-a10 置 CPU 采集，如果 CPU 采集回路未接，则手合虽能成功，但手合入口不会输出置 1。常见为 CPU 采集回路负电端未接。

6. 控制回路断线

控制回路断线逻辑图如图 2-83 所示。

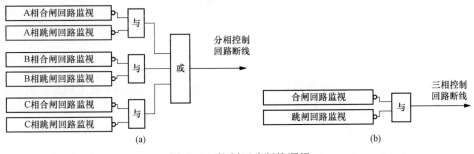

图 2-83　控制回路断线逻辑

（a）分相；（b）三相

以分相为例介绍控制回路断线，操作回路正常情况下，开关处于合位，跳闸回路监视输出置 1；开关处于分位，合闸回路监视输出置 1。

当任一相合闸回路监视与跳闸回路监视都无时，装置输出"控制回路断线"逻辑。

7. 位置不对应

位置不对应逻辑图如图 2-84 所示。

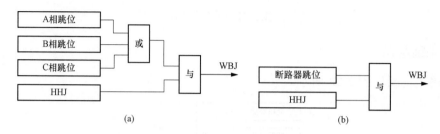

图 2-84　位置不对应逻辑图

（a）分相；（b）三相

以分相为例介绍位置不对应：A/B/C 相任一位置为跳位与合后状态，装置输出"位置不对应"逻辑。

例：开关经手合合闸（输出合后状态），经保护跳闸或偷跳（跳位），则输出位置不对应。

8. 至另一套智能终端闭锁重合闸

至另一套智能终端闭锁重合闸逻辑如图 2-85 所示。

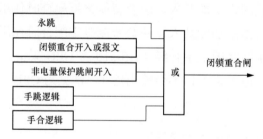

图 2-85　至另一套智能终端闭锁重合闸逻辑

9. 闭锁本套保护重合闸

闭锁本套保护重合闸逻辑如图 2-86 所示。

永跳：跳闸回路图中外部硬节点跳闸接入永跳入口 4n16-a14 置 CPU 采集，或保护跳闸令经智能终端永跳虚端子输入。

遥跳、遥合：不使用。

非电量保护跳闸开入：跳闸回路图中外部硬节点跳闸接入非电量跳闸入口 4n16-a12 置 CPU 采集。

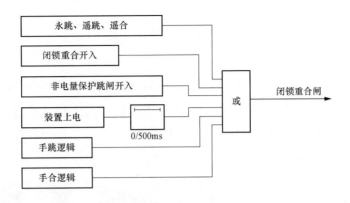

图 2-86   闭锁本套保护重合闸逻辑

闭锁重合开入：DIO 板固定功能开入，两套智能终端配合时使用。

有以上任一条件输出置 1，装置输出"闭锁本套保护重合闸"逻辑。

10. 压力降低禁止重合闸

压力降低禁止重合闸逻辑如图 2-87 所示。

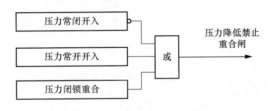

图 2-87   压力降低禁止重合闸逻辑

压力动断开入：DIO 板固定功能开入。

压力动合开入：DIO 板固定功能开入。

只接入压力动断节点，则压力动合开入应悬空；只接入压力动合节点，则压力动断开入应固定接入高电平。

压力闭锁重合：为压力闭锁回路使用，压力闭锁若在断路器机构实现（现场多为此种设计方案），则此条件不使用。

无压力动断开入、压力动合开入、压力闭锁重合，三者任一项输出置 1，装置输出"压力降低禁止重合闸"逻辑。

第五节   合 并 单 元

一、装置简介

CSD-602-G 系列模拟量输入式合并单元（以下简称 CSD-602-G 系列合并单元），

属于智能变电站过程层设备。

1. 装置外形结构

装置高度为 4U（U 为电网屏柜高度尺寸的基础单位）、宽度分为 19 英寸与 19/2 英寸两种尺寸，为铝合金机箱、整体面板，带锁紧插拔式功能组件。插件后插拔方式，安装方式为整体嵌入式水平安装，后接线方式。图 2-88 和图 2-89 为合并单元装置面板。

图 2-88　CSD-602AG 间隔合并单元装置

图 2-89　CSD-602CG 母线合并单元装置面板

2. 面板说明

CSD-602 的面板配有 1 个电以太网口，可作为调试口使用。由于切换并列状态、刀闸及断路器位置指示灯不同，装置的前面板分为不同型号。

CSD-602AG 与 CSD-602CG 前面板指示灯定义不同，定义相同的公用指示灯包括运行、检修、总告警、GOOSE/SV 告警、对时异常、同步，具体含义如下：

（1）运行：装置上电正常为绿灯常亮，装置死机或面板异常会出现红灯常亮。

（2）检修：检修压板投入时，红灯常亮，否则熄灭。

（3）总告警：装置有告警时，总告警指示灯常亮；告警消除时，指示灯灭；告警内容包括：失步状态、采样异常、GOOSE/SV 接收异常、配置文件错、刀闸或断路器位置异常、与智能终端检修不一致。

（4）GO/SV 告警：GOOSE 订阅异常，SV 级联接收异常。

（5）对时异常：对时信号异常时，为红灯常亮，否则熄灭。

（6）同步：装置同步状态下，指示灯常亮；装置守时状态下，指示灯闪烁；装置失步状态下，指示灯熄灭。

CSD-602AG 与 CSD-602CG 定义不同的指示灯含义如下：

（1）CSD-602AG：

1）取Ⅰ母电压、取Ⅱ母电压、取Ⅲ母电压：切换逻辑，切换取Ⅰ/Ⅱ/Ⅲ电压输出。

2）Ⅰ母刀闸、Ⅱ母刀闸、Ⅲ母刀闸：刀闸位置灯，合位亮，分位灭，00 或 11 状态闪烁；

（2）CSD-602CG：

1）取Ⅰ母（Ⅰ/Ⅱ）：置Ⅰ母输出，亮；母联 1 位置（总）合，并列取Ⅰ母把手未投入，闪烁。

2）取Ⅱ母（Ⅰ/Ⅱ）：置Ⅱ母输出，亮；母联 1 位置（总）合，并列取Ⅱ母把手未投入，闪烁。

3）取Ⅱ母（Ⅱ/Ⅲ）：置Ⅱ母输出，亮；母联 2 位置（总）合，并列取Ⅱ母把手未投入，闪烁。

4）取Ⅲ母（Ⅱ/Ⅲ）：置Ⅲ母输出，亮；母联 2 位置（总）合，并列取Ⅲ母把手未投入，闪烁。

5）并列：满足电压并列，并列灯亮。

6）Ⅰ母电压互感器刀闸、Ⅱ母电压互感器刀闸、Ⅲ母电压互感器刀闸：合位亮；分位灭；GOOSE 订阅方式，GOOSE 异常闪烁。

7）母联 1 合位、母联 2 合位：合位亮，分位灭，00 或 11 状态闪烁。

3. 装置部件

（1）CPU 插件。主 CPU 组合插件如表 2-8 所示。

表 2-8 主 CPU 组 合 插 件

主 CPU 插件 代码：C15 和 C153

C15 4 片 AD 芯片支持，16 路模拟量输入，C153 6 片 AD 芯片，支持 24 路模拟量输入

LED	状态	定义
LED1	闪烁	表示 ETH1 在通信状态，通信中断熄灭
LED2	闪烁	表示 ETH2 在通信状态，通信中断熄灭
LED3	闪烁	表示 ETH3 有级联输入，无级输入时，灯熄灭
LED4	闪烁	表示 ETH4 有数据发送，正常一直闪烁
LED5	熄灭	备用
LED6	闪烁	表示 ETH6 有数据发送
LED7	闪烁	反映 B 码脉冲对时信号，闪烁频次很高，目视为微微亮
LED8	闪烁	主 DSP 工作状态，正常 2 次/s
LED9	闪烁	从 DSP 工作状态，正常 1 次/s
LED 10～18		备用

ETH	定义
ETH1	GOOSE 收发端口和组网 SV 发送端口，可为 1588 对时输入
ETH2	GOOSE 收发端口和组网 SV 发送端口
ETH3	RX：9-2 SV 级联第一级联端口，TX 是点对点端口
ETH4	RX：9-2 SV 级联第二级联端口，TX 是点对点端口
ETH5	备用
ETH6	TX：点对点端口

FT3：FT3 级联输入口
PPS：对时测试接口，输出秒脉冲
IRIG-B：B 码对时输入接口

主 CPU 插件如表 2-9 所示。

表 2-9 主 CPU 插 件

主 CPU 插件　代码：C7 和 C703

C7　4 片 AD 芯片，支持 16 路模拟量输入，C703　6 片 AD 芯片，支持 24 路模拟量输入

LED	状态	定义
LED1	闪烁	表示 ETH1 在通信状态，通信中断熄灭
LED2	闪烁	表示 ETH2 在通信状态，通信中断熄灭
LED3	闪烁	表示 ETH3 有级联输入，无级输入时，灯熄灭
LED4	闪烁	表示 ETH4 有数据发送，正常一直闪烁
LED5	闪烁	表示 FT3 通信状态，通信中断熄灭
LED6	闪烁	表示 ETH6 有数据发送
LED7	闪烁	反映 B 码脉冲对时信号，闪烁频次很高，目视为微微亮
LED8	闪烁	主 DSP 工作状态，正常 2 次/s
LED9	闪烁	从 DSP 工作状态，正常 1 次/s

ETH	定义
ETH1	GOOSE 收发端口和组网 SV 发送端口，可为 1588 对时输入
ETH2	GOOSE 收发端口和组网 SV 发送端口
ETH3	RX 是 9-2 SV 级联第一级联端口，TX 是点对点端口
ETH4	RX 是 9-2 SV 级联第二级联端口，TX 是点对点端口

FT3：FT3 级联输入口，ST 接口

PPS：对时测试接口，输出秒脉冲，ST 接口

IRIG-B：B 码对时输入接口，ST 接口

（2）点对点插件。点对点光口插件如表 2-10 所示。

表 2-10 点对点光口插件

点对点插件 代码：L1
7 路点对点 SV 输出

以太网单发插件
○1 ○4 ○7
○2 ○5 ○8 LED
○3 ○6 ○9

TX RX ETH1
TX RX ETH2
TX RX ETH3
TX RX ETH4
TX RX ETH5
TX RX ETH6
TX RX ETH7

LED	状　态	定　义
LED1	熄灭	备用
LED2	熄灭	备用
LED3	熄灭	备用
LED4	熄灭	备用
LED5	熄灭	备用
LED6	熄灭	备用
LED7	熄灭	备用
LED8	熄灭	备用
LED9	常亮	电源指示灯

ETH	定　义
ETH1	TX：9-2 SV 点对点端口
ETH2	TX：9-2 SV 点对点端口
ETH3	TX：9-2 SV 点对点端口
ETH4	TX：9-2 SV 点对点端口
ETH5	TX：9-2 SV 点对点端口
ETH6	TX：9-2 SV 点对点端口
ETH7	TX：9-2 SV 点对点端口

二、配置文件生成及下装

CSD-602 装置配置文件共有三个：***_M1.cfg、***_G1.ini 、***_M1.ini（***为文件名称可变部分）。

1. ***_M1.cfg 文件介绍及下装

***_M1.cfg 为按典型硬件配置归档，装置使用需按硬件选择后根据现场应用情况进行参数更改。

连接装置前面板电口或 CPU 板第一网口，打开 CSD600TEST，依次点击图 2-90 中的 1、2 标记处方框，点击 3 处 "SV.CFG 下发"，选择要下发的***_M1.cfg 文件，界面会提示文件下传成功。

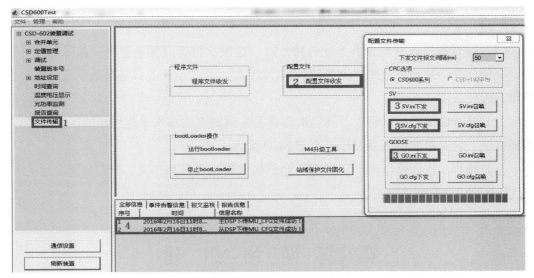

图 2-90 cfg 文件下装

2. ***_M1.ini、***_G1.ini 下装

_M1.ini 、_G1.ini 由系统配置器导出,导出时选择 388(不合并 GSE 和 SV)。

（1）***_M1.ini 下装。连接装置前面板电口或 CPU 板第一网口,打开 CSD600TEST,依次点击图 2-90 中 1、2, 在 3 处选择"SV.ini 下发",选择要下发的***_M1.ini,界面会提示文件下传成功。

（2）***_G1.ini 下装。连接装置前面板电口或 CPU 板第一网口,打开 CSD600TEST,依次点击图 2-90 中 1、2, 在 3 处选择"GO.ini 下发",选择要下发的***_G1.ini,界面会提示文件下传成功。

三、维护要点及注意事项

1. 测试仪加量装置无采样输出

问题描述:使用测试仪给装置保护电流 A 相加量,装置无采样输出。

可能原因:①测试仪输出问题;②接线问题;③配置文件设置问题;④交流插件问题;⑤CPU 板中 AD 芯片问题。

2. 个别测控装置丢失全部遥测

（1）排查网络故障。可以采用 ping 命令,测试监控主机与该测控装置联通情况。逐层级排查测控装置网络参数配置错误、测控装置网卡损坏、网线故障、交换机配置错误、交换机硬件故障、SCD 文件网络配置错误等情况。

（2）排查测控装置配置错误。排查测控装置规约选择错误、测控装置程序异常、测控装置硬件故障等。

3. 个别测控装置丢失部分遥测

（1）排查测控装置与合并单元链路故障。逐层次排查测控装置光口故障、光纤故障、交换机光口关闭或故障、交换机 VLAN 配置、合并单元光口等参数配置错误、合并单元硬件故障。

（2）排查虚端子连接错误。逐层次排查丢失遥测点的虚端子连线故障、测控装置、智能终端、合并单元的配置文件是否与 SCD 配置一致。

（3）排查二次回路故障。可以利用调试软件连接到合并单元，排查装置是否正常，再逐段排查二次回路故障。

第六节 网 络 组 建

一、物理网络搭建

以 220kV 线路间隔屏柜为例进行介绍，220kV 线路间隔屏柜包含数据通信网关机 CSC1321、线路测控装置 CSI200EA、线路合并单元 CSD-602AG、线路智能终端 CSD-601A、模拟刀闸 MD-11TN、模拟断路器 MDJ4-3、交换机 CSC-187ZA 各 1 台，屏柜正面装置布置如图 2-91 所示。

设备屏柜安装之后，接入直流电源，用万用表测量电源电压在 220V 时装置可以上电，上电后各装置"运行"灯绿色常亮，表明装置正常运行。

该屏柜典型组网方式是 GOOSE、SV、MMS 组建单网（交换机只有 1 台，适合建立单网），其中过程层采用 GOOSE/SV 合一的方式组网。

过程层组网：用 3 根多模光纤的一侧分别连接测控装置 SV/GOOSE 合一插件的 A 口、合并单元光口插件的组网口、智能终端光口插件的组网口，另一侧分别连接交换机的三个光口。

站控层组网：实训台还配置有 1 台监控主机和 1 台调试主机，都配置有双网卡。用 3 根网线的一侧分别连接监控主机的网卡、测控装置的管

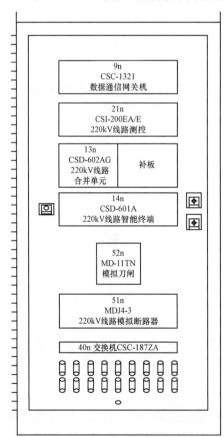

图 2-91 屏柜正面装置布置图

理板 A 网口、数据通信网关机的 61850 接入插件 A 网口，另一侧连接至交换机的三个电口。调试主机的网卡 1 可以指定为调试使用，网卡 2 指定为模拟主站接入使用，分别用网线连接至交换机不同的电口。

二、交换机配置

1. 交换机登录

CSC-187ZA 工业以太网交换机的默认参数如表 2-11 所示。

表 2-11   登 录 参 数 表

参数	默认值
默认 IP 地址	192.168.0.1
默认用户名	admin（管理用户）/user（普通用户）
默认密码	12345678（管理用户）/12345678（普通用户）
默认语言	中文

CSC-187ZA 工业以太网交换机通过专用调试软件 java_switch 登录。打开 java_switch 软件后，在【编辑】-【参数】一栏里检查主机名、用户名和密码。设置正确后，显示如图 2-92 所示界面。

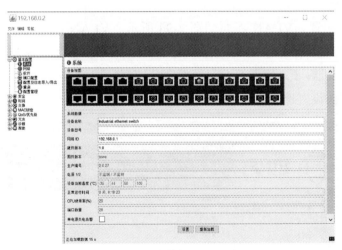

图 2-92　交换机登录界面

2. 端口配置

（1）端口/端口描述：表示交换机端口的逻辑编号。

（2）打开端口：用于设置某一端口打开与禁用。

（3）自动协商：用于设置某一端口是否开启自动协商。

（4）人工设置：用于设置和显示端口当前的速率/双工配置状态，配置的模式分为10Mbit/s HDX、10Mbit/s FDX、100Mbit/s HDX、100Mbit/s FDX、1000Mbit/s HDX、1000Mbit/s FDX。注意：相连接的端口配置模式要一致，如果设置不同，长时间运行会有异常。

（5）链接/当前设置：显示当前连接上的端口的状态。

图 2-93 为端口配置界面。

图 2-93　端口配置

3. VLAN 设置

（1）VLAN 配置。VLAN 界面如图 2-94 所示。VLAN 端口可以配置为 U、M、F 或者-；U：代表 Untag，该 VLAN 成员，包不带标签发送。M：代表 Member，该 VLAN 成员，包带标签发送；F：代表 Forbiden，非该 VLAN 成员；-：代表非该 VLAN 成员，只用于显示，不作设置选项。

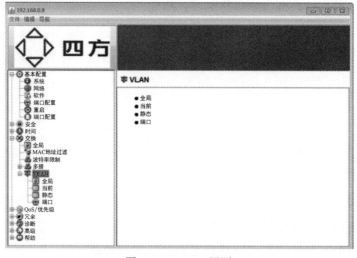

图 2-94　VLAN 界面

VLAN 配置界面如图 2-95 所示。

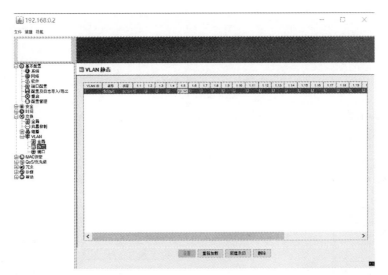

图 2-95　VLAN 配置

（2）删除 VLAN 说明。在进行其他功能项测试前，如果配置了 VLAN，需要将新建的 VLAN 删除或修改，删除 VLAN 的方法如图 2-96 所示。

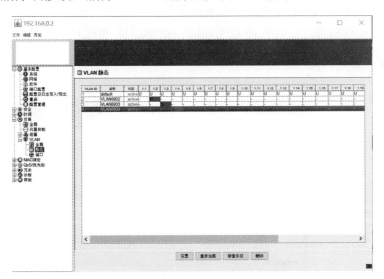

图 2-96　VLAN 删除

选定好要删除的 VLAN 后，点击"删除"。删除 VLAN 配置后，不需要再另外保存配置。

4. 端口镜像设置

点击导航栏"诊断→端口镜像"即进入端口镜像设置界面，如图 2-97 和图 2-98 所示。

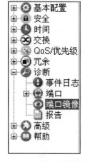

图 2-97　端口镜像界面　　　　　　　　　　　　图 2-98　端口镜像界面展开

端口：显示设备端口的逻辑编号，此部分信息为只读。

镜像模式：可设置 none、rx（收）、tx（发）、both 四种模式。

（1）单端口镜像。以将端口 1 的收发镜像到端口 2 为例进行介绍。如图 2-99 所示，目的端口设置为端口 2，同时使用镜像功能；把端口 1 镜像模式设为 both。然后点击"设置"，再保存配置（见图 2-100）。

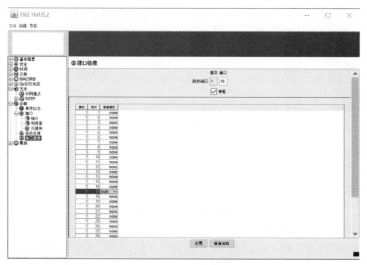

图 2-99　单端口镜像设置

（2）多端口镜像。以将端口 1、3、4 收发镜像到端口 2 为例进行介绍。如图 2-101 所示，目的端口设置为端口 2，同时使用镜像功能；把端口 1、3、4 镜像模式设为 both。然后点击"设置"，再保存配置。

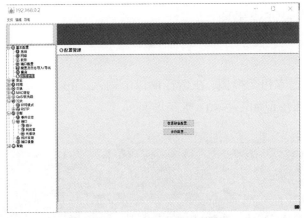

图 2-100　单端口镜像设置保存

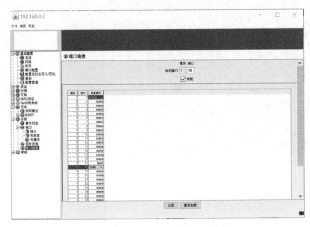

图 2-101　多端口镜像设置

5. 配置保存

在将交换机的所有设置完成后，点击【配置管理】中的"保存配置"即可保存对交换机所做的设置（见图 2-102）。

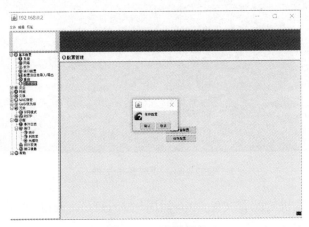

图 2-102　配置保存

三、维护要点及注意事项

1. 配置备份

用网线连接笔记本和交换机，在运行窗口中输入：ftp 192.168.0.1，用户名：admin，密码：password，即出现如图 2-103 所示界面。

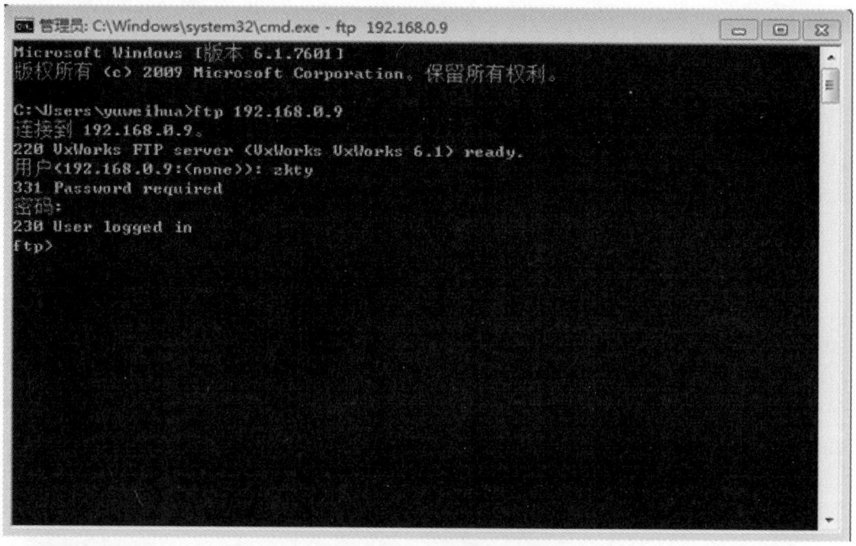

图 2-103　配置备份登陆

ftp>后面输入 ls，回车可得到文件列表（见图 2-104）。

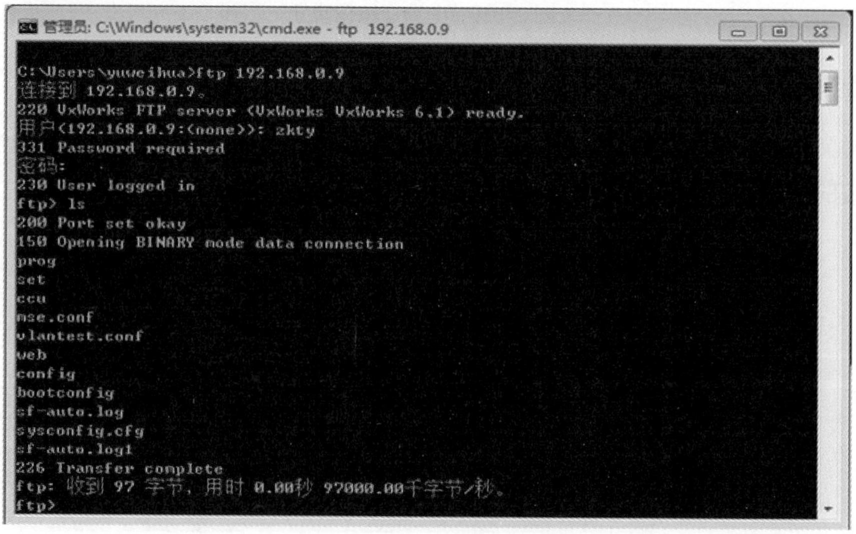

图 2-104　获取备份文件

mse.conf 即交换机的配置文件，ftp>后面输入 get mse.conf，即将此文件默认保存到 C 盘用户下面（见图 2-105），如 C：\Users\yuweihua。

```
ftp> get mse.conf
200 Port set okay
150 Opening BINARY mode data connection
226 Transfer complete
ftp: 收到 4857 字节，用时 0.00秒 4857000.00千字节/秒。
ftp>
```

图 2-105　配置文件保存到 C 盘

2. 读取配置

ftp>后输入 put 及 mse.conf 所在的路径即可，如 mse.conf 放置在 E 盘根目录下（见图 2-106）。

```
ftp> put E:\mse.conf
200 Port set okay
150 Opening BINARY mode data connection
226 Transfer complete
ftp: 发送 4857 字节，用时 0.02秒 303.56千字节/秒。
ftp>
```

图 2-106　读取配置文件方法 1

也可以将 mse.conf 文件放在桌面上，输入 put 和空格后，将该文件拖至到此命令行中（见图 2-107）。

```
ftp> put C:\Users\yuweihua\Desktop\mse.conf
200 Port set okay
150 Opening BINARY mode data connection
226 Transfer complete
ftp: 发送 4857 字节，用时 0.00秒 4857000.00千字节/秒。
ftp>
```

图 2-107　读取配置文件方法 2

第七节　数据通信网关机

一、装置简介

CSC1321 数据通信网关机（远动机）采用多 CPU 插件结构，后插拔方式；插件数量灵活配置，可任意安装；单台装置最多可配置 12 块插件。如图 2-108 所示，通过装置前液晶面板可以查看插件通信状态、装置通信状态、通道通信状态。调试及维护通过网络及辅助工具来完成。

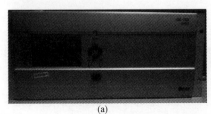

(a)　　　　　　　　　　　　　　　　　(b)

图 2-108　CSC1321 装置
（a）前视图；（b）后视图

CSC1321 采用功能模块化设计思想，由不同插件来完成不同功能，组合实现装置所需功能。主要功能插件有 CPU 插件、通信插件（以太网插件、串口插件）、辅助插件（开入开出插件、对时插件、级联插件、电源插件和人机接口组件）。

二、配置工具介绍

CSC-1321 维护工具软件是 CSC1320 系列站控级通信装置的配套维护工具，用于对 CSC1320 系列装置进行配置和维护，提供模板管理、工程配置及调试验证等方面的功能服务。

CSC-1321 维护工具软件无需安装，直接将 CSC-1321 维护工具软件拷贝到调试主机目录下，就可以使用了。

1. 工具相关文件介绍

打开 CSC-1321 配置工具文件夹，显示内容如图 2-109 所示，即经常使用的 1321 可执行文件 c52.exe（2.83 以前是 1320 或 1320n）以及 application data 的工程数据存放文件夹。

图 2-109 工具目录

CSC-1321 维护工具\applcation data 文件夹下，包含了模板数据、工程数据、运行参数、输出数据几个部分，如图 2-110 所示。

temp files 文件夹包含了通过维护工具生成的 CSC-1321 运行数据，即装置运行所需的实际配置。执行输出打包后，工具将把数据输出到 temp files 文件夹下，以工程名命名的文件夹中。备份时必须备份该文件夹，如图 2-111 所示。

projects 文件夹包含了工程配置数据及制作过程的全部中间数据。新建或还原工程时，维护工具会在 projects 文件夹下建立一个以工程名命名的文件夹，该文件夹下包含了该工程全部制作过程数据，在任何环节做备份时，均不可备份该文件夹。

图 2-110　applcation data 文件夹

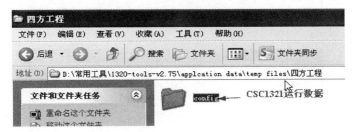

图 2-111　CSC-1321 运行数据存放路径

runtime 文件夹包含了维护工具的基本运行参数及一些用户暂存信息,如工程路径、模板路径信息、界面语言、用户列表及用户权限、最近工程文件记录等,如果改变维护工具软件的目录(例如从一个目录到另一个目录,或者从一个计算机目录拷贝到另一个计算机的不同目录),需要删除维护工具软件下的"runtime"文件夹下的全部内容,再运行维护工具。否则该软件将出现无法正常输出打包等异常现象。

2. 工具常用菜单说明

维护工具软件支持中文和英文两种语言界面。工具首次运行,会提示选择语言,以后运行时默认前一次已经选择的语言运行。如果在使用过程中需要切换语言界面,可以在主界面中选择菜单"工具"—"语言",选择使用的语言后,重启维护工具,将显示新选择的语言界面,如图 2-112 所示。

运行维护工具后,将首先进入主界面,如图 2-113 所示。

图 2-112　选择语言

主界面顶端为主菜单栏,其下方为快捷操作键,图 2-114 和图 2-115 为主要菜单项的内容。

"工程"菜单提供工程配置的基本操作,内容说明如下:"新建工程""新建工程向导""打开""保存""关闭当前工程"用来新建、打开、保存及关闭工程配置,"还原配置"可以从维护工具的最终输出文件(config 工程文件)中恢复工程配置,具体见后面工程制作举例。

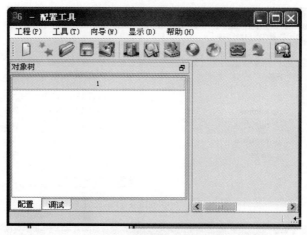

图 2-113　维护工具主界面

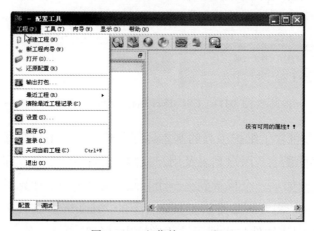

图 2-114　主菜单——工程

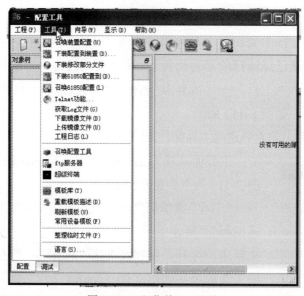

图 2-115　主菜单——工具

"输出打包"是将工程配置、所使用的模板和工具需要的相关信息共同组成数据包（工具/application/temp files/工程名称/config），准备下传到装置，即装置里实际运行的工程配置。

"最近工程"给出了最近打开的工程配置文件路径。

"清除最近工程记录"将清除最近打开的工程配置文件路径记录。

"登录"用来管理用户账户及用户登录，在未登录时可以制作配置，若使用工具的下装、模版管理、调试等功能必须登录。

"工具"菜单中的内容说明如下："召唤装置配置"可以从CSC-1321装置中召唤并恢复工程配置，"下装配置到装置"将打包输出的最终配置文件（工具/application/temp files/工程名称/config）传输到CSC-1321装置，"获取log文件"可以获取CSC-1321装置的日志文件。

3. 还原数据通信网关机配置

使用配置工具打开一个站的备份，若工具不变且路径无变更，可以直接打开保存备份的工程文件.epj。

除上述情况外，其他情况需打开一个站工程的，必须使用还原配置功能来打开工程。还原配置时会出现如图2-116所示界面。

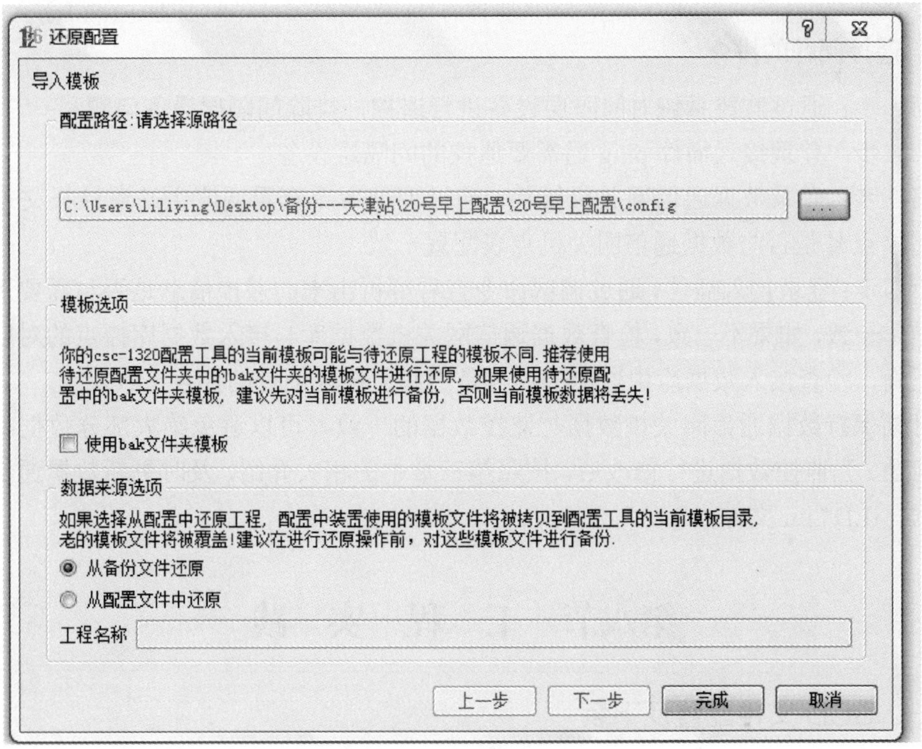

图2-116　文件还原界面

三、维护要点及注意事项

1. 上行数据异常检查

第一步：确认间隔层采集和站控层传输是否正常，可通过监控主站验证，如果监控主站接收上行数据正常，可排除此过程问题。

第二步：通过维护工具查看接入数据库，检查数据是否正常；常见的问题为网络接线错误、通信参数错误等造成的通信异常，或者导入监控数据格式错误、导入的不是最终数据等造成的数据库异常。

第三步：通过维护工具查看数据通信网关机数据库，常见问题为插件间通信异常、插件间程序版本不一致、数据通信网关机点表关联错误等。

第四步：通过维护工具、调试命令等方式查看数据通信网关机报文，人工解析上送报文是否正确。如果前三步检查确认数据正常，上送报文异常的话，规约的参数配置或者程序存在问题，需要联系技术支持处理。如果报文正常，说明系统的数据采集和数据通信网关机数据的制作不存在问题，可能存在的问题有，调度提供的数据通信网关机点表与主站数据库不一致、数据通信网关机与调度约定的数据类型不一致、数据通信网关机与调度约定的遥测系数不一致、主站数据库制作错误等。

现场调试中，一般先按第四步进行检查，分清站内问题还是和调度之间的问题，再按对应的方法排查。

2. 遥控问题的排查

第一步：通过监控系统对间隔层设备进行遥控，排除间隔层设备问题。

第二步：登录接入插件 ping 通需要遥控的间隔层设备。

第三步：登录数据通信网关机插件，通过调试命令查看调度主站遥控报文是否正确，遥控点号是否与数据通信网关机点表配置一致。

第四步：登录接入插件，通过调试命令查看解析出来的遥控信息是否与需要进行的遥控操作一致，如果不一致，检查数据通信网关机数据库与接入数据库控点的对应关系是否正确，检查接入数据库中遥控的控点是否和监控验证过的控点一致。

时刻保持数据通信网关机数据与监控数据的一致，可以避免绝大部分数据制作造成的问题。当监控数据进行修改后，按照第三章中的相关介绍，及时更新数据通信网关机数据、IED*.ini 文件。

第八节 工 程 实 践

一、SCD 文件配置及下装

以新建重庆 220kV 实验变 220kV 线路一间隔为例，具体讲述制作 SCD 文件的操作步骤和制作方法。其中 220kV 线路一间隔包含 A、B 两套保护装置，A、B 两套智能终端，A、B 两套合并单元，一套测控装置。

1. 制作及数据导出流程图

SCD 制作流程如图 2-117 所示。

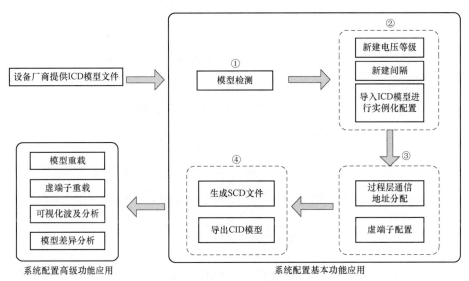

图 2-117　SCD 制作流程图

制作 SCD 的步骤：获取 ICD 文件后，制作全站装置信息表；检测 ICD 文件，如无异常，新建变电站，添加电压等级，添加间隔，添加装置，连接虚端子，配置通信参数，保存，完成 SCD 的制作。

2. 新建工程 SCD 文件制作

收集完需要的 ICD 模型文件后，制作的重庆 220kV 实验变 220kV 线路一间隔的地址表信息（见表 2-12）。

表 2-12　　　　　　　　　　　　　全 站 装 置 信 息 表

间隔名称	装置描述	装置型号	生产厂商	IEDNAME	IP 地址	模型
220kV线路一2201开关	保护 A	CSC-103A	北京四方	PL2201A	172.20/21.1.100	CSC-103A-DA-G-RPLDY_61850_V1.01_150121_C788.ICD
	合并单元 A	CSD-602AG	北京四方	ML2201A		线路【H2D1_H6D5】141226_M1.icd
	智能终端 A	CSD-601A	北京四方	IL2201A		CSD-601A_61850_V3.03_150525_6654.ICD
	保护 B	NSR-303A	南瑞科技	PL2201B	172.20/21.1.101	NSR-303A-DA-G_170316_V1.01_19988.ICD
	合并单元 B	CSD-602AG	北京四方	ML2201A		线路【H2D1_H6D5】141226_M1.icd
	智能终端 B	CSD-601A	北京四方	IL2201A		CSD-601A_61850_V3.03_150525_6654.icd
	测控	CSI20EA	北京四方	CL2201	172.20/21.1.102	220kV 线路一测控［CRC=CCE8］.icd

（1）新建工程。打开系统配置器，登录成功后，点击新建菜单中的"新建工程"按钮，如图2-118所示。

图2-118　新建工程

按照省区/地区+电压等级+变电站名称的原则填写工程名称（见图2-119），如"重庆220kV实验变"。

图2-119　填写工程名称

注意：保存SCD文件时，请不要将"*_TMP"文件夹删除，需要将该文件夹一起保存；若删除，会导致修改的内容没有保存下来。

在资源管理器中"变电站"界面，"属性编辑器"下将变电站的描述"desc"修改为实际变电站名称（见图2-120），如"重庆220kV实验变"。

图2-120　修改变电站名称

注意：变电站名称中的"newSubstation"是系统自动生成，可以修改该名称，但不要使用中文字符，描述可以使用中文字符。

点击图2-121中"保存"按钮，输入修改记录信息。

图 2-121 保存工程

（2）添加电压等级。在变电站层点击鼠标右键，在弹出的右键菜单中选择"添加电压等级"，弹出电压等级选择框，可根据工程情况选择电压等级，如重庆 220kV 实验变共有 220kV、110kV、10kV 三个电压等级。

点击变电站"重庆 220kV 实验变"，点击右键，选择"添加电压等级"选项（见图 2-122），勾选需要的 220kV、110kV、10kV 三个电压等级。

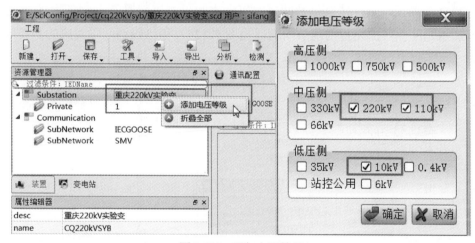

图 2-122 添加电压等级

电压等级添加成功后，在资源管理器中，变电站名称下，会出现电压等级的信息。

（3）添加间隔。点击相应的电压等级，右键选择"添加间隔"，出现间隔向导对话框，根据提示信息填写新增间隔名和新增间隔描述。以新增重庆 220kV 实验变 220kV 线路一 2201 开关保护 A 间隔为例说明。

选择 220KV 电压等级，右键选择"添加间隔"按钮，在弹出来的"添加间隔"向导对话框中填写间隔名称和间隔描述（见图 2-123）。

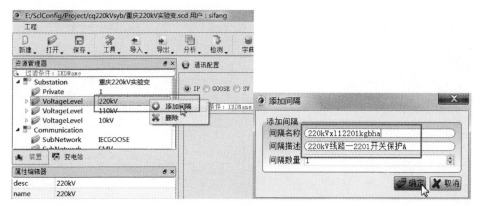

图 2-123　添加间隔步骤 1

需要注意:

1)间隔名称:只能使用数字和字母,不允许有空格。间隔名称尽量使用电压等级 +间隔描述简称,如:220kVxl12201kgbha。

2)间隔描述:即间隔名称,如:220kV 线路—2201 开关保护 A。

3)间隔数量:可一次性添加多个间隔。

4)建间隔规则:A、B 套保护装置分别建立不同的间隔,包含本套保护装置、智能终端和合并单元,测控建立单独间隔,包含本间隔测控装置。

增加 A、B 套保护装置的两个间隔(见图 2-124)和该线路间隔对应的测控间隔。

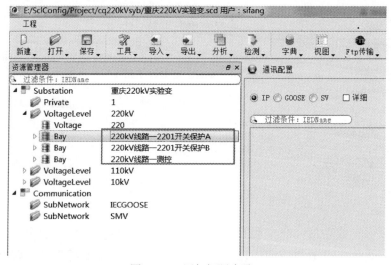

图 2-124　添加间隔步骤 2

注意:添加间隔完成后,如想变更间隔名称,在下面的属性编辑器里即可修改。

(4)添加装置。按照做好的全站地址信息表来增加装置。

以在"220kV 线路—2201 开关保护 A"间隔下增加 A 套保护装置为例,点击"220kV 线路—2201 开关保护 A"间隔,右键选择"添加装置"按钮(见图 2-125),浏览选择

ICD 模型文件，然后点下一步。

图 2-125　添加装置步骤 1

点击下一步，得到如图 2-126 所示的界面。

图 2-126　添加装置步骤 2

"装置类型"选择"保护"，"装置型号"是根据模型里的信息读出来的，与实际保持一致即可，如不一致可自行修改；"套数"选择"第一套"，"对象类型"选择"线路"，"间隔序号"填写"1"，"iedName"是由装置类型、套数、对象类型和间隔序号组合而自动生成的，且该名称全站唯一，不能有重复。

在"更新通讯信息"的界面中，"默认分配通讯子网"默认是打钩的状态，此时需要检查访问点与子网信息是否一致，如果不一致，需要将"默认分配通讯子网"前面的钩去掉，将子网信息选择为与访问点一致。具体为访问点 S1 对应 MMS-A/MMS-B，访问点 G1 对应 IECGOOSE，访问点 M1 对应 SMV。

点击"下一步"，装置添加成功。

访问点不一致的时候需要做图 2-127 中的操作。

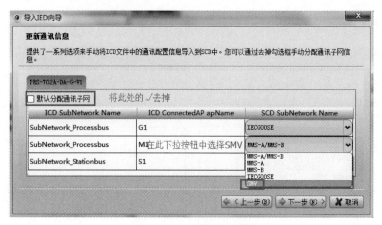

图 2-127　添加装置步骤 3

3. 通信配置-IP/GOOSE/SV

IP、GOOSE、SV 均需要配置，另外每次配置时，均先点"搜索"，再依次点 IP、MAC、VLAN、appID，同时下方的切换卡，如 MMS-A/MMS-B 也需要进行切换后，再进行配置。

（1）IP 地址配置。将资源管理器切换到"变电站"界面，进行 IP 地址配置。先点击"搜索"按钮，将该工程中需要和站控层设备进行通信的装置全部显示出来。如图 2-128 所示，核实 IP 地址是否正确，若不正确，直接点击修改即可。

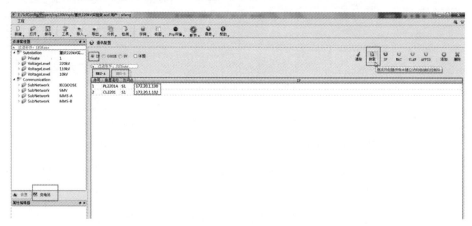

图 2-128　IP 地址配置

注意：该 IP 地址也可以通过点击图 2-128 右上角的"自动分配 IP"按钮进行自动分配。

（2）GOOSE 配置。将资源管理器切换到"变电站"界面，进行 GOOSE 配置。先点击搜索按钮，将该工程中 GOOSE 通信的信息全部显示出来，若 MAC 地址、appID、VLAN 信息有重复，则工具会有感叹号"！"的提示，如图 2-129 所示。此时，可以通过鼠标左键点击 MAC、VLAN、appID 信息，进行手动修改，也可以点击图 2-129 中右上角的 MAC、VLAN、appID 按钮，工具会自动分配这些地址信息。

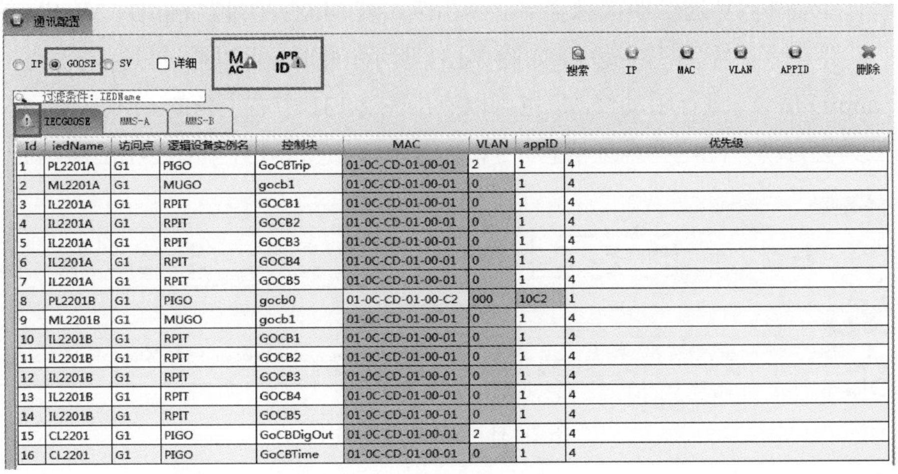

Id	iedName	访问点	逻辑设备实例名	控制块	MAC	VLAN	appID	优先级
1	PL2201A	G1	PIGO	GoCBTrip	01-0C-CD-01-00-01	2	1	4
2	ML2201A	G1	MUGO	gocb1	01-0C-CD-01-00-01	0	1	4
3	IL2201A	G1	RPIT	GOCB1	01-0C-CD-01-00-01	0	1	4
4	IL2201A	G1	RPIT	GOCB2	01-0C-CD-01-00-01	0	1	4
5	IL2201A	G1	RPIT	GOCB3	01-0C-CD-01-00-01	0	1	4
6	IL2201A	G1	RPIT	GOCB4	01-0C-CD-01-00-01	0	1	4
7	IL2201A	G1	RPIT	GOCB5	01-0C-CD-01-00-01	0	1	4
8	PL2201B	G1	PIGO	gocb0	01-0C-CD-01-00-C2	000	10C2	1
9	ML2201B	G1	MUGO	gocb1	01-0C-CD-01-00-01	0	1	4
10	IL2201B	G1	RPIT	GOCB1	01-0C-CD-01-00-01	0	1	4
11	IL2201B	G1	RPIT	GOCB2	01-0C-CD-01-00-01	0	1	4
12	IL2201B	G1	RPIT	GOCB3	01-0C-CD-01-00-01	0	1	4
13	IL2201B	G1	RPIT	GOCB4	01-0C-CD-01-00-01	0	1	4
14	IL2201B	G1	RPIT	GOCB5	01-0C-CD-01-00-01	0	1	4
15	CL2201	G1	PIGO	GoCBDigOut	01-0C-CD-01-00-01	2	1	4
16	CL2201	G1	PIGO	GoCBTime	01-0C-CD-01-00-01	0	1	4

图 2-129　GOOSE 配置步骤 1

GOOSE 配置正确后，界面显示如图 2-130 所示。此时，相应的地址重复的告警提示也消失了。

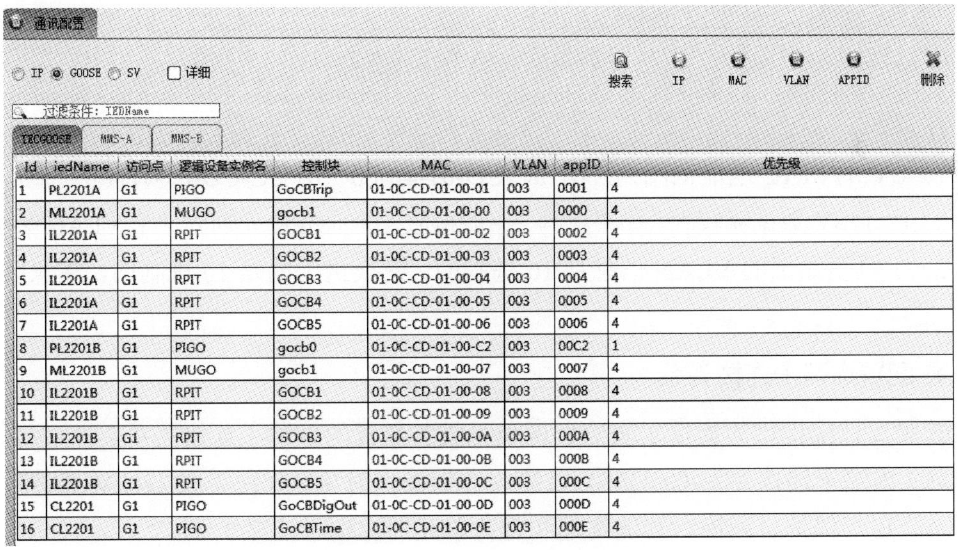

Id	iedName	访问点	逻辑设备实例名	控制块	MAC	VLAN	appID	优先级
1	PL2201A	G1	PIGO	GoCBTrip	01-0C-CD-01-00-01	003	0001	4
2	ML2201A	G1	MUGO	gocb1	01-0C-CD-01-00-00	003	0000	4
3	IL2201A	G1	RPIT	GOCB1	01-0C-CD-01-00-02	003	0002	4
4	IL2201A	G1	RPIT	GOCB2	01-0C-CD-01-00-03	003	0003	4
5	IL2201A	G1	RPIT	GOCB3	01-0C-CD-01-00-04	003	0004	4
6	IL2201A	G1	RPIT	GOCB4	01-0C-CD-01-00-05	003	0005	4
7	IL2201A	G1	RPIT	GOCB5	01-0C-CD-01-00-06	003	0006	4
8	PL2201B	G1	PIGO	gocb0	01-0C-CD-01-00-C2	003	00C2	1
9	ML2201B	G1	MUGO	gocb1	01-0C-CD-01-00-07	003	0007	4
10	IL2201B	G1	RPIT	GOCB1	01-0C-CD-01-00-08	003	0008	4
11	IL2201B	G1	RPIT	GOCB2	01-0C-CD-01-00-09	003	0009	4
12	IL2201B	G1	RPIT	GOCB3	01-0C-CD-01-00-0A	003	000A	4
13	IL2201B	G1	RPIT	GOCB4	01-0C-CD-01-00-0B	003	000B	4
14	IL2201B	G1	RPIT	GOCB5	01-0C-CD-01-00-0C	003	000C	4
15	CL2201	G1	PIGO	GoCBDigOut	01-0C-CD-01-00-0D	003	000D	4
16	CL2201	G1	PIGO	GoCBTime	01-0C-CD-01-00-0E	003	000E	4

图 2-130　GOOSE 配置步骤 2

注意：

1）GOOSE 的 MAC 地址范围为：01-0C-CD-01-00-00～01-0C-CD-01-3F-FF。

2）由于 GOOSE 组网数据流较小，一般按照所有 GOOSE 数据划分同一个 VLAN 来处理。

3）工具里显示的 VLAN 信息是 16 进制的，交换机上的是 10 进制的，注意区分和换算。

（3）SV 配置。将资源管理器切换到"变电站"界面，进行 SV 配置。先点击"搜索"按钮，将该工程中 SV 通信的信息全部显示出来，若 MAC 地址、appID、VLAN 信息有重复，则工具会有感叹号"！"的提示，如图 2-131 所示。此时，可以通过鼠标左键点击 MAC、VLAN、appID 信息，进行手动修改，也可以点击图 2-131 中右上角的 MAC，VLAN，appID按钮，工具会自动分配这些地址信息。SV 配置步骤如图 2-131 和图 2-132 所示。

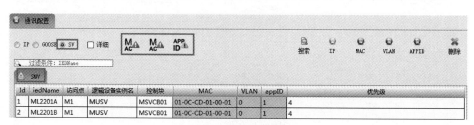

图 2-131　SV 配置步骤 1

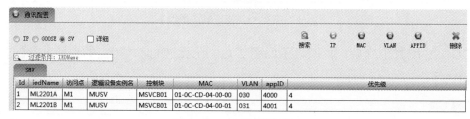

图 2-132　SV 配置步骤 2

注意：

1）SV 的 MAC 地址范围为：01-0C-CD-01-40-00～01-0C-CD-01-7F-FF。

2）由于 SV 数据流较大，如果组网，一般按照一个合并单元划分一个 VLAN 来处理。

3）工具里显示的 VLAN 信息是 16 进制的，交换机上的是 10 进制的，注意区分和换算。

4. 配置虚端子连接关系

按照设计院提供的虚端子表信息逐一完成各装置的虚端子连接关系。

（1）虚端子连接关系-GOOSE。以接收方为操作对象，分别完成 220kV 线路—2201开关 A、B 套保护、测控、智能终端和合并单元的虚端子连接关系。

以"220kV 线路—2201 开关保护 A"装置的 GOOSE 虚端子连接关系的配置为例讲述操作方法。按照虚端子连接关系表，该 PL2201A 装置 GOOSE 部分需要订阅的信号有：A 相断路器位置、B 相断路器位置、C 相断路器位置、闭锁重合闸-6、低气压闭锁重合闸，母差保护发过来的支路保护跳闸信号暂不做考虑。

步骤：

1）将资源管理器切换到"装置"界面，选择"端子配置"选项，订阅方装置选择PL2201A，发布方装置选择 IL2201A（见图 2-133）。

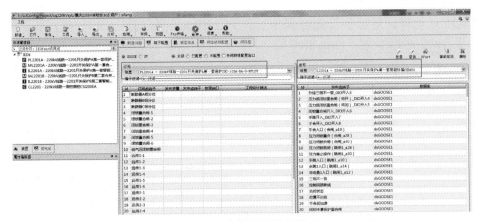

图 2-133　虚端子连接步骤 1

订阅方和发布方的装置选择有两种方式：

方式一：直接点击订阅方或者发布方"装置"后面的下拉按钮进行选择装置（见图 2-134）。

图 2-134　虚端子连接步骤 2

方式二："装置"里直接输入 iedName，工具会列出与输入的 iedName 一致的装置，选择即可（见图 2-135）。

图 2-135　虚端子连接步骤 3

2）在发布方智能终端装置 IL2201A 发布的 GOOSE 数据里逐一选择断路器 A 相位置、断路器 B 相位置、断路器 C 相位置、闭锁本套保护重合闸、压力降低禁止重合闸逻辑 2YJJ 信号，连接到订阅方保护装置 PL2201A 的断路器 A 相分位、断路器 B 相分位、断路器 C 相分位、闭锁重合闸-6、低气压闭锁重合闸信号上。

做虚端子连接时，会弹出物理端口配置，直接点击"确定"即可（见图 2-136）。

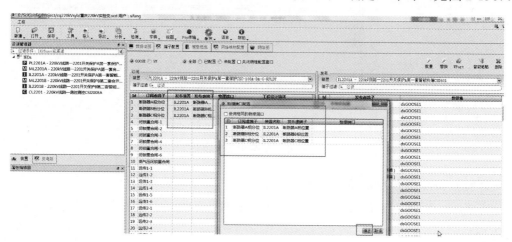

图 2-136　虚端子连接步骤 4

也可以将"关闭物理配置窗口"选项打钩，虚端子连接完成后，可以通过勾选"关闭物理配置窗口"左边的"已配置"或"未配置"来选择显示已连接的所有虚端子和未连接的所有虚端子（见图 2-137）。

图 2-137　虚端子连接步骤 5

（2）虚端子连接关系-SV。以接收方为操作对象，分别完成 220kV 线路—2201 开关 A、B 套保护、测控装置的 SV 虚端子连接。

以"220kV 线路—2201 开关保护 A"装置的 SV 虚端子连接配置为例讲述操作方法。

按照虚端子连接关系表，该 PL2201A 装置 SV 部分需要订阅的信号有：A 套合并单元发布的采样延时、电压、电流、同期电压。

步骤：将资源管理器切换到"装置"界面，选择"端子配置"选项，选择"SV"操作按钮，订阅方装置选择 PL2201A，发布方装置选择 ML2201A（见图 2-138）。

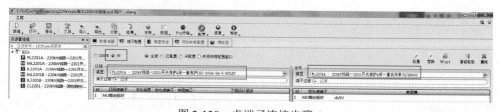

图 2-138　虚端子连接步骤 6

虚端子连接完成后的界面显示如图 2-139 所示。

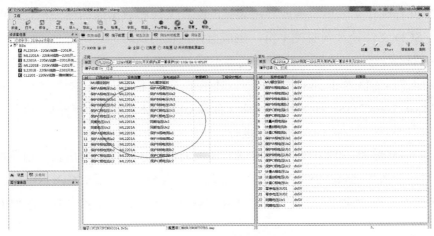

图 2-139　虚端子连接步骤 7

5. 保存 SCD

SCD 制作过程中，有修改要及时进行保存。

点击系统配置器左上角"保存"按钮后，弹出"输入修改记录"。

在"输入修改记录"对话框中，可以填写修改内容、修改原因，"生成过程层 CRC"默认是打钩状态。如果本次保存不需要生成过程层 CRC，可以将此项前面的钩取消掉（见图 2-140）。

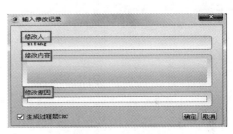

图 2-140　保存数据

在系统配置器界面的右下角有"修改记录"按钮，单击此按钮能够查询修改记录（见图 2-141）。

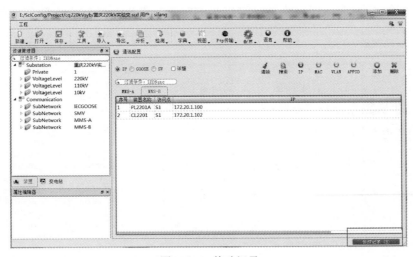

图 2-141　修改记录

6. SCD 文件数据导出

SCD 文件制作完成后，需要导出装置的配置文件和数据通信网关机使用的配置文件，并将 SCD 文件导入到监控主机，生成监控主机的实时库。

各装置根据平台、地区、应用方式等不同，需要系统配置器按照不同选项进行导出。系统配置器提供"非 388""六统一（不合并 GSE 和 SV）""六统一（合并 GSE 和 SV）""388（不合并 GSE 和 SV）""388（合并 GSE 和 SV）""站域保护导出"等选项，导出各装置配置时需要按照实际情况进行。

以"220kV 线路—2201 开关保护 A"装置为例讲述配置的导出。导出菜单，选择"导出虚端子配置"，装置 CSC-103A-DA-G 属于"六统一"装置，GOOSE 和 SV 分开，在弹出来的对话框中勾选"六统一（不合并 GSE 和 SV）"，装置名称中勾选"PL2201A"（见图 2-142）。

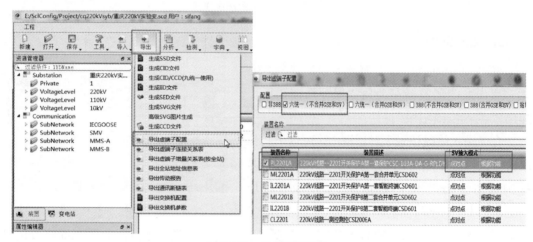

图 2-142　导出配置文件

点击"确定"，选择保存路径，导出来的配置文件夹及文件夹里的文件如图 2-143 所示。

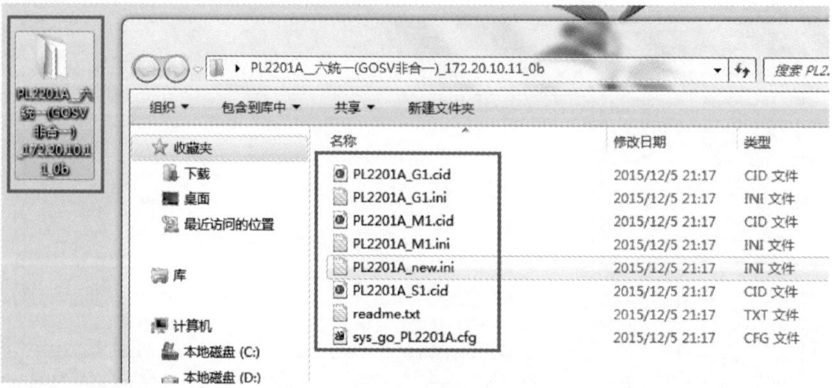

图 2-143　导出的配置文件

将导出的配置文件使用相应工具下载到装置中即可。

注意：

（1）SV 接入模式有"点对点""网络""同源双网"三种可选，根据实际情况选择即可，一般国家电网有限公司系统使用点对点方式，南方电网系统使用网络方式，测控装置导出需要选择"网络"方式。

（2）压板订阅方式默认选择根据功能即可。

二、测控装置同期试验

首先检查测控装置和 MU、操作箱、监控主机通信正常，无 GOOSE 控制块通信中断和 SV 通信中断告警信息。

测控装置 GOOSE、SV 组网示意图如图 2-144 所示。

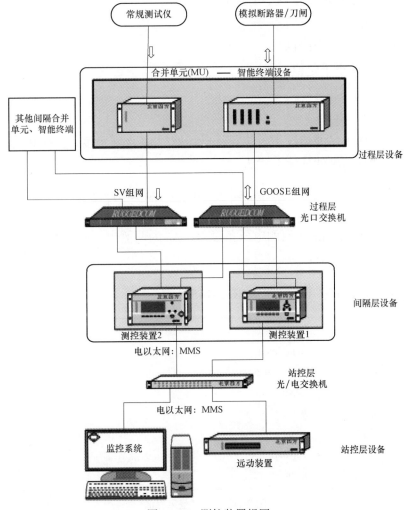

图 2-144　测控装置组网

做同期试验之前要先整定同期定值，并将正确的 PLC 逻辑下载到测控装置，可使用智能站中下发的标准逻辑，且保证测控装置和合并单元、智能操作箱对时成功。

（1）同期介绍。同期合闸即当开关设备两侧电压大小、频率、相位相等或在规定的范围内进行合闸，以达到电网系统的冲击最小的目的。同期合闸有检无压、检同期和准同期三种方式。

检无压、检同期应用于同频系统，即两个系统的另一端是通过电网的大系统相连的，对应实际应用中的"合环操作"；准同期应用于差频系统，对应实际应用中的"并网操作"，例如发电机机组的并网。

检无压判断条件：一侧/两侧无压（$<0.3U_n$）。

检同期判断条件：

1）两侧的电压均大于 $0.9U_n$；

2）两侧的压差和角度差均小于定值。

准同期判断条件：

1）两侧电压均大于 $0.7U_n$；

2）两侧电压差小于定值；

3）频率差小于定值；

4）滑差小于定值。

在以上条件均满足的情况下，装置将自动捕捉 $0°$ 合闸角度，并在 $0°$ 合闸角度时发合闸令，其中合闸角度的计算公式为

$$\theta = \left| \Delta\delta - \left(360\Delta f T_{dq} + 180\frac{\mathrm{d}\Delta f}{\mathrm{d}t}T_{dq}^2 \right) \right|$$

式中：θ 为合闸角度；$\Delta\delta$ 为两侧电压角度差；Δf 为两侧电压频率差；$\dfrac{\mathrm{d}\Delta f}{\mathrm{d}t}$ 为频差变化率；T_{dq} 为提前时间。

（2）定值整定。定值整定界面如图 2-145 所示。

\定值	\同期定值
控制字 1	1000　0001
8102	0000　0010
同期压差	22.00
同期频差	0.200
同期相差	20.00
提前时间	100.0ms
同期滑差	0.200

图 2-145　定值整定界面

装置显示和上送均为一次值，整定之中涉及电压选项均为一次值，单位为 kV。

控制字 1：8102　抽取电压选择 A 相、抽取电压选择相电压，同期固定方式（即比较 U1 和 U4），检同期时禁止无压合闸，准同期捕捉时间 20s，准同期合闸角度为 0°。

同期压差：22kV（假设变比为 220/100，即对应二次值为 10V）

同期频差：0.2 Hz

同期相差：20°

提前时间：100 ms

同期滑差：0.2 Hz/s

扩展菜单：

频差定值：表示自动同期方式切换门槛定值（最小 0.02Hz、最大 1.0Hz），单位 Hz，默认值为 0.02Hz。

无压定值：表示检无压合闸时电压无压定值，默认值 30%U_n（其中 U_n 为相电压一次值，下同）。

有压定值 1：表示检同期合闸或自动同期方式的电压有压定值，默认值 90%U_n。

有压定值 2：表示捕捉同期合闸的电压有压定值，默认值 70%U_n。

电压上限：电压超过电压上限值后闭锁同期，默认值 120%U_n。

同期固定角差：用于主变压器高低侧电压同期，单位为°，默认值 120%U_n。

（3）实验步骤。以待并侧为例，各项定值实验为 0.95 定值可靠动作，1.05 倍定值可靠不动。通过装置主动弹出的报告以及装置报告/运行报告/最新报告菜单，检查同期实验结果。

1）检无压。所投压板：同期功能压板、控制逻辑压板、检无压压板、同期电压固定方式压板。

无压定值取默认值 30%U_n，U_n 为 57.7V。

1.05 倍定值：（57.7×0.3）×1.05=18.1V

0.95 倍定值：（57.7×0.3）×0.95=16.4V

a. U_A=57.7∠0°，U_Z=18.1∠0°，则检无压条件不满足，测试仪设置界面如图 2-146 所示。

b. U_A=57.7∠0°，U_Z=16.4∠0°，则检无压条件满足，测试仪界面与图 2-146 相同，只是 U_Z 幅值不一样。

2）检同期。所投压板：同期功能压板、控制逻辑压板、检同期压板、同期电压固定方式压板。

检同期判断条件：① 两侧的电压均大于 0.9U_n；② 两侧的压差和角度差均小于定值。

a. 压差试验。

1.05 倍定值：10×1.05=10.5

0.95 倍定值：10×0.95=9.5

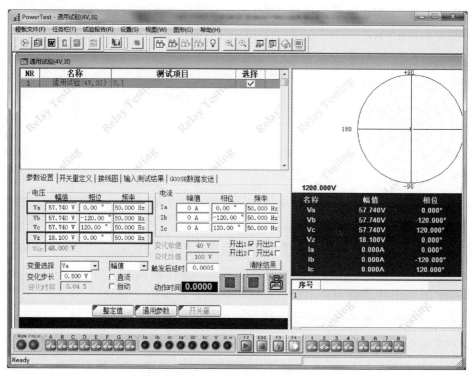

图 2-146 测试仪设置界面（检无压）

测试仪界面与图 2-146 相同，只是 U_z 幅值不一样。

（a）U_A=57.7$\angle 0°$，U_X=67.2$\angle 0°$

检同期条件满足。

（b）U_A=57.7$\angle 0°$，U_X=68.2$\angle 0°$

检同期条件不满足，压差不合格。

（c）U_A=57.7$\angle 0°$，U_X=48.2$\angle 0°$

U_A=57.7$\angle 0°$，U_X=47.2$\angle 0°$

检同期其他条件不满足。

此两项实验，由于 U_X 侧所加值不满足 90%的有压要求，所以报检同期其他条件不满足。

（d）检同期和检无压的禁止转换实验。

U_A=57.7$\angle 0°$，U_X=0$\angle 0°$

检同期其他条件不满足。

因控制字 D_1=1，为检同期禁止自动转为检无压；如 D_1=0，则此项实验应报检无压条件满足，并启动出口。

b. 角差试验。

1.05 倍定值：20×1.05=21

0.95 倍定值：20×0.95=19

（a）U_A=57.7$\angle \underline{0^\circ}$，$U_X$=57.7$\angle \underline{19^\circ}$（0+20×0.95=19）

检同期条件满足。

测试仪界面如图 2-147 所示。

（b）U_A=57.7$\angle \underline{0^\circ}$，$U_X$=57.7$\angle \underline{21^\circ}$（0+20×1.05=21）

检同期角差条件不合格。

（c）U_A=57.7$\angle \underline{0^\circ}$，$U_X$=57.7$\angle \underline{-19^\circ}$（0−20×0.95=−19）

检同期条件满足。

（d）U_A=57.7$\angle \underline{0^\circ}$，$U_X$=57.7$\angle \underline{21^\circ}$（0−20×1.05=−21）

检同期角差条件不合格。

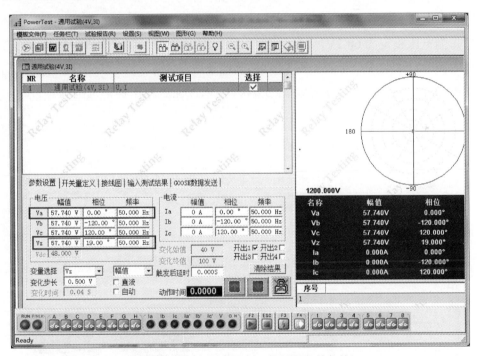

图 2-147　测试仪设置界面（检同期角差条件）

c. 有压定值。有压定值取默认值 90%U_n，U_n 为 57.7V。

1.05 倍定值：（57.7×0.9）×1.05=54.5

0.95 倍定值：（57.7×0.9）×0.95=49.3

（a）U_A=57.7$\angle \underline{0^\circ}$，$U_X$=49.3$\angle \underline{0^\circ}$，检同期其他条件不满足。

（b）U_A=57.7$\angle \underline{0^\circ}$，$U_X$=54.5$\angle \underline{0^\circ}$，检同期条件满足。

3）准同期。

所投压板：同期功能压板、控制逻辑压板、准同期压板、同期电压固定方式压板。

如果同期电压比较的是 U1B 或 U1C 相，U1A 也必须加电压。因 f1 的频率取自 U1A。

准同期判断条件：① 两侧电压均大于 $0.7U_n$；② 两侧电压差小于定值；③ 频率差小于定值；④ 滑差小于定值。

在以上条件均满足的情况下，装置将自动捕捉 0° 合闸角度，并在 0° 合闸角度时发合闸令，其中合闸角度的计算公式为

$$\theta = \left| \Delta\delta - \left(360\Delta f T_{dq} + 180\frac{\mathrm{d}\Delta f}{\mathrm{d}t}T_{dq}^2 \right) \right|$$

式中：θ 为合闸角度；$\Delta\delta$ 为两侧电压角度差；Δf 为两侧电压频率差；$\dfrac{\mathrm{d}\Delta f}{\mathrm{d}t}$ 为频差变化率；T_{dq} 为提前时间。

a. 压差实验。系统侧 57.7∠0°，频率 50.00Hz，实验方法同检同期的压差实验。

待并侧电压整定为 67.2V，测试仪输出后，发遥合令，准同期合闸成功。

待并侧电压整定为 68.2V，测试仪输出后，发遥合令，准同期压差条件不合格。

有压实验：做 42.4V（合格）和 38.4V（其他条件不合格）。准同期的有压条件是 70%。

注意：将压差定值抬高，可设置为 44kV，以保证压差在合格范围内。

测试仪界面如图 2-148 所示。

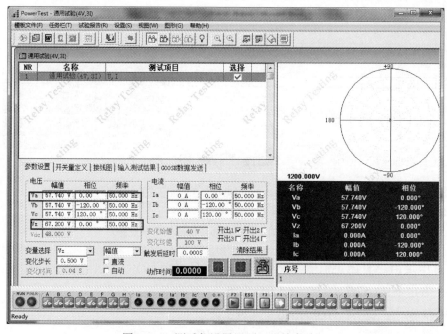

图 2-148　测试仪设置界面（压差实验）

b. 频差实验。系统侧 57.7∠0°，频率 50.00Hz。

1.05 定值：0.2×1.05=0.21

0.95 定值：0.2×0.95=0.19

待并侧频率设为 49.81Hz，测试仪输出后，发遥合令，准同期合闸成功。

待并侧频率设为 49.79Hz，测试仪输出后，发遥合令，准同期频差条件不合格。

待并侧频率设为 50.19Hz，测试仪输出后，发遥合令，准同期合闸成功。

待并侧频率设为 50.21Hz，测试仪输出后，发遥合令，准同期频差条件不合格。

测试仪界面如图 2-149 所示。

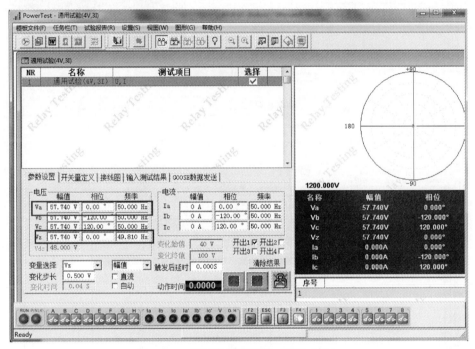

图 2-149　测试仪设置界面（频差实验）

c. 0°合闸角度实验。系统侧 57.7∠0°，频率 50.00Hz，待并侧频率设置为 50Hz。

待并侧角度设为 57.7∠0°，测试仪输出后，发遥合令，同期合闸成功。

待并侧角度设为 57.7∠1°，测试仪输出后，发遥合令，同期角差条件不合格。

待并侧角度设为 57.7∠-1°，测试仪输出后，发遥合令，同期角差条件不合格。

测试仪界面如图 2-150 所示。

d. 滑差实验。首先将频差定值抬高，改为 5Hz，保证在滑差实验中，如果合闸不成功，则和频差定值闭锁无关，区分是频差闭锁还是滑差闭锁。测试仪设置界面如图 2-151 所示。

（a）变量选择 Vz 频率，勾选"自动"选项，变化步长 0.001，变化时间选 0.01s，起始频率 46Hz，终止频率 54Hz，测试仪输出后，发遥合令，同期合闸成功。

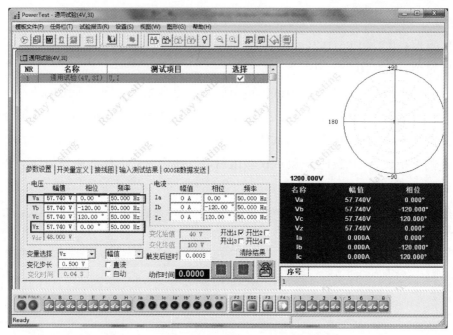

图 2-150 测试仪设置界面（0°合闸角度实验）

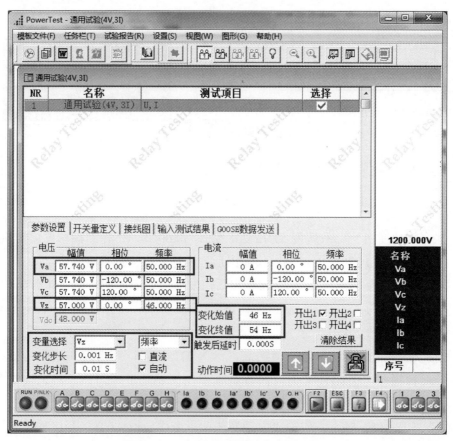

图 2-151 测试仪设置界面（滑差实验）

（b）变量选择 Vz 频率，勾选"自动"选项，变化步长 0.003，变化时间选 0.01s，起始频率 46Hz，终止频率 54Hz，测试仪输出后，同期合闸失败。装置报其他条件不合格或频差不合格。频差不合格和实验时所加的起始频率以及终止频率大小以及所设频差定值大小有关，当频差定值改大后，可屏蔽频差闭锁。

三、智能终端异常信号

1. 合后状态逻辑输出异常

问题描述：装置经手动合闸或遥控合闸后，未输出"合后状态"逻辑。

可能原因：

（1）手动合闸 CPU 采集回路（见图 2-79）异常，常见为 CPU 采集回路负电端未接（X15-C32）。

（2）断路器合位未采集到。

2. GOOSE 通信异常

问题描述：智能终端与保护装置点对点通信，保护接收正常，智能终端报接收通信中断。

可能原因：

（1）光纤、光口损坏或接触不好。

（2）保护装置发送报文与智能终端订阅报文通信参数信息不匹配。

（3）智能终端接收区分口，如订阅虚端子口使用为直跳网口 2，与保护装置通信光纤连接到网口 3，则装置报接收通信中断。因智能终端各光口发送 GOOSE 报文一致，故保护装置未报接收通信中断。

四、合并单元切换并列

装置可通过修改配置文件实现切换、并列等不同的逻辑状态，以适应不同环境下的应用要求。装置可根据接收 GOOSE 数据或采集就地开入状态所获得的刀闸及断路器位置信息，做出逻辑判断。在不同的逻辑状态下运行，DIO 插件开入端子定义也不相同，以下内容将分别介绍双母线切换、双母线并列、三母线并列（Ⅱ母线不含 TV）、三母线并列（Ⅱ母线含 TV）、内桥并列几种逻辑状态对应的一次接线图、DIO 插件开入端子定义和电压输出逻辑表。

不同接线方式具有不同电压切换、电压并列方式。各接线方式下的电压切换示意图如图 2-152～图 2-155 所示，DIO 开入端子定义表、电压输出策略表如表 2-13～表 2-22 所示。

1. 双母线电压切换

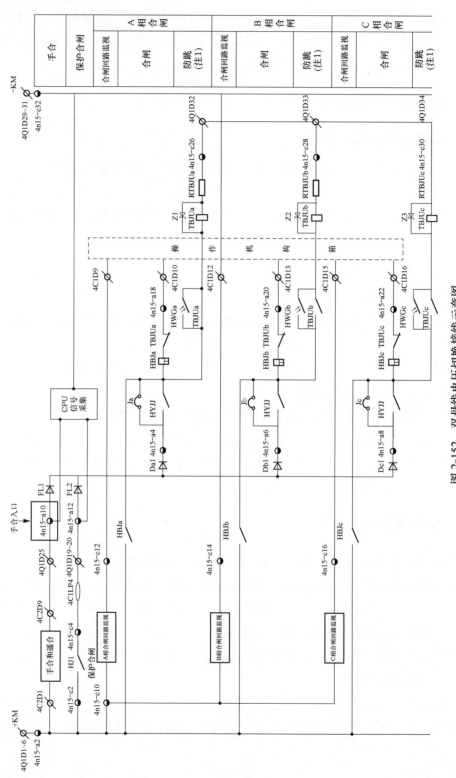

图 2-152 双母线电压切换接线示意图

表 2-13 双母线电压切换 DIO 开入端子定义表

开入定义	DIO 硬开入方式	DIO 端子	GOOSE 订阅方式
检修状态	DI01	a18	
备用	DI02	a20	
Ⅰ 母刀闸分位	DI03	a22	从智能终端订阅
Ⅰ 母刀闸合位	DI04	a24	从智能终端订阅
Ⅱ 母刀闸分位	DI05	a26	从智能终端订阅
Ⅱ 母刀闸合位	DI06	a28	从智能终端订阅

表 2-14 双母线电压切换电压输出策略表

序号	Ⅰ 母隔离开关		Ⅱ 母隔离开关		电压输出	报警说明
	合位	分位	合位	分位		
1	0	0	0	0	保持现状	
2	0	0	0	1	保持现状	
3	0	0	1	1	保持现状	延时 1min 以上报警"刀闸位置异常"
4	0	1	0	0	保持现状	
5	0	1	1	1	保持现状	
6	0	0	1	0	Ⅱ 母电压	
7	0	1	1	0	Ⅱ 母电压	无
8	1	0	1	0	Ⅰ 母电压	报警"同时动作"
9	0	1	0	1	电压输出 0,状态有效	报警"同时返回"
10	1	0	0	1	Ⅰ 母电压	无
11	1	1	1	0	Ⅱ 母电压	
12	1	0	0	0	Ⅰ 母电压	
13	1	0	1	1	Ⅰ 母电压	延时 1min 以上报警"刀闸位置异常"
14	1	1	0	0	保持现状	
15	1	1	0	1	保持现状	
16	1	1	1	1	保持现状	

2. 双母线电压并列

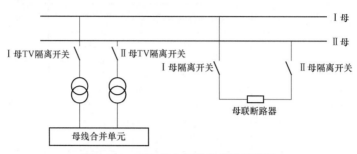

图 2-153　双母线电压并列接线示意图

表 2-15　　　　　　　　**双母线电压并列 DIO 开入端子定义**

开入定义	DIO 硬开入方式	DIO 端子	GOOSE 订阅方式
检修状态	DI01	a18	
母联分位	DI03	a22	从智能终端订阅
母联合位	DI04	a24	从智能终端订阅
I 母、II 母并列取 I 母把手	DI09	c20	从测控订阅
I 母、II 母并列取 II 母把手	DI10	c22	从测控订阅
允许远方并列操作	DI11	c24	
I 母 TV 隔离开关合位	DI12	c26	从智能终端订阅
II 母 TV 隔离开关合位	DI13	c28	从智能终端订阅

表 2-16　　　　　　　　**双母线电压并列电压输出策略表**

序号	并列把手状态		母联位置	I 母输出电压	II 母输出电压
	取 I 母	取 II 母			
1	0	0	任意	I 母	II 母
2	0	1	合位	II 母	II 母
3	0	1	分位	I 母	II 母
4	0	1	00 或 11	保持现状	保持现状
5	1	0	合位	I 母	I 母
6	1	0	分位	I 母	II 母
7	1	0	00 或 11	保持现状	保持现状
8	1	1	合位	保持现状	保持现状
9	1	1	分位	I 母	II 母
10	1	1	00 或 11	保持现状	保持现状

注　1. 把手位置：1 为合位，0 为分位。
　　 2. 报警：母联位置合分都为 00 或 11，为无效位置，延时 1min 以上报警"刀闸位置异常"。

3. 三段母线并列（Ⅱ母线含 TV）

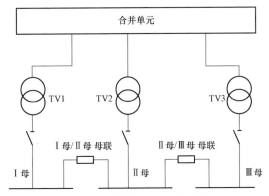

图 2-154　三段母线接线电压并列（Ⅱ母含 TV）

表 2-17　　　　　　三段母线并列（Ⅱ母含 TV）DIO 开入端子定义

开入定义	DIO 硬开入方式	DIO 端子	GOOSE 订阅方式
检修状态	DI01	a18	
Ⅰ与Ⅱ母母联分位	DI03	a22	从智能终端订阅
Ⅰ与Ⅱ母母联合位	DI04	a24	从智能终端订阅
Ⅱ与Ⅲ母母联分位	DI05	a26	从智能终端订阅
Ⅱ与Ⅲ母母联合位	DI06	a28	从智能终端订阅
Ⅰ/Ⅱ母并列取Ⅰ母把手	DI07	a30	从测控订阅
Ⅰ/Ⅱ母并列取Ⅱ母把手	DI08	c18	从测控订阅
Ⅱ/Ⅲ母并列取Ⅱ母把手	DI09	c20	从测控订阅
Ⅱ/Ⅲ母并列取Ⅲ母把手	DI10	c22	从测控订阅
允许远方并列操作	DI11	c24	
Ⅰ母 TV 刀闸合位	DI12	c26	从智能终端订阅
Ⅱ母 TV 刀闸合位	DI13	c28	从智能终端订阅
Ⅲ母 TV 刀闸合位	DI14	c30	从智能终端订阅

表 2-18　　　　　　三段母线并列（Ⅱ母含 TV）电压输出策略表

把手状态				母联位置		各段母线输出电压		
取Ⅰ母把手（Ⅰ母/Ⅱ母）	取Ⅱ母把手（Ⅰ母/Ⅱ母）	取Ⅱ母把手（Ⅱ母/Ⅲ母）	取Ⅲ母把手（Ⅱ母/Ⅲ母）	Ⅰ母/Ⅱ母的母联	Ⅱ母/Ⅲ母的母联	Ⅰ母的电压输出	Ⅱ母的电压输出	Ⅲ母的电压输出
0	0	0	0	X	X	Ⅰ母 TV	Ⅱ母 TV	Ⅲ母 TV
X	X	X	X	分	分	Ⅰ母 TV	Ⅱ母 TV	Ⅲ母 TV
X	X	0	0	分	合	Ⅰ母 TV	Ⅱ母 TV	Ⅲ母 TV
X	X	0	1	分	合	Ⅰ母 TV	Ⅲ母 TV	Ⅲ母 TV

把手状态			母联位置			各段母线输出电压		
取I母把手(I母/II母)	取II母把手(I母/II母)	取II母把手(II母/III母)	取III母把手(II母/III母)	I母/II母的母联	II母/III母的母联	I母的电压输出	II母的电压输出	III母的电压输出
X	X	1	0	分	合	I母TV	II母TV	II母TV
X	X	1	1	分	合	保持现状	保持现状	保持现状
0	0	X	X	合	分	I母TV	II母TV	III母TV
0	1	X	X	合	分	II母TV	II母TV	III母TV
1	0	X	X	合	分	I母TV	I母TV	III母TV
1	1	X	X	合	分	保持现状	保持现状	保持现状
0	0	0	0	合	合	I母TV	II母TV	III母TV
0	0	0	1	合	合	I母TV	III母TV	III母TV
0	0	1	0	合	合	I母TV	II母TV	II母TV
0	0	1	1	合	合	保持现状	保持现状	保持现状
0	1	0	0	合	合	II母TV	II母TV	III母TV
0	1	0	1	合	合	III母TV	III母TV	III母TV
0	1	1	0	合	合	II母TV	II母TV	II母TV
0	1	1	1	合	合	保持现状	保持现状	保持现状
1	0	0	0	合	合	I母TV	I母TV	III母TV
1	0	0	1	合	合	保持现状	保持现状	保持现状
1	0	1	0	合	合	I母TV	I母TV	I母TV
1	0	1	1	合	合	保持现状	保持现状	保持现状
1	1	0	0	合	合	保持现状	保持现状	保持现状
1	1	0	1	合	合	保持现状	保持现状	保持现状
1	1	1	0	合	合	保持现状	保持现状	保持现状
1	1	1	1	合	合	保持现状	保持现状	保持现状

注　1. X表示任意状态，1为合位，0为分位。

　　2. 报警：当合分都为00或11时，延时1min以上报警"刀闸位置异常"。

4. 三段母线接线电压并列（II母线不含TV）

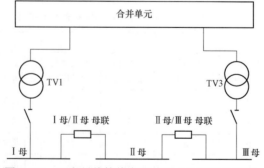

图2-155　三段母线接线电压并列（II母不含TV）

表 2-19 三段母线接线电压并列 DIO 开入端子定义

开入定义	DIO 硬开入方式	DIO 端子	GOOSE 订阅方式
检修状态	DI01	a18	
Ⅰ 与 Ⅱ 母联分位	DI03	a22	从智能终端订阅
Ⅰ 与 Ⅱ 母联合位	DI04	a24	从智能终端订阅
Ⅱ 与 Ⅲ 母联分位	DI05	a26	从智能终端订阅
Ⅱ 与 Ⅲ 母联合位	DI06	a28	从智能终端订阅
Ⅰ/Ⅲ 母并列取 Ⅰ 母把手	DI09	c20	从测控订阅
Ⅰ/Ⅲ 母并列取 Ⅲ 母把手	DI10	c22	从测控订阅
允许远方并列操作	DI11	c24	
Ⅰ 母 TV 刀闸合位	DI12	c26	从智能终端订阅
Ⅲ 母 TV 刀闸合位	DI14	c30	从智能终端订阅

表 2-20 三段母线接线电压并列电压输出策略表

序号	并列把手状态		母联位置		各段母线电压输出		
	取 Ⅰ 母	取 Ⅲ 母	Ⅰ~Ⅱ 母	Ⅱ~Ⅲ 母	Ⅰ 母电压	Ⅱ 母电压	Ⅲ 母电压
1	任意	任意	分位	分位	Ⅰ 母	无压	Ⅲ 母
2	任意	任意	合位	分位	Ⅰ 母	Ⅰ 母	Ⅲ 母
3	任意	任意	分位	合位	Ⅰ 母	Ⅲ 母	Ⅲ 母
4	0	0	合位	合位	Ⅰ 母	Ⅰ 母	Ⅲ 母
5	1	0	合位	合位	Ⅰ 母	Ⅰ 母	Ⅰ 母
6	0	1	合位	合位	Ⅲ 母	Ⅲ 母	Ⅲ 母
7	1	1	合位	合位	保持现状	保持现状	保持现状

注 1. 1 为合位,0 为分位。

2. 报警:当合分都为 00 或 11 时,延时 1min 以上报警"刀闸位置异常"。

5. 内桥电压并列

表 2-21 内桥电压并列 DIO 开入端子定义

开入定义	DIO 硬开入方式	DIO 端子	GOOSE 订阅方式
检修状态	DI01	a18	
进线一分位	DI03	a22	从智能终端订阅
进线一合位	DI04	a24	从智能终端订阅
进线二分位	DI05	a26	从智能终端订阅
进线二合位	DI06	a28	从智能终端订阅

开入定义	DIO 硬开入方式	DIO 端子	GOOSE 订阅方式
内桥分位	DI07	a30	从智能终端订阅
内桥合位	DI08	c18	从智能终端订阅
并列取进线一把手	DI09	c20	从智能终端订阅
并列取进线二把手	DI10	c22	从智能终端订阅
允许远方并列操作	DI11	c24	
进线一 TV1 刀闸合位	DI12	c26	从智能终端订阅
进线一 TV2 刀闸合位	DI13	c28	从智能终端订阅

表 2-22　　　　　　　　　　　　内桥电压并列电压输出策略表

序号	并列把手状态		进线一断路器位置	进线二断路器位置	桥断路器位置	进线一输出电压	进线二输出电压
	取进线一	取进线二					
1	任意		分位	分位	任意	0 V	0 V
2	任意		合位	分位	分位	进线一	0 V
3	任意		合位	分位	合位	进线一	进线一
4	任意		分位	合位	分位	0 V	进线二
5	任意		分位	合位	合位	进线二	进线二
6	任意		合位	合位	分位	进线一	进线二
7	1	0	合位	合位	合位	进线一	进线一
8	0	1	合位	合位	合位	进线二	进线二

注　1. 任意表示无论分位还是合位，1 为合，0 为分。

　　2. 报警：当位置合分位都为 00 或 11 时，延时 1min 以上报警"刀闸位置异常"。

五、交换机划分 VLAN

以将交换机端口 13、14 的 VLAN ID 设为 2，端口 15、16 的 VLAN ID 设为 3 为例，下文将介绍交换机 VLAN 划分配置步骤，如图 2-156 和图 2-157 所示。

首先，将端口 13、14 加入 VLAN2，端口 15、16 加入 VLAN3，VLAN 端口均配置为 Member（VLAN 静态里端口配置为 M 时，不需要再设置端口菜单），其余端口未配置；然后，进入 VLAN 静态栏并新建 VLAN ID 为 2 和 3 的两个条目，在 VLAN 2 中添加端口 13、14，VLAN 3 中添加端口 15、16，端口配置为 Member。

修改完成后点击"设置"，"重新加载"即可显示配置后的状态，注意保存配置。

此时，VLAN ID 为 0 的 GOOSE 报文从 14 口进入交换机，任意口均可输出不带 VLAN ID 的 GOOSE 报文。

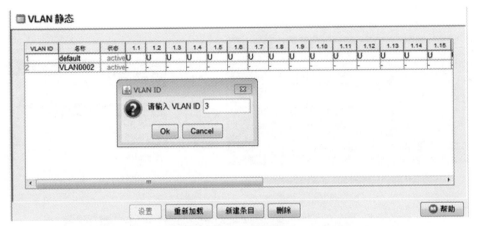

图 2-156　配置步骤 1

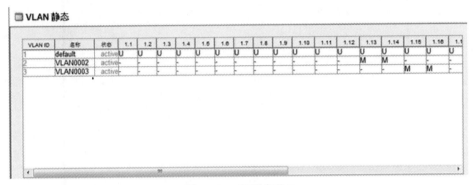

图 2-157　配置步骤 2

六、数据通信网关机配置

1. 插件功能分配

根据站内装置的数目、类型、规约等实际信息进行插件分配，这一步骤主要为系统配置器导出远动数据时提供导出依据。

当站内采用 61850 规约接入的时候，单块-N 插件能够最多接入 60 台装置，因此需要根据实际站内装置的个数决定用几块插件作接入，每个插件上采集哪些站内装置的数据。以两块插件作接入为例，同时配置一块 104 远动插件和一块 101 串口插件。假设现在的 CSC-1321 插件分配如图 2-158 所示，插件 1 默认为主 CPU，插件 2、3 可分配为 61850 接入插件，插件 4 可分配为 104 远动插件，插件 5 为串口 101 远动插件。

在工程菜单选择"新工程向导"，如图 2-159 所示。

在弹出的向导对话框中输入工程名称，工程路径默认，如图 2-160 所示。

选择"下一步"，将出现插件分配的对话框，如图 2-161 所示。该对话框是 CSC-1321 硬件结构的后视示意图，最左侧固定为主 CPU，最右侧为电源，中间 10 个插槽位置根据实际的硬件配置进行设置。

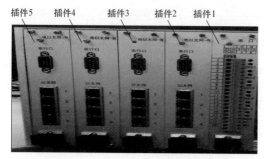

图 2-158　CSC-1321 插件背板图

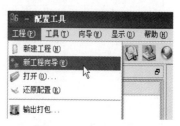

图 2-159　新工程向导

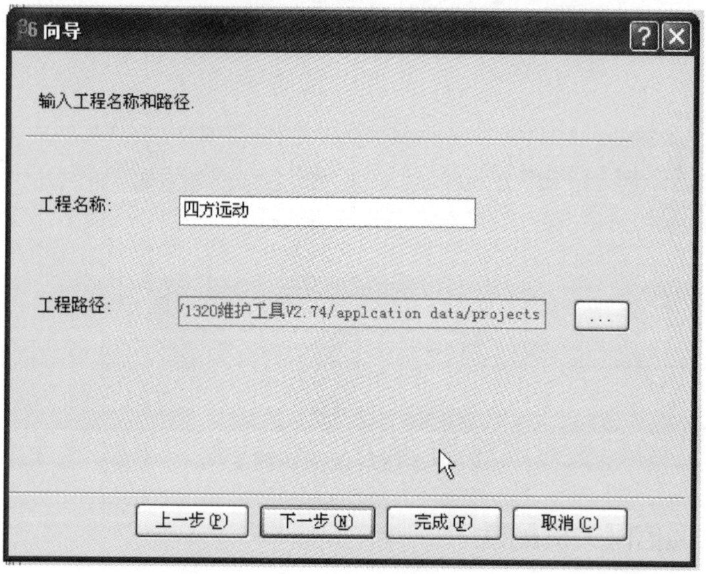

图 2-160　工程名称及路径

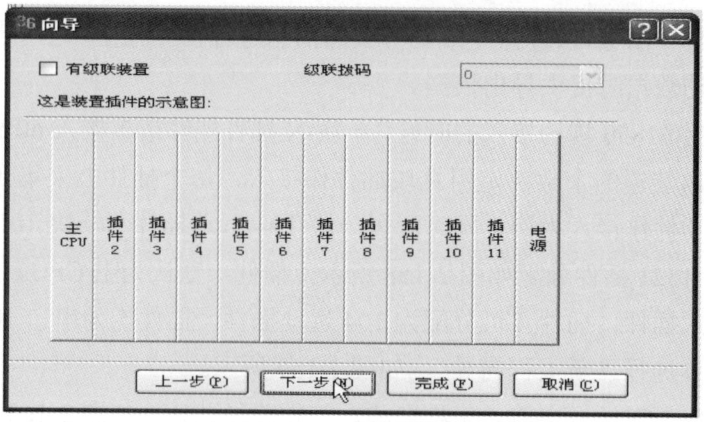

图 2-161　插件功能分配

其中，级联拨码在数据通信网关机应用中固定为 0，前面的"有级联装置"不勾选。点击每个插件，将弹出插件属性的对话框，如图 2-162 所示。

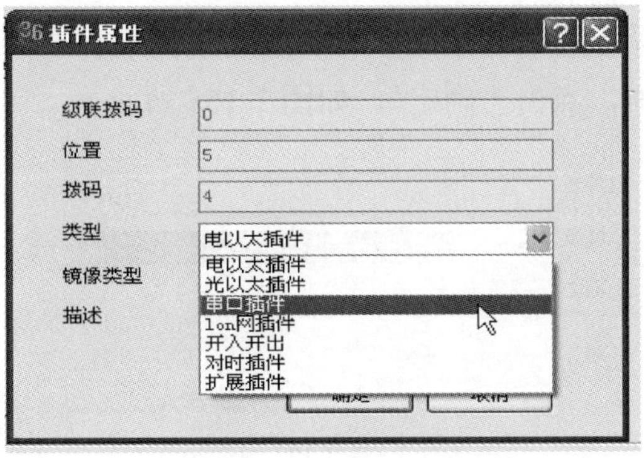

图 2-162　插件属性

"类型"是指插件的硬件类型,主要包括电以太、串口插件等;"镜像类型"是指不同的插件类型由于存储介质的不同又分多种镜像类型,主要针对以太网插件,串口插件目前只有一种镜像类型;"描述"是指对这块插件属性的文字说明,可根据个人习惯或者地区规范进行修改。

对于主 CPU 来说,插件"类型"固定为电以太网插件,在该处不能选择,如图 2-163 所示。

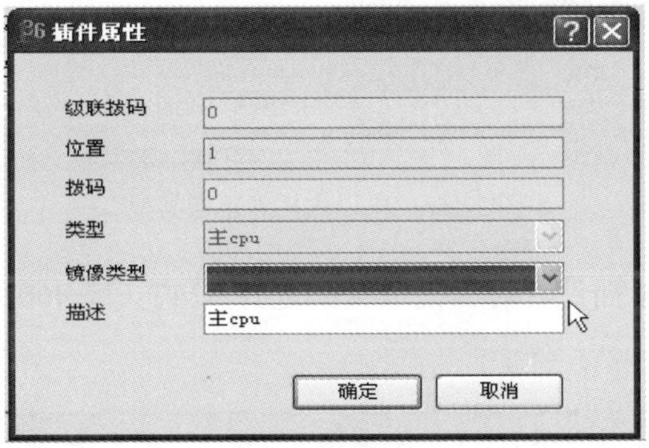

图 2-163　主 CPU 插件类型

而且主 CPU 的镜像类型也只有三种,包括 CF 卡-C、DOC 盘-D、-N［8247（或 460-M）插件］,如图 2-164 所示。

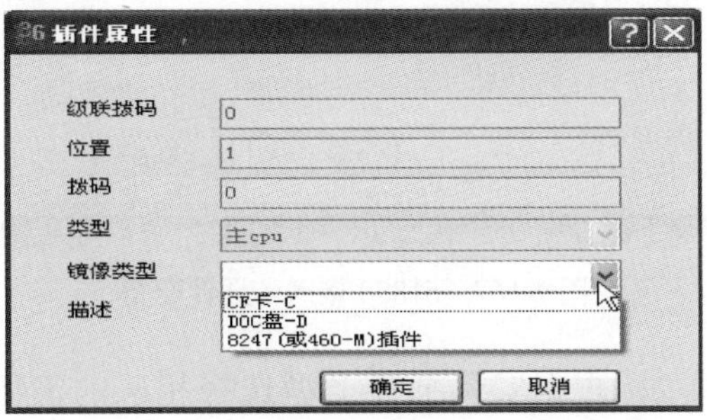

图 2-164　主 CPU 镜像

目前新站主 CPU 及电以太网全部用-N 插件，对应镜像类型选择 8247（或 460-M）插件，主 CPU 设置完成，点击"确定"，如图 2-165 所示。

图 2-165　主 CPU 镜像类型

预先已经分配好插件 2 和插件 3 作 61850 接入用，点击插件 2，弹出属性对话框，选择"电以太插件"，描述改为 61850 接入 1。电以太网插件分多种镜像类型，需要根据实际设备进行选择，如图 2-166 所示。

图 2-166　电以太插件镜像类型

目前新站全部用-N 插件，对应镜像类型选择 8247（或 460-M）插件，点击确定，如图 2-167 所示。

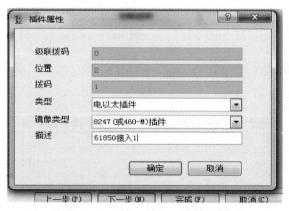

图 2-167　61850 接入 1 插件配置

插件 3 设置同插件 2，根据实际插件类型选择相应的镜像类型，插件 3 配置如图 2-168 所示。

图 2-168　插件 3 设置

预先分配插件 4 作 104 远动通信用，点击插件 4，弹出属性对话框，选择电以太插件，"描述"改为"104 通讯"，如图 2-169 所示。点击"确定"完成 104 插件分配。

图 2-169　104 插件配置

预先分配插件 5 做串口远动规约通信用，点击插件 5，弹出属性对话框，选择串口插件，镜像类型只有一种"串口及其他"，描述未作修改默认为"串口插件 5"，点击"确定"完成串口插件分配，如图 2-170 所示。

图 2-170　串口插件配置

其他辅助功能插件（对时、开入开出等）不需要配置，且若该装置还有当前未使用的备用插件，在配置制作过程中需要注意备用插件不要添加到配置中。至此装置的各插件功能按照开始的准备分配完成了，如图 2-171 所示。

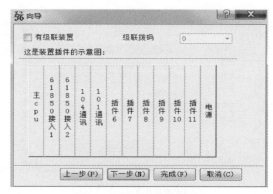

图 2-171　插件功能分配图

点击"完成",进入树状结构界面,如图 2-172 所示,开始对每个插件进行具体的功能设置。

图 2-172　配置的树状结构图

图 2-173　新增插件

在树状结构中,点击"设备配置",工具右侧将出现插件列表,检查插件位置和拨码以及功能分配是否和实际硬件配置一致。

如果需要继续增加新的插件,只能在树状结构下进行,右键点击"设备配置",左键选择"增加插件",如图 2-173 所示,弹出插件属性的对话框,根据硬件配置进行相关设置。

2. 插件通信参数设置

(1) 主 CPU 插件的设置。主 CPU 主要对各分插件进行管理,并实现一些特殊功能,如果只是常规制作的话,需要设置的地方很少,大多采用默认设置。

左键单击"主 CPU",如图 2-174 所示,对插件属性进行设置,可进行"IP 地址""路由配置""看门狗""时区""调试任务启动"等设置,由于常规应用不使用主 CPU

的网卡通信，因此 IP 及路由等都采用默认设置。但是"启动"中有一项"DOC 使能"，无特殊要求时必须设置为"不"。

图 2-174　主 CPU 插件属性设置

（2）61850 接入插件的设置。右键单击"61850 接入 1"插件，可进行删除插件、修改拨码、更改镜像类型、修改插件描述的操作，如图 2-175 所示。

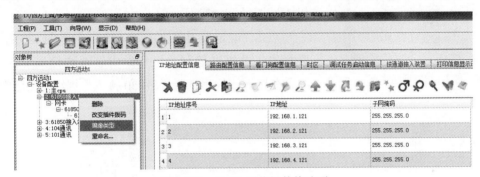

图 2-175　61850 通信插件修改项

实际运行中，可能会出现插件损坏的情况，如果需要换到备用插件上或者更换插件，就需要修改拨码位置和镜像类型，保证配置的拨码位置与实际插件位置一致，保证配置与更换插件后镜像类型一致。

左键单击 61850 接入 1 插件，如图 2-176 所示对插件属性进行设置，可进行"IP 地址""路由配置""看门狗""时区""调试任务启动"等设置，IP 地址和子网掩码设置为综自系统统一分配的地址。综自网络不需要路由设置，其他项采用默认设置。

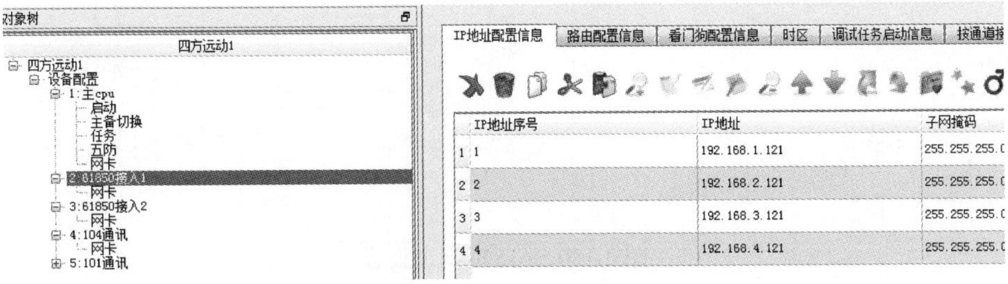

图 2-176　通信插件属性设置

右键单击"网卡"，选择"增加通道"，如图 2-177 所示。

图 2-177　增加规约通道

图 2-178　通道命名

弹出"通道名称"对话框，通道命名为"61850 通讯 1"，如图 2-178 所示。

点击"确定"，出现如图 2-179 所示界面，给通道关联规约。数据通信网关机和站内装置通信属于接入功能，在接入规约里选择"61850 接入"规约，左键双击。

图 2-179　通道关联规约

然后是通道设置，通道设置内容基本可以采用默认设置，如图 2-180 所示。主要是关注右侧的模板项，必须选择 cloopback 项，若由于手误改成了别的模板类型，会导致 61850 进程无法启动的现象，此时只需要单击右侧的"恢复默认值"。

图 2-180　61850 通道设置

右键单击通道"61850 通讯 1"能进行"删除""复制通道""粘贴通道""重命名"等操作，如图 2-181 所示。

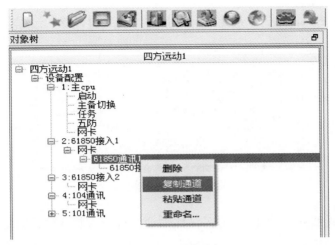

图 2-181　通道删除

将该插件上的装置导入，右键单击"61850 接入"，出现图 2-182 所示界面。

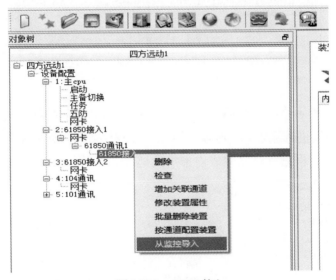

图 2-182　61850 接入

选择从监控导入，出现 61850 数据源路径，选择相应的目录文件，如图 2-183 所示。

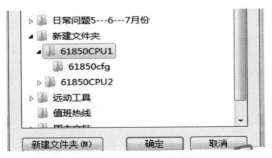

图 2-183　61850 数据

选择 61850CPU1，单击"确定"导入插件一的装置，导入过程会有几个提示，如图 2-184 所示。

图 2-184　数据错误

这里是正常的提示，单击"确定"，然后会出现导入装置模板的提示，如图 2-185 所示，继续单击"确定"。

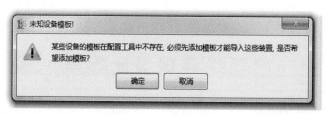

图 2-185　模板导入

导入过程中会提示修改某些属性，如图 2-186 所示，目前强制修改的项目有地区属性，可以根据所在地进行添加，其他项采用默认设置。装置排列顺序为监控主机输出时的顺序，无法修改，根据该顺序生成内部规约地址。

	规约	模板名	地区	创建时间	创建人	原始型号	建立方式	最初
1	61850接入	CL2211A	北京	2014-07-07 16:18:18		CL2211A		
2	61850接入	CL2213B	北京	2014-07-07 16:18:18		CL2213B		
3	61850接入	CL2215A	北京	2014-07-07 16:18:18		CL2215A		
4	61850接入	CL2217B	北京	2014-07-07 16:18:18		CL2217B		
5	61850接入	CL2219A	北京	2014-07-07 16:18:18		CL2219A		
6	61850接入	CL221BB	北京	2014-07-07 16:18:18		CL221BB		
7	61850接入	CL221DA	北京	2014-07-07 16:18:18		CL221DA		
8	61850接入	CL221FB	北京	2014-07-07 16:18:18		CL221FB		

图 2-186　属性修改

设备导入成功，在 61850 接入插件下，能看到导入的装置，如图 2-187 所示。

对插件 2 和插件 3 进行类似设置，这里不再作说明，到此接入 61850 插件配置工作完成。

图 2-187　61850 接入 1 装置信息

（3）数据通信网关机 104 插件的设置。如果主站和厂站 IP 在一个网段，且没有提供网关，则不需要在配置工具的路由配置信息里进行配置。

如果实际的站内没有网关而主站有网关，这个时候需要和主站确认网关的设置，确定站内是否需要配置网关。

104 规约采用以太网 TCP 方式进行通信，数据通信网关机作服务端，主站作客户端，由主站发起建立连接。只要能进行 TCP 连接，就能完成通信，不需强制指定网卡，需要主站提供主备运行方式、数据通信网关机在 104 通信中的 IP 地址、子网掩码、端口号（默认 964H）、应用层地址（即链路地址，16 进制），主站 IP 地址，如果经网关路由需要提供网关 IP 地址。

接下来是在配置工具里对 104 插件进行设置，以数据通信网关机 1 为例进行设置。

鼠标单击"104 通讯"插件，在右侧的"IP 地址配置信息"处修改调度和数据通信网关机通信的 IP，如图 2-188 所示。

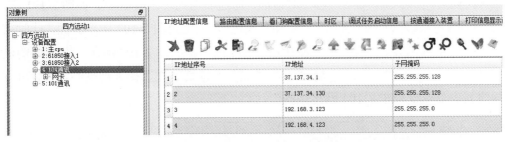

图 2-188　数据通信网关机 104 插件 IP

进行路由设置时，如果数据通信网关机和主站是直接连通没有网关的，则"路由配置信息"处无需设置。需要通过网关进行通信的，则路由编号从 1 开始，顺序排列。如果需要增加多个路由设置，在该界面单击右键，增加一行或多行，如图 2-189 所示。

在经过 104 参数分析后，每台数据通信网关机均需和 4 台调度主机通信，故需添加 4 行路由，分别找到对应的主站 IP，针对刚才配置的插件的 IP 地址，需要配置的路由信息如图 2-190 所示。

图 2-189　路由设置

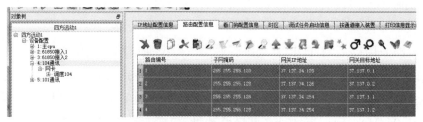

图 2-190　路由配置信息

图 2-191　增加通道

需要说明的是，路由配置信息里的网关目标地址是指调度主站的 IP。

右键单击"网卡"，选择"增加通道"，弹出"通道名称"对话框，通道命名为"调度 104"，如图 2-191 所示。

单击"确定"，出现如图 2-192 所示界面，此时需要给通道关联 104 规约。如图 2-192 所示，在界面的最右端，"规约类型"下拉菜单处选择远动规约，然后再下面的规约列表处左键双击"104 网络规约"。

图 2-192　远动通道关联规约

关联 104 规约后出现的界面如图 2-193 所示。

图 2-193　通道设置

通道设置有三个地方，模板必须保证为"cserver"，"远端 ip"为允许与数据通信网关机进行 tcp 连接的调度主站 IP 地址，端口号 104 规约里定义为 2404，但有时也需要根据主站网络的要求修改。由于已先添加了路由配置信息，故会自动关联第一个主站 IP，查看端口号和给定的 2404 一致，故通道参数到此不需修改。

单击"104 网络规约"，在右面的窗口可以看到公共字段信息、规约字段信息和 RTU 字段信息等，如图 2-194 所示。

图 2-194　104 网络规约

公共字段信息处的信息一般采用默认设置，有特殊要求的可作修改。

RTU 字段信息处需要根据提供的参数作修改，默认值是 1，若调度给定的是 27，转换为 16 进制是 1b。需要注意的是如果链路地址与调度约定的不一致，将导致不响应总召及遥控，修改后如图 2-195 所示。

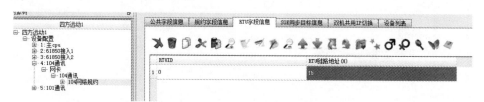

图 2-195　RTU 字段信息

经与调度主站核实，调度主站是两台前置机为主备模式（同一时刻只有一个 ip 来访问数据通信网关机 1），故点表信息相同，因此可以采用关联通道的方式进行配置。具体操作是，在"104 网络规约"处右键单击，选择"增加关联通道"，如图 2-196 所示。

图 2-196　增加关联通道

如图 2-197 所示，在出现的界面只需修改"远端 ip"。

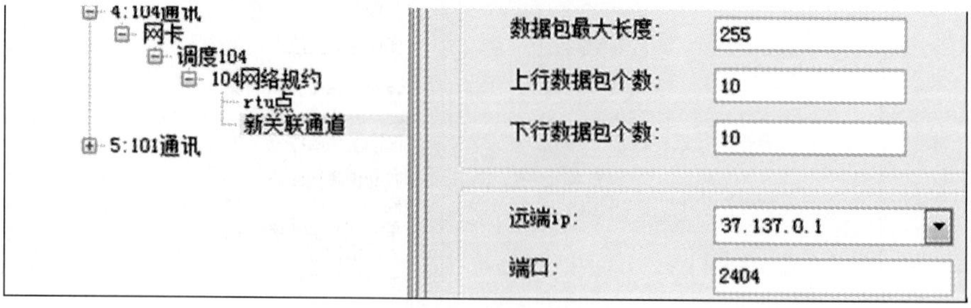

图 2-197　关联通道

在新建关联通道上单击右键，即可以修改调度备机的名称，选择重命名，如图 2-198 所示，然后在出现的界面填写需要的名称即可。至此，调度 104 通道配置完成。

图 2-198　重命名

3. 数据通信网关机文件导出与导入

（1）导出供数据通信网关机 CSC-1321 使用的配置文件 61850CPU。用系统配置器打开 SCD 文件，点击"工具""导出远动配置"菜单（见图 2-199）。

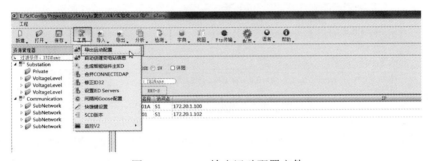

图 2-199　SCD 输出远动配置文件

点击右上角的"非代理插件"，可以根据需要新建几个代理插件（见图 2-200）。

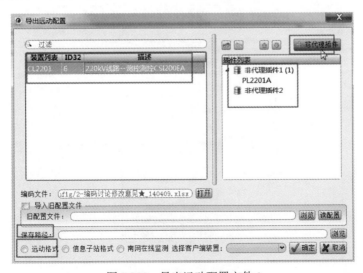

图 2-200　导出远动配置文件 1

以导出两组 61850 配置为例，PL2201A 导出一组 61850CPU1，CL2201 导出一组 61850CPU2，将左侧栏的装置拖至右侧的非代理插件下。选中"浏览"存储路径和"远动格式"，点击"确定"，即可导出数据通信网关机配置文件（见图 2-201），如 61850CPU1 包括 cpu.sys，m61850.sys，PL2201A.dat，61850cfg 文件夹，其中 61850cfg 文件夹包含 csscfg.ini，IED1.ini，osicfg.xml 文件。

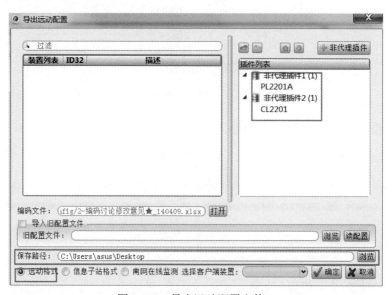

图 2-201　导出远动配置文件 2

（2）数据通信网关机配置文件下传到 CSC1321 数据通信网关机。导入配置文件步骤 1 如图 2-202 所示，导入 Dat 文件（见图 2-203），可以将装置导入到数据通信网关机库里（见图 2-204），61850cfg 整个文件夹用 ftp 上传到数据通信网关机 tffs0a（见图 2-205）。

图 2-202　导入配置文件步骤 1

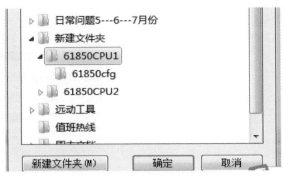

图 2-203　导入配置文件步骤 2

图 2-204　导入配置文件步骤 3

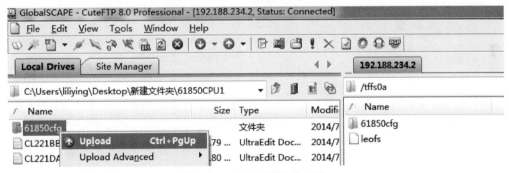

图 2-205　导入配置文件步骤 4

4. "四遥"点表设置

各个插件的通信参数配置完成后,需要进行调度需要的"四遥"点表的挑选及相关设置。

(1)"四遥"点表挑选方法。选择一个通道进行点表挑选,如调度 104。鼠标单击 RTU 点,在右侧的设备列表下选择相应装置,然后在该装置的遥信、遥测、遥控等页面选择调度需要的点,ctrl 键为不连续选点,shift 为连续选点,选点后点击右键,在出现的界面选择增加所选点(其他几个根据需要和习惯自己使用),如图 2-206 所示。

图 2-206 "四遥"点表的挑选

遥测、遥信和遥控的挑选方法相同,先选装置,然后挑选具体的点。

数据通信网关机的"四遥"点表配置,本质上是调度点号与装置的相应控点名通过点描述进行关联映射的过程,采用导入监控数据的方式,已经保证了装置的控点名与点描述的对应关系,所以配置里隐藏了监控点名,只需保证调度点号与点描述的对应关系正确,即保证配置里"点号"与"点描述"的对应关系与调度提供的点表一致。这层对应关系错误,是数据通信网关机"四遥"最常见的故障点。处理数据通信网关机"四遥"故障的第一步,是检查该对应关系是否正确。

(2)遥信设置。如图 2-207 所示,遥信表里有三处配置需要注意。

	RTUID	属性标签	合并点标记1	合并点标记2	点号(00)	遥信类型	点描述
1	0	0	0	0	1	单点遥信	220kV海常线测控 CSI200EA_XL4636断路器合位
2	0	0	0	0	1	单点遥信	220kV海常线测控 CSI200EA_XL46361刀闸合位
3	0	0	0	0	1	单点遥信	220kV海常线测控 CSI200EA_XL46362刀闸合位
4	0	0	0	0	1	单点遥信	220kV海常线测控 CSI200EA_XL46366刀闸合位
5	0	0	0	0	1	单点遥信	220kV海常线测控CSI200EA_…
6	0	0	0	0	1	单点遥信	220kV海常线测控CSI200EA_…

图 2-207 遥信点表

首先是遥信类型,104 规约支持单点遥信和双点遥信两种类型,工具默认选用单点遥信。

其次是点号,这是配置的重点,按照与调度约定的点表,对刚才导入的遥信点设置点号。在导入监控数据时尽量按调度点表的顺序,这样在设置点表的时候可以维护工具的高级功能设置点号。

在遥信配置界面,右键单击"点号"表格列要设置点号的第一个点,出现图 2-208 所示界面,选择"高级"—"格式化列",出现"插入行号"对话框,如图 2-209 所示。"起始数"填起始遥信点的点号,"跳跃数"填 1 表示后面的点号顺序排列,该列属性默认为 16 进制。

132

图 2-208　格式化列菜单

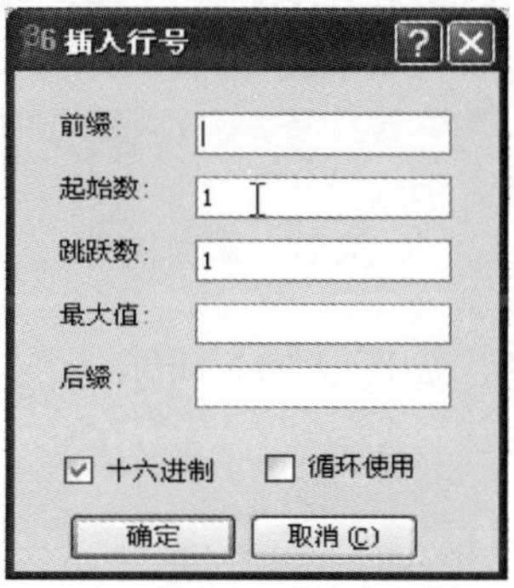

图 2-209　点号设置

点击"确定"，遥信点号设置完毕，如图 2-210 所示。

	cpu号	规约号	设备号	系统点	系统点	RTUID	属性标签	合并点	合并点	点号 0	通信类型	点描述
1	2	1	16	16	32	0	0	0	0	1	单点遥信	110kV桥1测控C⋯
2	2	1	16	16	33	0	0	0	0	2	单点遥信	110kV桥1测控C⋯
3	2	1	16	16	34	0	0	0	0	3	单点遥信	110kV桥1测控C⋯
4	2	1	16	16	35	0	0	0	0	4	单点遥信	110kV桥1测控C⋯
5	3	1	19	16	18	0	0	0	0	5	单点遥信	380V公用测控C⋯
6	3	1	19	16	19	0	0	0	0	6	单点遥信	380V公用测控C⋯
7	3	1	19	16	20	0	0	0	0	7	单点遥信	380V公用测控C⋯
8	3	1	19	16	21	0	0	0	0	8	单点遥信	380V公用测控C⋯
9	3	1	19	16	22	0	0	0	0	9	单点遥信	380V公用测控C⋯
10	3	1	19	16	72	0	0	0	0	A	单点遥信	380V公用测控C⋯
11	3	1	19	16	73	0	0	0	0	B	单点遥信	380V公用测控C⋯
12	3	1	19	16	74	0	0	0	0	C	单点遥信	380V公用测控C⋯
13	3	1	1	16	20	0	0	0	0	D	单点遥信	10kV石顺甲线C⋯

图 2-210　遥信点表

（3）遥测设置。如图 2-211 所示，共有四处需要配置。

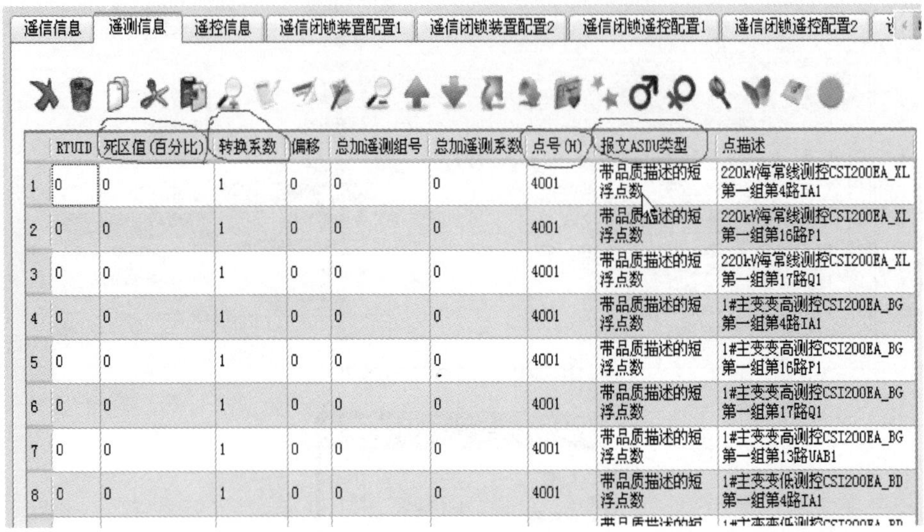

图 2-211　遥测相关

104 规约支持多种报文类型，如图 2-212 所示。

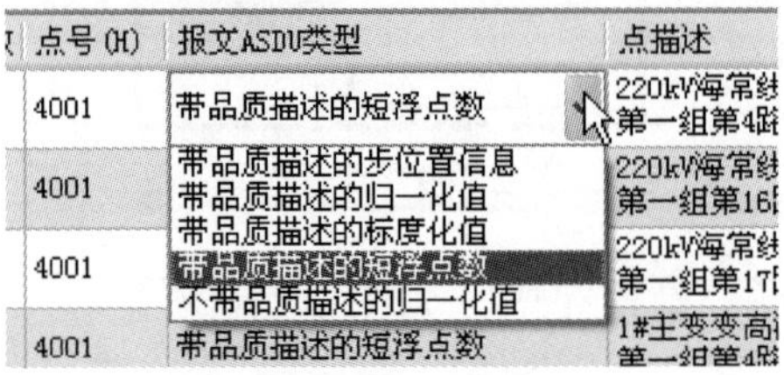

图 2-212　遥测数据类型

点号的设置与遥信相同，注意起始点号，如图 2-213 所示。

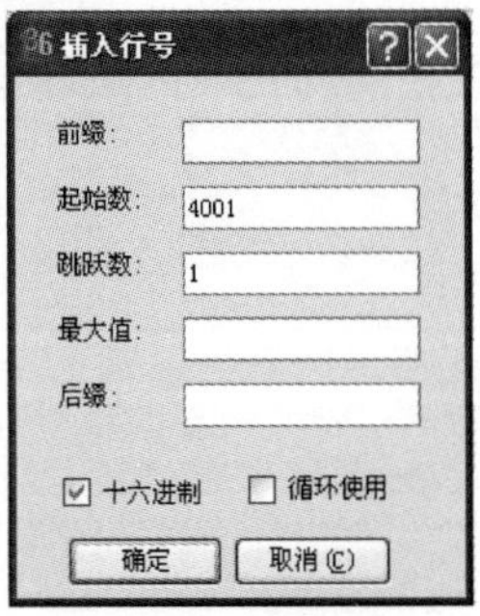

图 2-213　遥测点号

　　若主站遥测数据异常，需检查该点挑选是否正确、遥测点号是否错误、检查系数配置是否符合要求、检查报文类型是否与调度主站要求一致、检查死区设置是否过大，是否越限等。

（4）遥控设置。若无特殊要求，只需按照上述方法设置点号（见图 2-214）。

	RTUID	对应通	对应通	遥控类型	遥控参	点号 0	点描述
1	0	0	0	普通遥控	0	6001	调压降档
2	0	0	0	普通遥控	0	6002	同期功能压板
3	0	0	0	普通遥控	0	6003	1M刀闸
4	0	0	0	普通遥控	0	6004	2M刀闸
5	0	0	0	普通遥控	0	6005	线路刀闸
6	0	0	0	普通遥控	0	6006	旁母刀闸
7	0	0	0	普通遥控	0	6007	调压降档

图 2-214　遥控设置

至此，基本的点表配置完毕。

（5）多个通道点表一致的挑点方法。单个通道的点表设置完毕后，其他通道如果和该通道 rtu 点一致，或者相差很少，则可以采用复制 rtu 点方法，比如这个站调度 104 和集控 104 通道点表一致，则复制方法如下：在调度 rtu 点处右键选择复制远动点，如图 2-215 所示；然后在其他通道（集控 104）的 rtu 点右键选择粘贴远动点，如图 2-216 所示。

注意：目前复制点功能，101 和 104 规约点表格式基本一致，在 104 到 104，104 到 101，101 到 101，101 到 104 之间复制尚无问题，但是在跨规约的时候，如 104 到 cdt，101 到 cdt 或者 104 到 disa 的时候，由于两者点表格式差异较大，因此在复制后需要注意"四遥"点的格式，否则会出现进程或插件运行异常的情况。

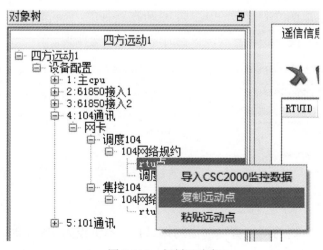

图 2-215　复制远动点

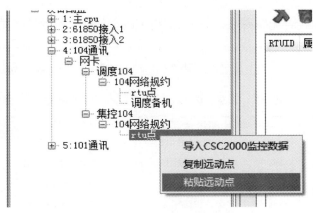

图 2-216　粘贴远动点

5. 工程配置下装

配置完成后，需要"输出打包"生成数据通信网关机所需配置文件，如图 2-217 所示。

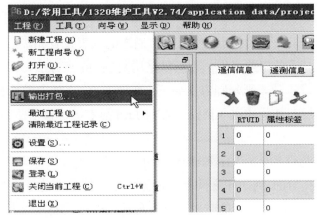

图 2-217　输出打包

输出打包后生成的文件存放在维护工具所在路径的"\applcation data\temp files\四方远动"目录下，如图 2-218 所示，备份时备份四方文件夹。

图 2-218　远动工程备份文件

将调试笔记本电脑的网线查到前面的调试口，本机设为 192.188.234.xx 网段。把输出打包的数据下装到装置里，如图 2-219 所示。

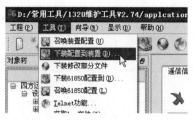

图 2-219　下装配置到装置

为防止没有输出打包就下装，会出现如图 2-220 所示的提示框，如果确定已完成输出打包，选择"取消"则可继续下装。

图 2-220　输出提示

维护工具有权限管理，下装时会要求登录，如图 2-221 所示，用户名为 sifang，密码为 8888，登录级别选择"超级用户"。

图 2-221　配置工具登陆

配置工具登录完成后会提示 FTP 登录，如图 2-222 所示，即通过 FTP 方式下装配置，远方主机 IP 地址即主 CPU 的调试地址"192.188.234.1"，用户名为 target，密码为 12345678，路径根据镜像类型不同自动生成，不需修改。

图 2-222　FTP 登录

下装过程中会出现信息提示，下装成功后会出现是否重启以及重启的方式，如图 2-223 所示。

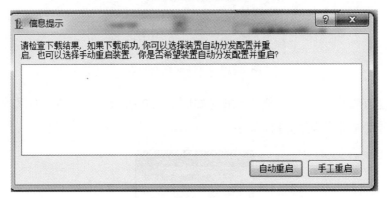

图 2-223　信息提示

选择"自动重启"，可以查看插件重启的过程，"手工重启"就是人为地切断电源开关，两种方法均可。

6. 61850 通信设置

61850 通信还有两步设置，首先是将和 61850 通信有关的文件夹 61850cfg 下装到对应的接入插件的 tffs0a/下，如图 2-224 所示。

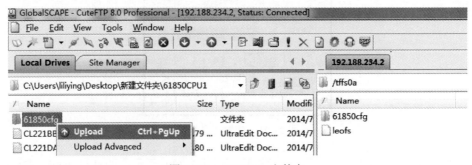

图 2-224　61850cfg 文件夹

首先检查 61850cfg 内文件是否上传完整，然后就是生成通信子系统文件。需要 telnet 登录插件，使用 C 2，X 命令来生成通信子系统文件 csssys.ini。需要注意两台数据通信网关机的实例号必须不同，且全站实例号唯一，否则会引起站内通信异常。

所有数据上传完毕后的文件目录如图 2-225 所示，右边比左边多了一个 csssys.ini 文件。

61850cfg 里主要包括四类和 61850 通信相关的文件，IEDxx.ini 文件是装置的 IED 文件，csscfg 文件是和下面装置通信的装置列表目录，osicfg.xml 是通信子系统相关的文件，csssys.ini 文件是通信子系统文件，前三个是从监控主机导出的时候自带的，以

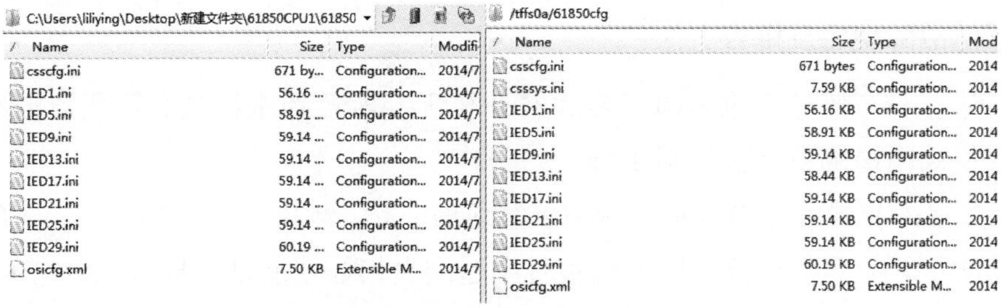

图 2-225 61850cfg 文件夹

监控主机输出的为准，后者 csssys.ini 文件在之后的新建站中必须手动生成。

61850 接入 2 插件和 61850 接入 1 插件设置相同，在此不再重复。

第九节 常见故障排查思路及处理方法

由于通信规约、网络结构层次等的诸多改变，智能变电站的维护和故障处理方法发生了较大改变，亟待现场技术人员改变作业方法和故障排查思路。

（1）作业工具从使用万用表、钳形电流表测量电缆二次回路和模拟信号扩展到使用红光笔、光功率计及数字信号测试仪检测分析光纤回路和数字信号。

（2）过程层设备的引入增加了站内监控系统通信网络故障的节点，而智能终端、合并单元等设备没有液晶显示，需要借助特定的工具来整定设备参数、读取装置报告，并分析当前设备状态。

（3）突出网络报文记录分析装置、Wireshark 等报文抓取分析软件的使用，掌握 SV、GOOSE、MMS 报文结构及通信类故障处理中的应用。

下文列举一些智能变电站的常见故障和排查处理方法。

一、监控主机类

1. 遥信故障现象及排查方法

故障现象：① 开关刀闸位置显示不对；② 光字牌信号不变化；③ 遥信显示错位；④ 遥信变位不及时。

排查方法：① 排除监控主机与测控装置通信中断，测控装置与智能终端、合并单元通信中断的可能性；② 检查图元和实时库是否关联正确；③ 检查监控主机实时库遥信表的类型是否设置正确，特别是开关、刀闸；④ 检查监控主机实时库遥信表的标志位中是否取消了扫描使能，是否取反；⑤ 检查是否挂检修牌；⑥ 检查相关遥信是否处于"人工置数"状态；⑦ 检查虚端子是否连接正确；⑧ 智能终端的外部输入没有接线或是接线错误（回路）。

2. 遥测故障现象及排查方法

故障现象：① 监控主机画面遥测数据不刷新；② 监控主机画面遥测数据不显示；③ 监控主机画面遥测数据显示不正确。

排查方法：① 排除监控主机与测控装置通信中断，测控装置与智能终端、合并单元通信中断的可能性；② 检查监控主机实时库遥测表扫描使能是否投入；③ 检查监控主机实时库相应遥测数据是否处于人工置数状态；④ 检查监控主机实时库相应遥测数据死区和变化死区是否设置过大；⑤ 检查监控主机实时库相应遥测数据上下限值是否设置小于实际值；⑥ 检查监控主机实时库相应遥测数据系数是否为 1；⑦ 检查监控主机图形界面中遥测值是否与实时库关联正确；⑧ 检查 SV 接入插件上跳线是否为 0110；⑨ 检查 SCD 中和导出的配置文件中虚端子连线是否正确；⑩ 检查测控装置运行菜单下遥测值显示是否正常（变比设置）；⑪ 检查合并单元交流端子接线是否正确。

3. 遥控故障现象及排查方法

故障现象：① 监控主机遥控选择不成功；② 监控主机遥控执行不成功；③ 监控主机禁止遥控；④ 监控主机同期遥合不成功。

排查方法：① 排除监控主机与测控装置通信中断，测控装置与智能终端通信中断的可能性；② 检查监控主机图形界面图元关联是否正确；③ 检查监控主机所控设备是否处于人工置数状态；④ 检查监控主机所控设备是否处于挂牌检修状态；⑤ 检查监控主机所控设备是否五防闭锁；⑥ 检查监控主机实时库中遥信遥控类型是否正确；⑦ 检查测控装置远方/就地灯显示远方状态是否正确；⑧ 检查测控装置、智能终端、合并单元检修压板是否投入；⑨ 检查测控装置"控制逻辑压板"是否投入；⑩ 检查屏柜上远方/就地把手是否在正确的位置，测控装置上有相应的开入变位；⑪ 检查测控装置同期功能压板、同期定值、控制字是否设置正确；⑫ 检查合并单元交流端子接线，测控装置采样是否正确；⑬ 检查合并单元对时是否异常；⑭ 检查智能终端端子接线是否正确；⑮ 检查智能终端遥控出口压板是否正确投入。

4. 监控主机对时故障现象及排查方法

故障现象：监控主机显示时间不准确。

排查方法：① 检查监控主机对时设置；② 检查校时线接线是否正确。

5. 监控主机图形拓扑故障现象及排查方法

故障现象：监控主机不能正常拓扑着色。

排查方法：① 检查监控主机 topoApp 进程是否启用；② 主接线图类型是否为"主接线图"；③ 图形是否连接正常；④ 母线是否正确关联遥测，并修改 ID32 序号。

6. 合并点计算故障现象及排查方法

故障现象：① 合并母点信号显示不对；② 公式进程频繁启动退出。

排查方法：① 检查监控主机公式编辑；② 检查节点管理中公式进程有没有启动；③ 检查实时库中虚点对应"类型"及"标记"设置是否正确。

二、测控装置类

1. 测控装置对时故障现象及排查方法

故障现象：测控装置面板显示时间不准确。

排查方法：检查测控装置管理板和开入板接线。

2. 测控装置同期实验故障现象及排查方法

故障现象：同期合闸不成功。

排查方法：① 检查非同期合闸是否成功（排除回路问题）；② 检查同期定值；③ 检查同期压板投退是否正确；④ 检查同期控制字；⑤ 检查接线是否正确；⑥ 检查加量在装置上是否显示正确。

三、智能终端类

智能终端对时异常现象：装置对时异常灯点亮。

排查方法：检查装置对时光纤接线是否正确、接线接触是否良好。

四、合并单元类

合并单元对时异常现象：装置对时异常灯点亮。

排查方法：检查装置对时光纤接线是否正确、接线接触是否良好。

五、数据通信网关机类

1. 遥信故障现象及排查方法

故障现象：开关、刀闸位置或是其他遥信显示不对。

排查方法：首先保证数据通信网关机与模拟主站通信正常，然后进行以下操作：

（1）保证监控主机、数据通信网关机与测控装置通信正常，监控主机遥信信息显示无误；

（2）检查数据通信网关机点表是否与调度提供的点表顺序一致；

（3）检查数据通信网关机遥信表是否有取反；

（4）数据通信网关机遥信点关联是否正确；

（5）检查测控装置或是智能终端、合并单元装置是否投检修压板。

2. 遥测故障现象及排查方法

故障现象：调度端遥测数据显示不对。

排查方法：首先保证数据通信网关机与模拟主站通信正常，然后进行以下操作：

（1）保证监控主机与测控装置通信正常，监控主机遥测信息显示无误；

（2）检查数据通信网关机点表是否与调度提供的点表顺序一致；

（3）检查数据通信网关机遥测表系数和死区值设置的合理性；

（4）检查测控装置或合并单元装置是否投检修压板；

（5）遥测数据类型配置错误（浮点数、归一化值）。

3. 遥控故障现象及排查方法

故障现象：模拟主站遥控不成功。

排查方法：可以先确认监控主机遥控正常，然后进行以下操作：

（1）排除数据通信网关机与测控装置通信中断，测控装置与智能终端通信中断的可能性，不考虑主站的错误；

（2）检查数据通信网关机点表配置与调度提供的点表一致；

（3）数据通信网关机链路地址配置正确。

4. 对时故障现象及排查方法

故障现象：数据通信网关机显示时间不准确。

排查方法：① 检查数据通信网关机 B 码对时接线；② 更换时钟源对时节点。

5. 合并点计算故障现象及排查方法

故障现象：合并母点信号在调度端显示不对。

排查方法：检查数据通信网关机点表中合并点编辑（合并点标记是否唯一，属性标签是否正确）。

六、网络通信故障类

1. 监控主机和测控装置通信故障现象及排查方法

故障现象：① 监控主机画面中装置通信状态指示灯显示中断；② 遥测数据不刷新；③ 遥控开关、刀闸、压板等执行不成功。

排查方法：① 检查网线是否连接正常（ping 命令、排除虚接）；② 检查 IP 地址是否正常（测控装置和监控主机 IP 应在同一网段）；③ 检查监控主机 61850 通信子系统是否运行正常（系统配置器生成 V2 监控配置，61850 进程正常启动）；④ 检查监控主机和数据通信网关机的报告实例号是否正常（一般监控主机为 1、数据通信网关机为 3）；⑤ 检查测控装置 61850 进程是否启用（出厂菜单设置）；⑥ 检查测控装置配置文件是否下装正确（IEDNAME 等参数是否与监控主机中显示的一致，datamapout 文件是否生成）；⑦ 检查 SCD 文件中相应装置参数是否与所提供参数一致，核实无误后，重新导出文件并下装（下装配置文件后，注意重启装置）。

2. 测控装置和智能终端、合并单元通信故障现象及排查方法

监控主机、数据通信网关机与测控装置通信正常的情况下，故障现象：① 测控装置液晶面板显示有通信中断告警信息，按复归按钮会自动弹出；② 智能终端、合并单元装置 GO/SV 告警指示灯点亮。

排查方法：① 检查光纤是否连接正常（光口交换机上的指示灯、合并单元、智能终端装置插件上的指示灯点亮）；② 检查 mac 地址等通信参数是否正常（测控装置"运行值"—"通信状态"菜单中有相应提示）；③ 检查合并单元、智能终端装置配置文件是否下装正常（CSD600 工具连接，召唤配置查看）；④ 检查测控装置配置文件是否下装正确（ftp 登录测控装置管理板查看文件大小、名称是否有异常）；⑤ 检查交换机参数是否正确；⑥ 检查 SCD 文件中相应装置参数是否与所提供参数一致，核实无误后，重新导出文件并下装（下装配置文件后，注意重启装置）。

3. 数据通信网关机和测控装置通信故障现象及排查方法

监控主机与测控装置通信正常的情况下，故障现象：① 数据通信网关机"运行工况"—"通信状态"菜单中显示装置通信中断；② telnet 登录数据通信网关机接入插件，"I"命令查看装置通信状态为中断。

排查方法：① 检查网线是否连接正常（数据通信网关机 61850 接入插件是否有网线连接到交换机，是否有网线虚接）；② 检查数据通信网关机 61850 接入插件 IP 地址是否正确（数据通信网关机 61850 接入插件、测控装置和监控主机 IP 应在同一网段，需要召唤数据通信网关机配置）；③ 检查远动 61850 通信子系统是否运行正常（61850 接入插件中 tffs0a 文件夹中有 61850cfg 文件夹，且文件夹中的文件齐全，csssys.ini 等）；④ 数据通信网关机 61850 接入插件中，若没有 csssys.ini 文件，需要 telnet 登录接入插件，执行 C 2，3 命令，生成通信子系统文件 csssys.ini，重启数据通信网关机；⑤ 通信还有问题，就用系统配置器重新导出数据通信网关机文件，重新下装文件（下装配置文件后，注意重启装置）。

4. 数据通信网关机和调度主站通信故障现象及排查方法

故障现象：数据通信网关机液晶面板显示通信中断。

排查方法：① 检查数据通信网关机插件与模拟主站的接线正确（没有虚接）；② 检

查数据通信网关机配置工具中数据通信网关机的通信参数和点表配置（IP 地址、路由、网关、RTU 链路地址）配置正确（需要召唤装置配置）。

5. 交换机网口或交换机故障现象及排查方法

故障现象：交换机网络状态指示灯异常。

排查方法：① 检查交换机相应网口与相应设备间的网线接线正确（没有虚接）；② 检查交换机 VLAN 表配置是否正确；③ 采用替代法进行测试：将完好的备用网口的 VLAN 配置好后将故障网口上的网线插拔至备用网口进行测试。

第三章

南瑞科技智能变电站自动化系统

第一节　SCD 文件配置及下装

一、SCD 配置工具简介

国电南瑞科技股份有限公司 NariConfigTool 系统组态工具是按照 IEC61850 标准及面向对象思想进行设计开发，适用于智能化变电站工程。

主要功能：① SCL 文件的导入、编辑、导出处理；② 简单数据检查；③ 短地址配置；④ GOOSE 配置；⑤ SMV 配置；⑥ 装置文件配置；⑦ 描述配置；⑧ 参数配置；⑨ 网络配置。

以下工具简介及操作步骤讲解使用的工具版本为 1.44。

1. 软件安装

安装本软件无需修改操作系统注册信息，不同版本组态软件可以共存。具体操作方法为：将 NariConfigTool1.44.rar 压缩包解压，运行目录下 NARI Configuration Tool.exe 文件，即可启动组态软件。

2. 软件目录

在组态软件的根目录，例如 D：\NariConfigTool1.44 中：

|_ jre 软件自带的运行环境；

|_ configuration 组态配置目录；

|_ plugins 插件目录，每个插件实现程序相应的功能；

|_ logs 存放日志文件；

|_ rpts 存放报告文件；

|_ temp 临时目录，该目录仅供软件本身用，不建议存放其他文件；

|_ workspace 工作空间，建议用于存放项目文件；

|_ NARI Configuration Tool.exe 软件执行程序；

|_ NARI Configuration Tool.ini 运行环境配置信息。

3. 软件结构

软件启动后，主界面如图 3-1 所示，主界面包括八个部分。

（1）菜单栏：主要包括 File、View、Tool、Help，根据所加载的插件动态变化；

（2）工具栏：列出常见操作，根据所加载的插件动态变化；

（3）应用切换栏：切换应用，目前仅包括系统配置应用；

（4）工程视图：展示工程配置结构；

（5）树视图：展示工程视图中所选择节点的详细信息；

（6）属性视图：展示、修改树视图所选择的节点；

（7）监视窗视图：主要显示配置过程中的警告、错误、操作等信息；

（8）编辑区：主要配置的编辑操作，如短地址配置、GOOSE 配置、SMV 配置等。

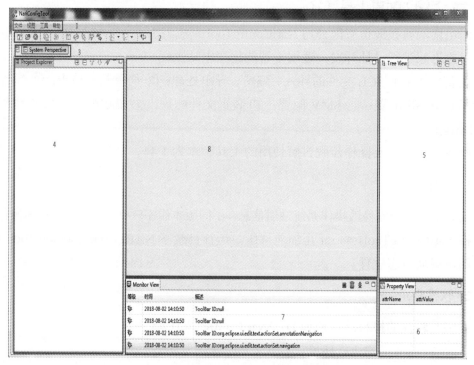

图 3-1　NariConfigTool 配置工具视图

二、配置文件下装工具 ARPTools 简介

ARPTools 工具主要应用于 ARP 系列装置，主要作用有：装置配置文件的下装与上装、装置参数设置、变量监测（由于智能站增加了合并单元、智能终端设备，而该类设备又无液晶显示与按键序列，该工具提供了很好的监测与检查手段）。

1. 工具安装

安装本软件无需修改操作系统注册信息，绿色版解压即可。

将 arptools.rar 文件解压缩，在 arptools/lib 文件夹下，双击 arpTools.exe 执行程序，就可以使用该软件。

2. 软件结构

（1）菜单栏：主要包括文件、工具、编辑、帮助等，根据工具目录的选择动态变化；

（2）工具栏：列出常见操作，根据工具目录的选择动态变化；

（3）工具目录：切换应用工具，常用 VPanel 虚拟液晶、debug；

（4）工具编辑视图：展示工具具体的配置选项。

ARPTools 工具结构视图如图 3-2 所示。

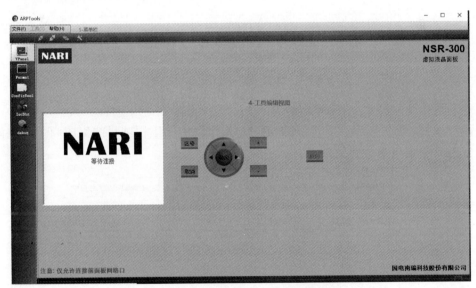

图 3-2　ARPTools 工具结构视图

三、SCD 制作步骤

本节内容将详细讲解使用 NariConfigTool 系统组态工具来配置 SCD 文件。

1. 创建项目

选择"文件"菜单中"新建工程"或工具栏"新建工程"按钮，弹出图 3-3 所示配置向导。输入项目名称信息，选择项目路径，选择"Next"按钮。特别注意：项目名称只能使用字母、数字或者两者混合的方式命名，字母大小写都可，严禁使用汉字，否则会导致 SCD 文件导出的设备配置下装后无法正常启动的问题。

勾选"使用缺省路径"后，建立的项目文件会存放在 NARI Configuration Tool 文件夹下的 workspace 下，不勾选则可以选择存放的路径。

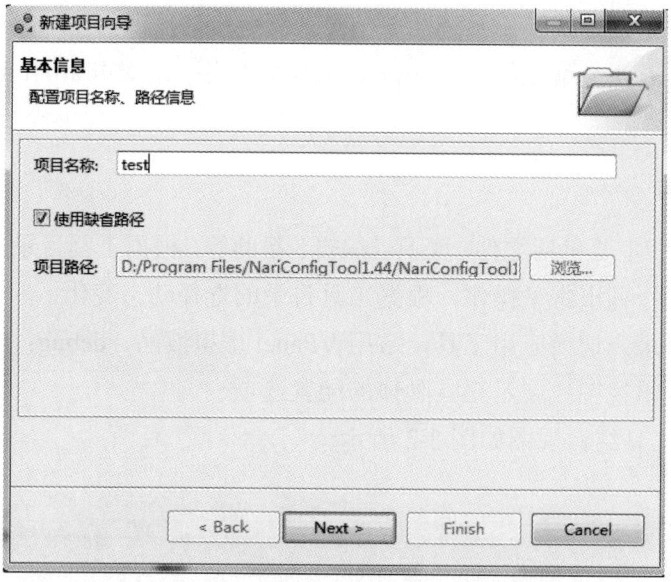

图 3-3　新建项目向导（基本信息）

在"新建项目向导"（选择创建方式）界面中（见图 3-4），选择项目创建方式，可以创建空项目，也可以根据 SCL 文件创建。如果变电站工程项目的集成商是国电南瑞，推荐使用"空项目"方式来创建。

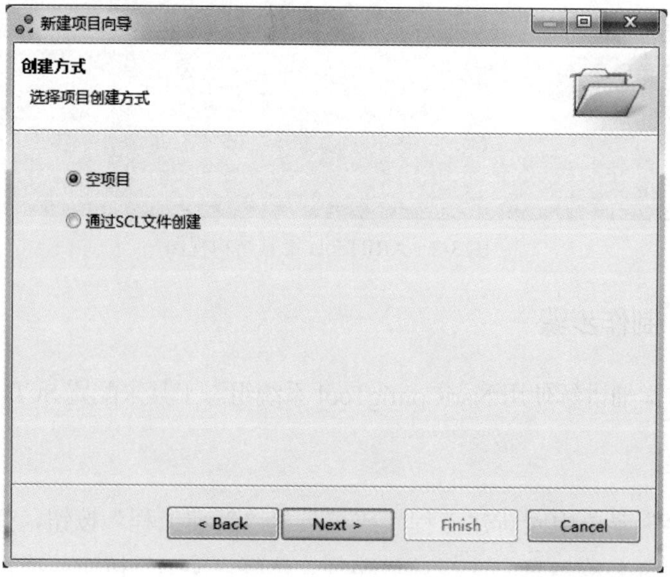

图 3-4　新建项目向导（选择创建方式）

选择图 3-4 中的"空项目"，然后点击 "Next"按钮，进入图 3-5 所示配置界面。在该向导页，输入 Header 节点信息，通常保持软件缺省状态即可。

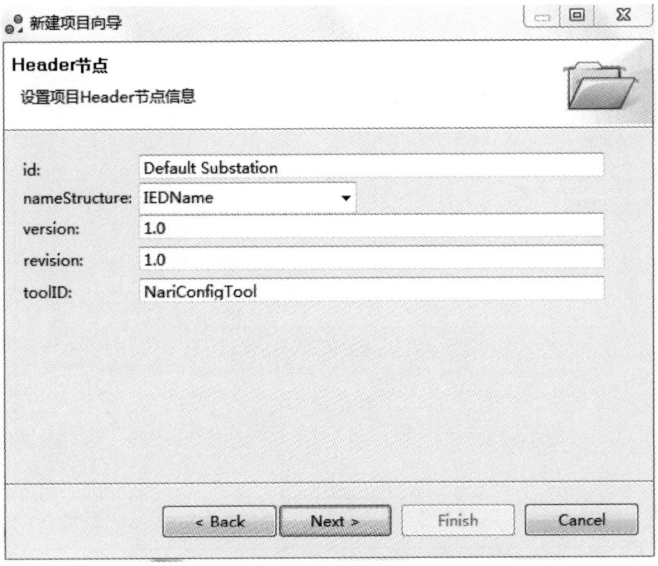

图 3-5　新建项目向导（编辑 Header 信息）

选择"Next"按钮，进入图 3-6 所示配置界面。在该向导页中选择是否包含 Substation 节点，如果项目包含变电站一次系统信息（即 SSD 文件配置），则配置 Substation 节点名称及描述信息。当前工程实践中变电站工程项目的 SCD 文件中大多未包含 SSD 配置，所以该界面不需要勾选配置，保持默认即可。

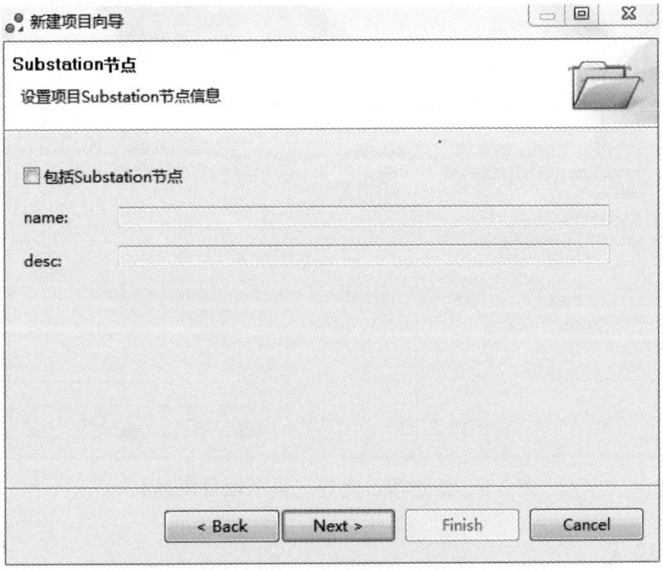

图 3-6　新建项目向导（编辑 Substation 信息）

选择"Next"按钮，进入图 3-7 所示配置界面。在该向导页中配置子网信息，需包含 MMS、GOOSE、SV 三类子网。

图 3-7　新建项目向导（编辑 Communication 信息）

选择"Next"按钮，进入图 3-8 所示配置界面。该向导页显示通过以上步骤新建项目的基本信息。核查无误后，选择"Finish"按钮完成新项目的创建。

图 3-8　新建项目向导（显示项目概述）

2. ICD 文件导入

选择"文件"菜单中"导入 ICD 文件"，弹出图 3-9 所示配置界面。

"浏览"选择装置模型文件所在路径，添加装置模型文件，图 3-9 中以添加测控装置模型文件为例，"厂家"选择设备所属厂家名称，"功能描述"填写装置类型。点击"确定"，弹出图 3-10，显示"导入 ICD 文件结束"。

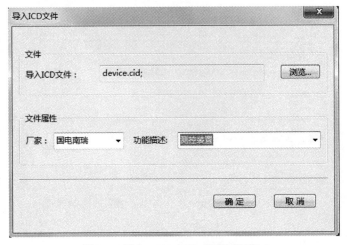

图 3-9 导入 ICD 文件（测控装置）

注意：示例中使用的国电南瑞的测控装置模型文件是 ICD 文件，可以直接导入，不影响配置过程。

图 3-10 导入 ICD 文件结束

点击"确定"，模型文件即导入成功。然后依次导入合并单元、智能终端的 ICD 文件，导入文件配置如图 3-11 和图 3-12 所示。

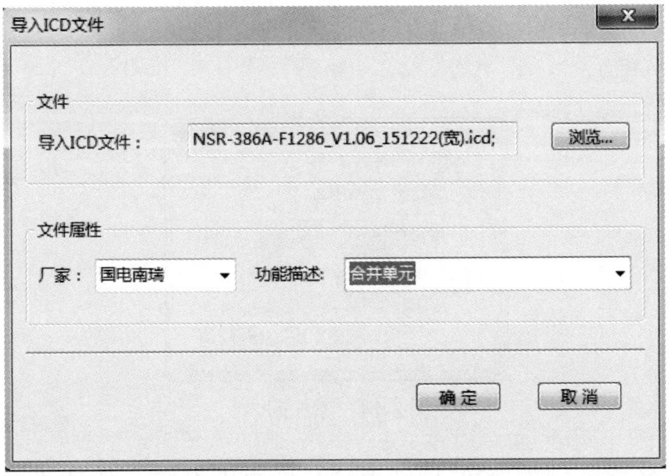

图 3-11 导入 ICD 文件（合并单元）

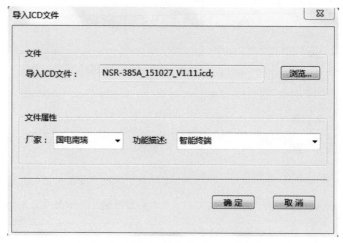

图 3-12　导入 ICD 文件（智能终端）

3. IED 设备创建

在工程视图中展开具体的工程项目，在"IEDS"处点击右键，选择"添加电压等级"，进入图 3-13 所示配置界面，选择对应的电压等级即可。

图 3-13　添加电压等级

在添加的电压等级处点击右键，选择"添加间隔"，进入图 3-14 所示配置界面，输入"间隔名称"（例如 220kV 线路 1），选择"间隔属性"（如线路），"间隔编号"默认即可（软件自动分配）。

图 3-14　添加间隔

在新建间隔名称（例如 220kV 线路 1）处点击右键，选择"新建 IED"，进入图 3-15 所示配置界面，此时之前导入的模型文件相关的属性会出现，依次选择"厂家""功能描述""ICD 名称"，完成该间隔下所属二次设备的创建、模型匹配、部分参数修改。以测控装置的 IED 创建为例，其操作方法如下。

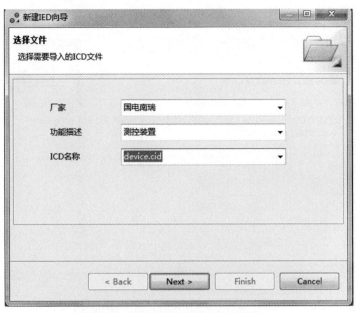

图 3-15　新建 IED 向导（测控装置）

（1）点击"Next"后，进入图 3-16 所示配置界面，即装置 ICD 文件参数编辑界面，依次选择"装置类型""A/B"（A/B 套），修改"IED 名称""IED 描述"。

图 3-16　新建 IED 导入参数（测控装置）

注意："IED 名称"应该按照规范命名，"IED 描述"中宜标注装置型号。

（2）然后点击"Next"，进入图 3-17 所示的概述界面，描述所选 ICD 文件及相关导入参数。

图 3-17　新建 IED 概述（测控装置）

（3）点击"Finish"按钮，进入图 3-18 所示配置界面，进行对装置不同的访问点进行子网配置，"Subnetwork_Stationbus"选择"MMS"，"Subnetwork_processbus"选择"GOOSE"或"SV"都可以，因为测控的过程层包含 GOOSE、SV 两种子网。

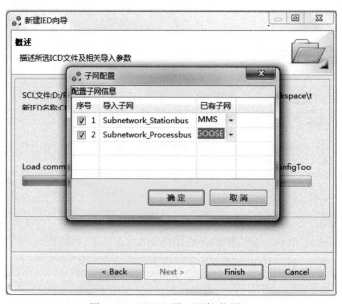

图 3-18　子网配置（测控装置）

（4）点击"确定"，测控装置 IED 新建完毕。然后在新建的间隔（例如 220kV 线路
1）下依次新建合并单元、智能终端 IED，配置方法、步骤与测控装置一致。配置的过
程如图 3-19 和图 3-20 所示。

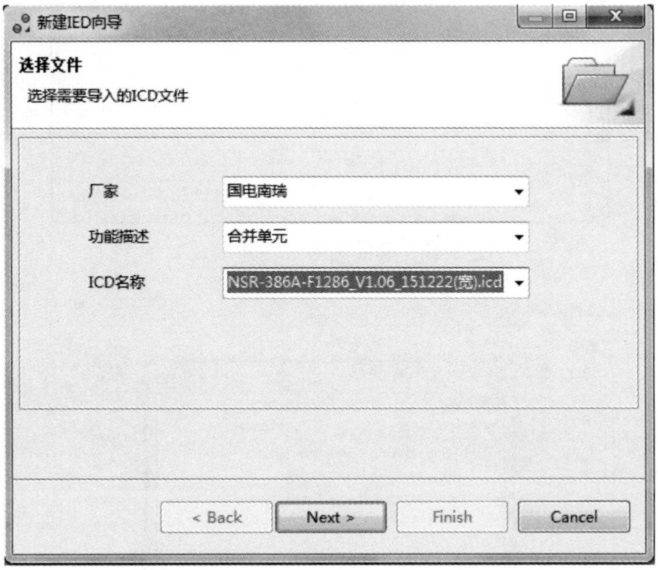

图 3-19　新建 IED 向导（合并单元）

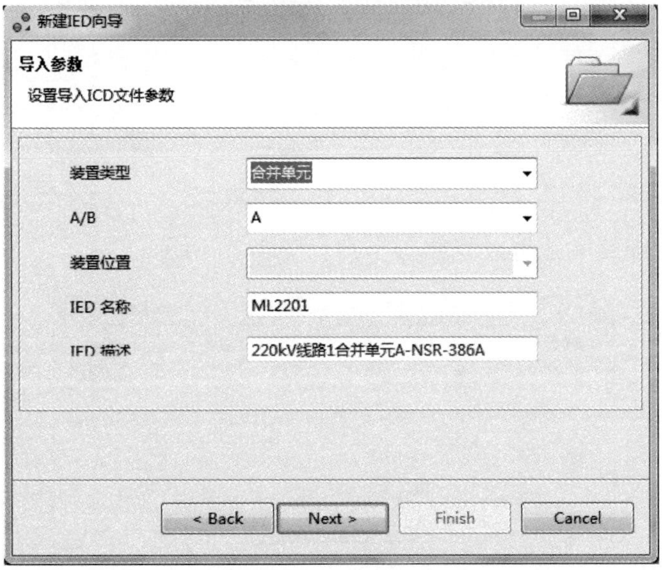

图 3-20　新建 IED 导入参数（合并单元）

1）合并单元配置过程：① 在合并单元配置完成 ICD 文件，点击"Next"后，弹出
图 3-21 所示模板比对界面，在"Prefix Value"域中填入随意的几个字母即可（不宜太
多，三个即可），以防止不同厂家的模板出现冲突；② 点击"确定"，进入图 3-22 所示
子网配置。

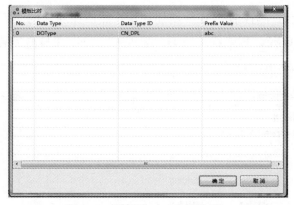

图 3-21　模板比对（合并单元）

图 3-22　子网配置

2）类似的智能终端配置过程如图 3-23～图 3-26 所示。

图 3-23　新建 IED 向导（智能终端）

图 3-24　新建 IED 导入参数（智能终端）

图 3-25　子网配置

设备 IED 导入完成后，工程视图中工程配置结构如图 3-26 所示。

各设备 IED 新建完成后，若合并单元模型文件版本存在以下问题，则需要对其模型文件进行适当调整。

（1）模型文件中逻辑设备 MUSV01（合并单元 SV 发送）中逻辑节点 LLN0 下存在两个 SampledValueControl（采样控制块）重复，需要删除一个，否则会出现配置错误。

在工程视图 IEDS 中，双击合并单元 IED（如 ML2201），在树视图 "Tree View" 中，展开 IED：ML2201 模型文件树形结构，如图 3-27 所示。

图 3-26 工程视图（工程项目 test）

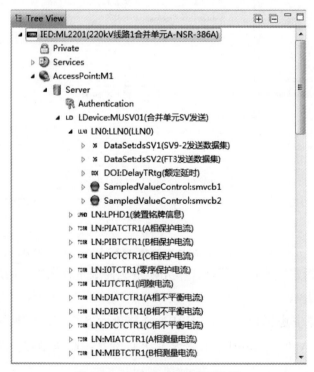

图 3-27 合并单元模型树形结构

在 SampledValueControl 中，smvcb2 处点击右键，选择"删除"，进入图 3-28。

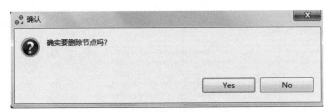

图 3-28 删除确认

点击"Yes",图 3-29 提示是否删除关联 IED 的节点数据,点击"Yes"。

图 3-29 删除关联节点数据确认

(2)模型文件中逻辑设备 MUSV01(合并单元 SV 发送)中逻辑节点 LLNO/DataSet:dsSV1(SV9-2 发送数据集)配置通道太多,需要删除一些,便于连接虚端子。

在 LLNO/DataSet:dsSV1 右键菜单中点击"编辑"(见图 3-30),就可以删除一些不需要的通道了。

No	Reference	Description	FC	DataType
1	MUSV01/LLN0.DelayTRtg	合并单元SV发送LLN0额定延时	MX	SAV
2	MUSV01/PUATVTR4.Vol1	合并单元SV发送A相保护电压AD1(采样值)	MX	SAV
3	MUSV01/PUATVTR4.Vol2	合并单元SV发送A相保护电压AD2(采样值)	MX	SAV
4	MUSV01/PUBTVTR4.Vol1	合并单元SV发送B相保护电压AD1(采样值)	MX	SAV
5	MUSV01/PUBTVTR4.Vol2	合并单元SV发送B相保护电压AD2(采样值)	MX	SAV
6	MUSV01/PUCTVTR4.Vol1	合并单元SV发送C相保护电压AD1(采样值)	MX	SAV
7	MUSV01/PUCTVTR4.Vol2	合并单元SV发送C相保护电压AD2(采样值)	MX	SAV
8	MUSV01/U0TVTR4.Vol1	合并单元SV发送零序电压AD1(采样值)	MX	SAV
9	MUSV01/U0TVTR4.Vol2	合并单元SV发送零序电压AD2(采样值)	MX	SAV
10	MUSV01/ULTVTR1.Vol1	合并单元SV发送间隔电压AD1(采样值)	MX	SAV
11	MUSV01/ULTVTR1.Vol2	合并单元SV发送间隔电压AD2(采样值)	MX	SAV
12	MUSV01/MUATVTR4.Vol1	合并单元SV发送A相测量电压AD1(采样值)	MX	SAV

图 3-30 编辑 DataSet 实例

在该编辑界面下,dsSV1(SV9-2 发送数据集)中共有 78 个通道,需要将通道删减至 30 个通道左右(将通道 34~78 删除即可),选中需要删除的通道,点击图 3-31 中右侧的"×"即可。

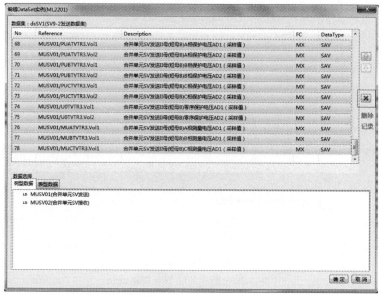

图 3-31 通道删除

点击"确定",即合并单元模型文件编辑完成。

4. 通信参数配置

通信参数配置分为两个部分,一方面需要对工程视图中"Communication"包含的各个 IED 的网络访问点进行规范调整,另一方面就是对导入的装置模型文件进行 IP、MAC、APPID 等具体通信参数进行配置。

(1)"Communication"中 IED 网络访问点调整。双击工程视图中"Communication",在软件右侧"Tree View"界面中将"Communication"点击展开,可以看到部分装置的接入点(M1、G1)所属网络不规范(见图 3-32)。

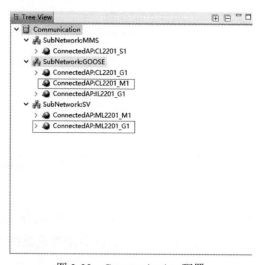

图 3-32 Communication 配置

在需要修改的网络访问点处，如"ConnectedAP：CL2201_M1"右键菜单中选择复制，粘贴至"SubNetwork：SV"，同时删除"SubNetwork：GOOSE"中"ConnectedAP：CL2201_M1"（见图3-33）。

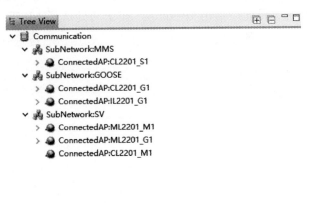

图 3-33　Communication 中访问点 M1 配置修改

如在"ConnectedAP：ML2201_G1"右键菜单中选择复制，粘贴至"SubNetwork：GOOSE"，同时删除"SubNetwork：SV"中"ConnectedAP：ML2201_G1"（见图3-34）。

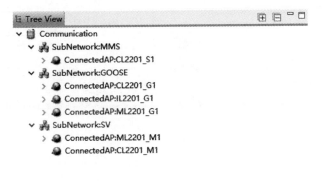

图 3-34　Communication 中访问点 G1 配置修改

（2）装置模型文件中 IP、MAC、APPID 等参数配置。点击菜单栏视图—通信参数配置，会在编辑区打开"DeviceEditor"界面（双击该界面标题栏，可以切换该界面的全屏和局部视图），具体配置 IP、GOOSE、SV 等通信参数。

在"DeviceEditor"界面下点击 IPEditor，在子网处选择 MMS（见图 3-35），就可以编辑 IP 地址及掩码，其他字段不需修改，在空白处点击右键选择保存。

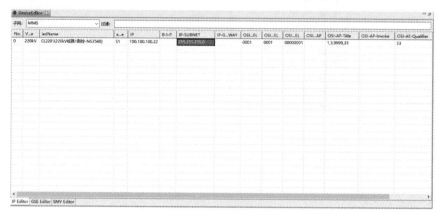

图 3-35　MMS 配置

在"DeviceEditor"界面下点击 GSEEditor，在子网处选择 GOOSE，修改各装置各GOOSE 控制块的 MAC 地址、APPID、VLANPRIORITY、VLANID（填 000，一般 VLAN不在 SCD 配置，推荐采用基于交换机端口来划分）、MinTime、MaxTime，点击右键选择保存，如图 3-36 所示。

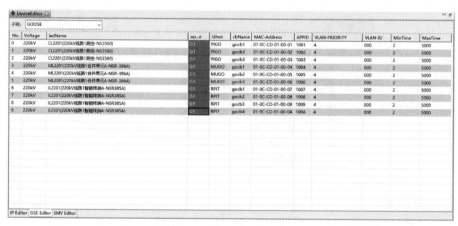

图 3-36　过程层 GOOSE 配置

注意：由于测控装置存在站控层 GOOSE（用于间隔层五防联锁），所以在 GSEEditor界面下，子网选择 MMS，来修改测控装置的站控层 GOOSE 控制块的 MAC 地址、APPID、VLANPRIORITY、VLANID（填 000，一般不在 SCD 配置，推荐采用基于交换机端口来划分）、MinTime、MaxTime，点击右键选择保存，如图 3-37 所示。

图 3-37　测控装置站控层 GOOSE 配置

在"DeviceEditor"界面下点击 SVEditor，在子网处选择 SV，修改各装置各 SV 控制块的 MAC 地址、APPID、VLANPRIORITY、VLANID（填 000，一般不在 SCD 配置，推荐采用基于交换机端口来划分），点击右键选择保存（见图 3-38）。

注意：由于现场变电站工程项目涉及二次设备较多，需要编辑的 MMS、GOOSE、SV 的通信参数条目数量庞大，应先做好全站各类通信参数的规划，在编辑区合理利用右键菜单中的"向下复制""向下递增复制"，提高工作效率。

至此，通信参数部分配置完毕。

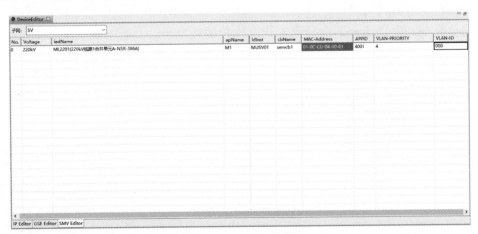

图 3-38　过程层 SV 配置

5. 虚端子连线（Inputs 配置）

虚端子的概念是国内二次设备厂家为了工程应用实践的便利而引入的，抽象对应于常规站中的二次电缆接线，61850 规约中无此概念定义。在导入装置模型、通信参数配置等环节后，即进入虚端子连线这一核心环节，其连接依据就是设计单位提供的虚端子表。

点击菜单栏"视图"-Inputs 编辑，即进入"DeviceEditor"的编辑界面。如图 3-39 所示，界面上部窗口是接收方数据（订阅方），下部窗口是发送方数据（发布方）。

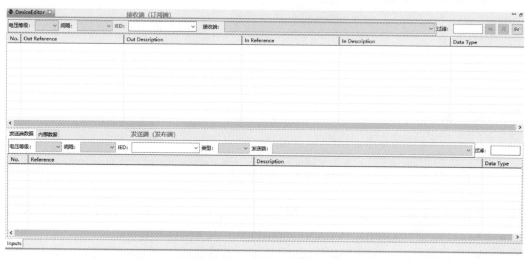

图 3-39　虚端子配置界面

SV 连线：例如建立 220kV 线路 1 的 A 相电压 SV 连线，接收端依次选择电压等级、所属间隔、IED 选择测控装置 CL2201，数据集选择"CL2201：M1：PISV：LLN0～"；同样，发送端依次选择电压等级、所属间隔、IED 选择合并单元 ML2201，类型选择 SV，控制块选择"ML2201：M1：MUSV01：LLN0～：smvcb1"。

在接收端和发送端分别选择需要建立连接的虚端子，点击工具"DeviceEditor"界面右上方工具按钮"建立映射"，一条虚端子连线就连好了。其他的 SV 连线方法是一样的。如果发现已连接的虚端子连线出现错误，可以点击工具按钮"取消映射"。SV 虚端子连线的选择、建立与删除方法如图 3-40～图 3-42 所示。

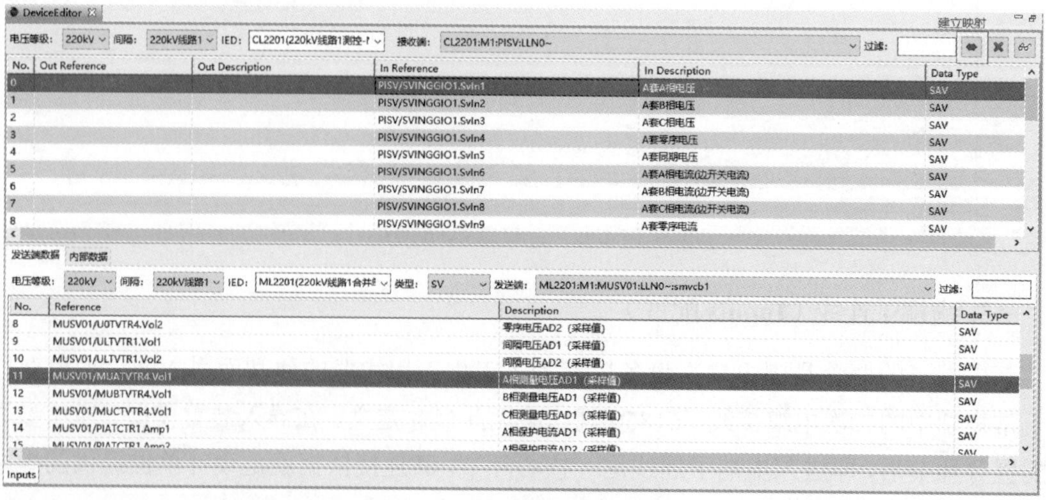

图 3-40　SV 虚端子连线选择

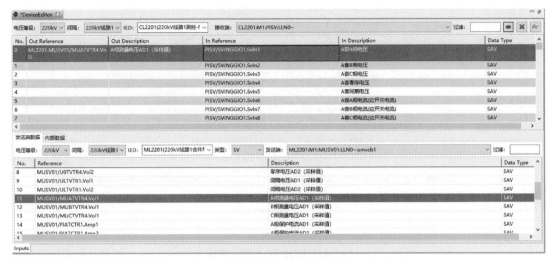

图 3-41　SV 虚端子连线建立

图 3-42　删除 SV 虚端子连线

　　GOOSE 连线：与 SV 连线类似，例如建立开关位置的 GOOSE 连线，在接收端依次选择电压等级、所属间隔、IED 选择测控装置 CL2201，数据集选择"CL2201：G1：PIGO：LLN0～"；同样，发送端依次选择电压等级、所属间隔、IED 选择合并单元 IL2201，类型选择 GOOSE，控制块选择"IL2201：G1：RPIT：LLN0～：gocb1"。

　　在接收端和发送端分别选择需要建立连接的虚端子，点击工具"DeviceEditor"界面右上方工具按钮"建立映射"，一条虚端子连线就连好了。其他的 GOOSE 连线方法是一样的。GOOSE 虚端子连线的选择、建立与删除方法如图 3-43 所示。

　　按照以上虚端子连线的方法和设计提供的虚端子表，完善相应的虚端子连线。

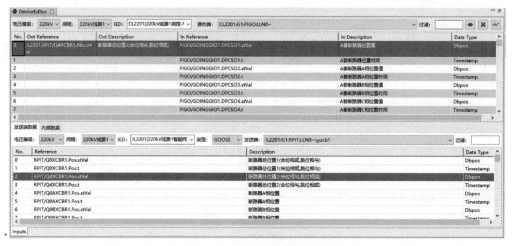

图 3-43 GOOSE 虚端子连线

6. 装置光口配置（测控装置、保护装置、合并单元、智能终端等装置 sv.txt/goose.txt 附属信息配置）

虚端子连接完成后，需要对装置接收、发送数据，指定（配置）相应的光口收发路径。这个环节就是对装置的光口板的光口进行配置。这里必须注意对于国电南瑞该系列的装置（测控装置、合并单元、智能终端）板卡号的读取方法，最右边的板卡号是 15，从右往左数，板卡号依次变小，CPU 板的板卡号固定为 1，如遇到 CPU 板跳过。

（1）GOOSE 类信息配置。点击"工具"—"编辑 goose.txt 附属信息"，该页面包含"编辑发送端口""编辑接收端口""编辑数据集 ACT"三个编辑菜单（见图 3-44）。

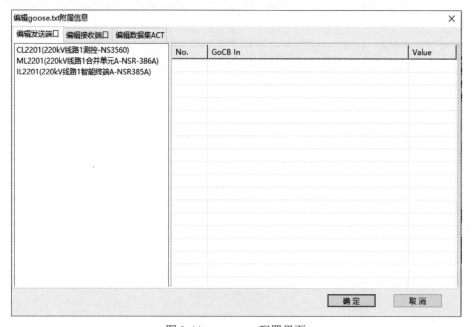

图 3-44 goose.txt 配置界面

1）测控装置的 GOOSE 发送光口配置。在"编辑发送端口"下，在 goose.txt 界面左侧端口选择对应的测控装置，点击进入配置界面（见图 3-45）。

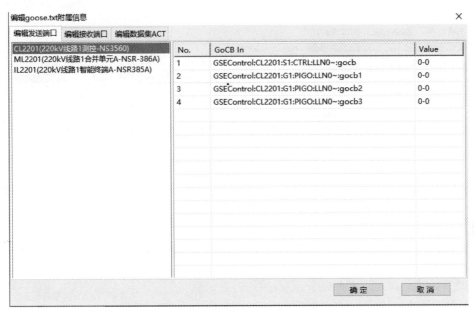

图 3-45　测控装置 GOOST 光口配置界面

a. 站控层 GOOSE 配置。点击"S1：CTRL：LLN0～：gocb0"（该控制块用于控制测控装置通过 MMS 来收发送站控层 GOOSE，采集其他间隔开关刀闸信息，实现联闭锁），点击对应的"Value"，弹出端口配置界面（见图 3-46）。

图 3-46　端口配置

其中，"板卡个数"选"1"（即只有一块 CPU 板），"板卡 1 插槽号"填"1"（国电南瑞装置默认 CPU 板卡号为 1，不论其插入的位置），"板卡 1 端口号"填"0，1，2"（全发送配置，测控装置 CPU 板共有 3 个网口）或填某一个端口号（指定端口发送），如"1"口，点击"确定"即可。由于实训室只有单间隔设备，无法配置间隔连锁信息，该处可以不用修改配置。

b. 过程层 GOOSE 配置。点击"G1：PIGO：LLN0～：gocb1"对应的"Value"处，弹出"端口配置"界面（见图 3-47）端口配置。"板卡个数"选"1"（只配有一块 goose 光口板），"板卡 1 插槽号"填"3"（实训室测控装置的 goose 板号是 3），"板卡 1 端口号"填"0，1，2，3"（工程实践中，GOOSE 信息默认所有端口全部发送，当然也可以指定某一个或某几个光口发送），点击"确定"即可。其他 G1 下的控制块配置方法一致。

图 3-47　过程层 GOOSE 端口配置

其他控制块的光口配置可以采用"向下复制"的方法快速配置，最终配置完成后如图 3-48 所示。

图 3-48　测控 GOOSE 发送端口配置

2）测控装置的 GOOSE 接收光口配置。"编辑接收端口"下，在 goose.txt 界面左侧端口选择对应的测控装置，点击进入配置界面。由于在虚端子连线中，未配置站控层GOOSE，所以接收端口中没有 S1 接入点的配置选项。对于过程层 GOOSE 来说，每一个发送端的 GOOSE 控制块都需要指定光口来接收。例如测控装置是使用 3 号 GOOSE板的第 1 个光口来接收合并单元和智能终端的 GOOSE 信号，配置情况如图 3-49 所示。

图 3-49　测控 GOOSE 接收端口配置

注意：对于国电南瑞 ARP 平台的装置，光口的顺序是从 0 开始的，依次递推，在配置完成 1 个控制块的光口后，可以采用向下复制的方法快速完成其他控制块的配置，提高工作效率。

对于智能终端、合并单元的 goose.txt 中的配置方法，与测控装置类似，其中"编辑数据集 ACT"保持默认即可。在实训操作过程中，注意仔细核对各装置的 GOOSE 接入的板卡号和接收发送端口号。一旦 goose.txt 配置文件下错了板卡，装置重启后，会造成装置死机。

（2）SV 类信息配置。SV 类信息配置主要涉及测控装置和合并元。对于国电南瑞ARP 系列的合并单元来说，其交流采集板卡的配置方式会随着设计的不同而不同。由于合并单元的交流采集板卡型号、通道参数等不同，其对应的配置文件相差较大。所以在配置 sv.txt 文件之前，首先需要导入现场设备对应的 SV 配置文件。在本实训室中，合并单元的型号是 NSR-386A，其交流采集板是采用 RP1407A5 和 RP1408A2 组合的方式，所以配置文件需要选择对应的配置文件。

在工程视图中点击合并单元，在其右键菜单中选择"导入 SV 配置文件"，弹出"选择 SV 配置文件"界面（见图 3-50），并选择对应的 SV 配置文件。

图 3-50　SV 配置文件导入

然后点击"确定"即可。

点击菜单栏"工具"—"编辑 sv.txt 附属信息",进入编辑 sv.txt 附属信息的界面,该页面包含"选择 ADC 类型""编辑工程配置信息""编辑 AD 通道属性""编辑 SV 输出控制块附属信息""编辑 SV 输入控制快附属信息""编辑 SV 通道附属信息""编辑 PT 并列"七个编辑菜单。主要配置的域有"编辑工程配置信息""编辑 SV 输出控制块附属信息""编辑 SV 输入控制快附属信息"。

1)在"编辑工程配置信息"菜单中,由于之前合并单元已经导入了 SV 的配置文件,所以合并单元不需要配置该项。对于测控装置,"板卡类型"选择 1215;"使用类型"选择"保护使用";"延时中断数"填"7",其他域保持默认即可,如图 3-51 所示。

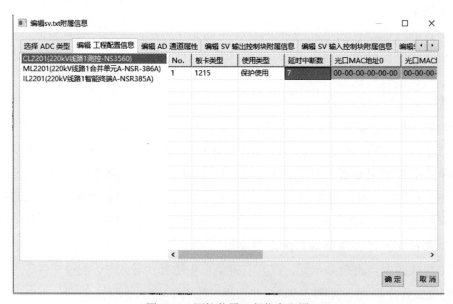

图 3-51　测控装置工程信息配置

2）在"编辑 SV 输出控制块附属信息"中，由于只有合并单元存在 SV 发送，所以该菜单下只需要对合并单元配置即可。对于该装置而言，其测量数据都是由 6 号 DSP 板来处理，并且所有光口都可以发送。点击"物理端口号"进入"端口配置"，"板卡个数"填 1，指定 6 号板来发送 SV 数据；"板卡 1 类型"是导入 SV 配置文件后自动生成的，不需要修改；"板卡 1 插槽号"固定填 6（DSP 板卡号），"板卡 1 端口号"固定填 0，点击"确定"，配置如图 3-52 所示。

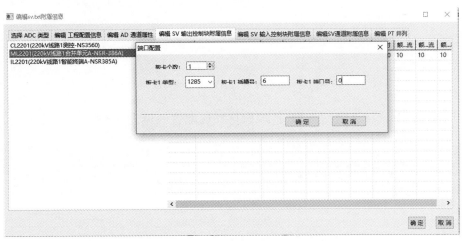

图 3-52　合并单元 SV 输出端口配置

"组网方式"选择"点对点"，其他域保持默认配置（见图 3-53）。

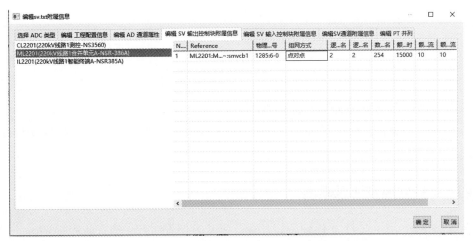

图 3-53　合并单元 SV 组网方式配置

3）在"编辑 SV 输入控制快附属信息"中，该配置项只有测控装置需要配置。点击"物理端口号"进入端口配置，"板卡个数"填 1；"板卡 1 类型"保持默认 1215，不需要修改；"板卡 1 插槽号"填 3（3 号板是光口板），"板卡 1 端口号"填 0（光纤接入光口），点击"确定"，配置如图 3-54 所示。

图 3-54　测控装置 SV 输入端口配置

"组网方式"选择"组网",其他域保持默认配置(见图 3-55)。

图 3-55　测控装置组网方式配置

点击"确定",sv.txt 文件配置完成。

依次点击工具栏"保存工程""刷新工程数据""同步数据",整个 SCD 文件配置全部完成。

四、维护要点及注意事项

在智能变电站的 SCD 文件配置过程中,要及时保存工程,结合监视视图区的提示信息,发现配置过程中的错误,及时做出调整。鉴于国电南瑞 SCD 工具及装置模型的特点,之前的配置过程中特别强调过几个重要环节,同时也是配置过程容易忽略的细节。

(1)在新建工程项目时,要注意项目名称一定不能用汉字命名,只能用字母、数字或两者混合的方式来填写。

(2)在装置通信参数 IP 地址、MAC 地址、APPID 等配置前,需要将装置的不同接入访问点（ConnectAP）调整到所属的对应网络形式（MMS/GOOSE/SV）。

（3）合并单元的模型中需要将重复的采样控制块 smvcb2 删除，同时将 9-2 数据集的通道编辑到 30 个通道左右，否则可能导致出错。

（4）在配置 sv.txt 附属信息前，需要导入合并单元的 SV 配置文件，来对应装置交流板卡的配置，完成合并单元内部通道与外侧交流回路的一一对应关系。

SCD 配置工具 NariConfigTool1.44 的其他重要维护功能及维护要点如下：

1. 可视化二次回路

在检查虚端子连线情况时，由于 Inputs 中虚端子连线繁杂、不直观，可以利用"可视化二次回路"直观检查各装置的虚端子连线。以测控装置为例，在测控 CL2201 右键菜单中点击"可视化二次回路"，弹出 CL2201 虚端子可视化连线（见图 3-56）。

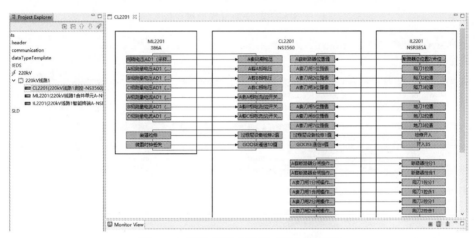

图 3-56　测控装置虚端子可视化连线图

利用可视化虚端子连线图可以与虚端子表快速比对，来检查虚端子配置是否存在错误。

2. 测控装置模型测量参数配置

在工程视图中双击测控装置 CL2201，在树视图中展开装置模型（见图 3-57）。

在"LDvice：MEAS（遥测）"右键菜单选择测量参数配置，弹出如图 3-58 所示的"YC：CL2201_MEAS"的配置界面。

其中最重要的域就是 max（最大值）、min（最小值）、db（变化死区）、zerodb（零值死区），其他域保持默认即可。由于当前智能变电站大多要求一次值（浮点数上送），电流、电压的最大值取额定一次值的 1.2 倍，有功功率、无功功率的最大值就是电压和电流最大值乘积的 1.732 倍。db（变化死区）、zerodb（零值死区）可以按照定值要求来设定，不宜过大。

图 3-57　测控装置模型树视图

ID	LDevice	LN	DOI	FC	desc	SIUnit	multiplier	max	min	db	zeroDb	scal...ctor
0	MEAS	Lin...U1	TotW	CF	遥测线路测量总有功功率P	W	m	4200	-4200	5	5	0
1	MEAS	Lin...U1	TotVAr	CF	遥测线路测量总无功功率Q	VAr	m	4200	-4200	5	5	0
2	MEAS	Lin...U1	TotPF	CF	遥测线路测量平均功率因数PF	phi		1.2	-1.2	10	10	0
3	MEAS	Lin...U1	Hz	CF	遥测线路测量频率	Hz	M	60	40	10	10	0
4	MEAS	Lin...U1	PPV...sAB	CF	遥测线路测量线电压线路1_AB线电压	V	k	600	0	5	5	0
5	MEAS	Lin...U1	PPV...sBC	CF	遥测线路测量线电压线路1_BC线电压	V	k	600	0	5	5	0
6	MEAS	Lin...U1	PPV...sCA	CF	遥测线路测量线电压线路1_CA线电压	V	k	600	0	5	5	0
7	MEAS	Lin...U1	PhV.phsA	CF	遥测线路测量相电压线路1A相电压	V	k	345	0	5	5	0
8	MEAS	Lin...U1	PhV.phsB	CF	遥测线路测量相电压线路1B相电压	V	k	345	0	5	5	0
9	MEAS	Lin...U1	PhV.phsC	CF	遥测线路测量相电压线路1C相电压	V	k	345	0	5	5	0
10	MEAS	Lin...U1	PhV.neut	CF	遥测线路测量相电压线路1零序电压	V	k	345	0	5	5	0
11	MEAS	Lin...U1	PhV.net	CF	遥测线路测量相电压							
12	MEAS	Lin...U1	PhV.res	CF	遥测线路测量相电压							
13	MEAS	Lin...U1	A.phsA	CF	遥测线路测量相电流线路1A相电流	A	k	4800	0	5	5	0
14	MEAS	Lin...U1	A.phsB	CF	遥测线路测量相电流线路1B相电流	A	k	4800	0	5	5	0
15	MEAS	Lin...U1	A.phsC	CF	遥测线路测量相电流线路1C相电流	A	k	4800	0	5	5	0
16	MEAS	Lin...U1	A.neut	CF	遥测线路测量相电流线路1零序电流	A	k	4800	0	5	5	0
17	MEAS	Lin...U1	A.net	CF	遥测线路测量相电流							
18	MEAS	Lin...U1	A.res	CF	遥测线路测量相电流							
19	MEAS	Lin...U1	W.phsA	CF	遥测线路测量分相有功功率PA相有功功率P	W	m	1385	-1385	5	5	0
20	MEAS	Lin...U1	W.phsB	CF	遥测线路测量分相有功功率PB相有功功率P	W	m	1385	-1385	5	5	0

图 3-58　测控装置测量参数配置

注意：测控装置模型中测量参数配置只影响后台监监控机的显示。

第二节　监　控　主　机

一、装置简介

NS3000S 监控系统及相关产品基于统一的信息平台，主要运行于 Linux 操作系统，使用者需要掌握一些基本的 Linux 系统的基本概念。

1. 系统目录结构

NS3000S 监控系统目录结构为/home/nari/ns4000/

子目录及其含义如下：

bin：程序目录

lib：程序动态库

data：数据

config：模型配置

sys：机器参数配置

his：历史与采样文件夹

2. 主要启动程序

主要启动程序有：

xinfo：系统环境配置信息加载管理程序

dnet_manager：网络通信管理程序

xdbms：数据库管理程序

xalarmsvr：告警信息缓冲接口

warn：智能告警处理

HisLogView：历史查询程序

RealDataSyncSvr：实时数据库同步服务

RealDataSyncMgr：实时数据库同步管理

engine.exe IEC61850：通信处理程序

graphide：图形界面程序

dbserver：数据处理与计算程序

front：前置通信程序

yk_operate_server：遥控服务程序

RelayInfo：保护及其他历史事件查询程序

二、监控主机基本操作

1. 系统启动

系统启动程序放置在/home/nari/ns4000/bin/start 启动脚本中，输入 start_ns4000 可启动后台软件。

2. 控制台使用

控制台提供一个图形控制台功能，形象的图标，鼠标移到图标上会有相应中文提示，从左到右的布局为系统组态、画面显示、报表预览、保护运行、历史检索、画面编辑等（见图3-59）。

控制台的配置文件为/home/nari/ns4000/sys/ConsoleCfg.xml。

图 3-59　控制台界面

在控制台上登录，统一管理各界面上的权限信息。

启动有两种方式：① 在监控系统启动脚本里自动启动；② 在目录/home/nari/ns4000/bin 下键入 console 即可。

3. 告警窗使用

告警窗在整个系统启动后就一直存在，监控系统所收到的所有遥信告警信息，监控系统计算、处理的信息，都会在告警窗中显示。进程通过启动脚本启动，其命令为bin/warn，配置文件为 sys/warn.xml。

告警窗有多个标签页，可以分类展示，如图 3-60 所示。

图 3-60　告警窗界面

4. 系统组态工具使用

系统组态工具可方便地帮助用户填写工程数据库，对于 IEC 61850 四遥数据及保护定值等导入配置有专门的菜单项完成。

启动系统组态程序时，在 ns4000/bin 目录下执行程序 dbconf 即可，或者从控制台上启动。

数据库组态界面如图 3-61 所示，左侧为树形列表，可以点击查看各数据表的内容，并进行修改。

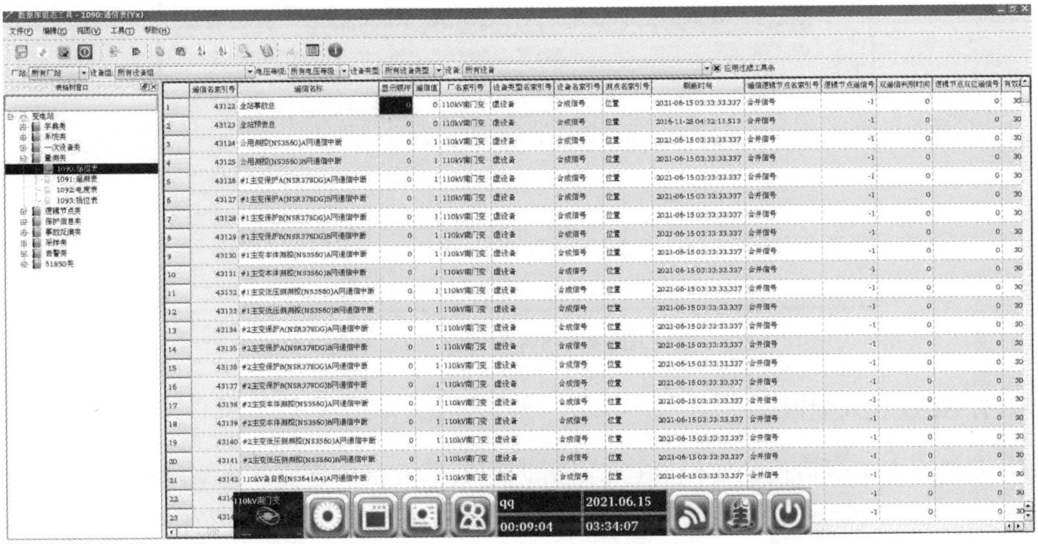

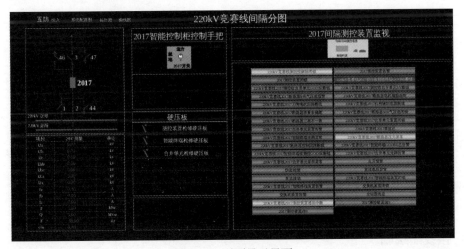

图 3-61　数据库组态界面

5. 画面显示及操作

图形显示软件向用户提供人机界面（见图 3-62），显示各种运行需要的图形，方便监视、控制。在控制台上启动默认主页，或在终端中键入 bin/graphide 0 启动。

图 3-62　画面显示界面

6. IP 报告号设定

bin 下 sys_setting 程序用于配置系统多机环境（见图 3-63），设定机器名、IP 地址、报告号等。

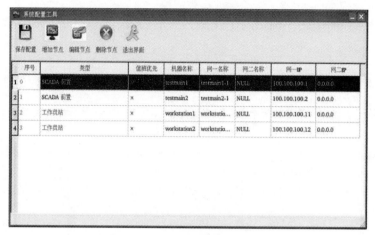

图 3-63　sys_setting 界面

7. SCD 导入配置

系统组态工具可自动实现 IEC 61850 四遥数据及保护定值的模型解析与数据库生成导入。将 SCD 文件直接拷贝到 ns4000/config 目录下，进入"系统组态"，点击菜单栏"工具"，进行导库操作，分为 SCL 解析 scd→dat、61850 数据属性映射模板配置、LN 设备自动生成工具、保护规约导入与导出共四步完成。

需要注意的是第一步 SCL 解析，测控需要入库的数据集要选择"普通"，才可以正常导入数据库（见图 3-64）。

图 3-64　SCD 导入界面

8. 接线图绘制

在控制台上启动，或在终端中键入"～/ns4000/bin/graphide 1"启动。绘制的时候需注意图形平面和图形层次，一幅图可以由多个平面组成，多个平面可叠加在一起显示。

图形层次：层次设定不同的显示比例，选择不同层次可选择不同视觉比例。

图形编辑软件提供丰富的绘图工具，可绘制自定义动态图元（见图 3-65）。

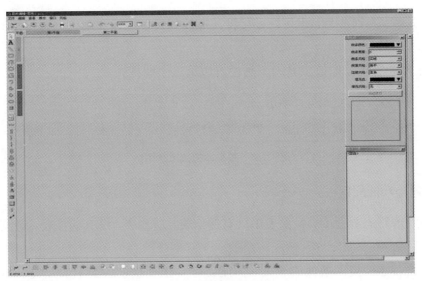

图 3-65 图形绘制界面

9. 数据库连接

在图形编辑时，双击图元，选择"数据库联接"（见图 3-66）。最后打开前景数据选择－"标准"对话框。可以在"标准"对话框中选择表、域和记录，某些情况下还会有过滤选项（见图 3-67）。

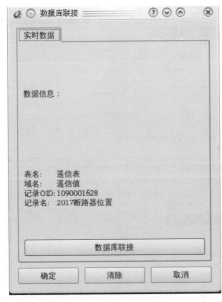

图 3-66 数据库联接界面

图 3-67 数据库数据筛选界面

如果在标准框中难以寻找对应的值，也可以在系统组态中使用拖拽工具。点击拖拽工具后。可以直接将系统组态中某个值（如遥信值或者遥测值）左键单击按住，拖动到标准数据框中再放开鼠标即可。

如果是遥信、遥测值，也可以直接将其拖拽到变位图元和动态数据图元上，无需双击图元打开联接框。

如图 3-68 所示，拖拽工具为工具栏右边第三个图标。

图 3-68　数据库拖拽工具图标

10. 遥控功能配置

NS3000S 组态界面中，量测表中只有遥信表、遥测表，没有遥控表。遥控功能的设置要稍显复杂。

对于具备遥控技术条件的开关和刀闸，需要在一次设备类中的开关表和刀闸表中填写相应的控制 REF，其中 REF 可以复制遥信表中相应的开关刀闸位置接线端子信息（见图 3-69 和图 3-70）。

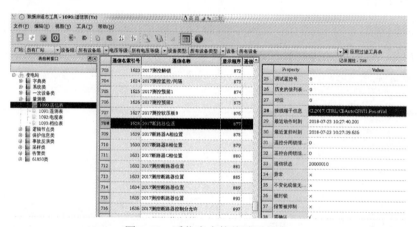

图 3-69　遥信表中接线端子信息

图 3-70　开关表中控制 REF

11. 远动配置

NS3000S 后台监控系统与数据通信网关机基于统一的信息平台，都采用 Linux 操作系统，图形化的人机界面实现良好的人机交互功能。由于采用统一的信息平台，远动组态的制作可以在后台完成，然后将配置和数据文件同步至数据通信网关机，快速完成远动配置。

在终端输入 bin 回车，输入 frcfg 打开前置配置工具，在前置系统中增加一个通信节点，输入节点名称 yd1，在节点 00 中输入名称 104，通道数 1，点击"确定"（见图 3-71～图 3-73）。

图 3-71　启动前置配置工具 frcfg

图 3-72　frcfg 增加通信节点

图 3-73　frcfg 配置通信节点参数

在图 3-74 的 frcfg 前置组态中，通信方式选择"网络通讯"，通信规约选择标准 104 规约，通道地址填由主站分配的变电站数据通信网关机地址，对应于 104 规约中的公共地址。点击"设置"，进入图 3-75 的"网络通讯设置"。

由于站端数据通信网关机与主站前置服务器采用服务器/客户端模式，"本机节点通讯模式"选择 TCPserver，"对侧节点 IP 地址"为主站前置服务器 IP，端口号 2404，选择"停止校验对侧网络节点端口号"，点击"OK"。

点击规约容量（见图 3-76），按照变电站实际情况填写遥信、遥测、遥控个数，规约容量可以略大于当前转发信息表的转发个数。

图 3-74　frcfg 前置组态配置　　　　　　　　　图 3-75　网络通讯设置

图 3-76　规约容量配置

点击规约组态（见图 3-77），在工程项目下展开树形结构，选择对应的间隔装置，依次制作遥信、遥测及遥控转发信息。

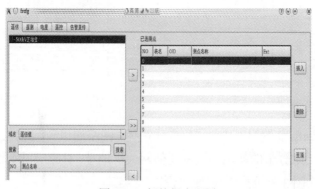

图 3-77　规约组态配置

远动组态配置完成后，在终端输入 bin，回车，输入 pkill　front，将前置服务停止（见图 3-78），然后再输入 front，启动前置服务使远动配置生效（见图 3-79）。

然后在 ns4000 下，将 config 和 data 文件夹压缩（见图 3-80），输入命令 tar　-jcvf 2018.08.10.tar.bz2　config　data,其中.tar.bz2 是压缩文件格式,2018.08.10 是本次示例的

压缩文件名。

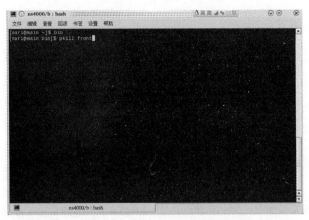

图 3-78　停止 front 前置服务

图 3-79　启动 front 前置服务

通过命令：

scp　2018.08.10.tar.bz2　100.100.100.21：/home/nari/ns4000

将 2018.08.10.tar.bz2 传输至地址为 100.100.100.21 的数据通信网关机，存放路径是 /home/nari/ns4000。将该压缩文件解压后，远动配置就在数据通信网关机生效了，解压的命令是：

tar　-jxvf　2018.08.10.tar.bz2

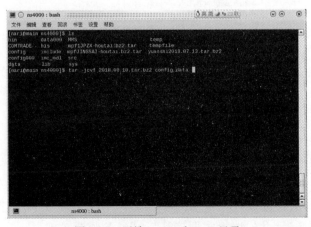

图 3-80　压缩 config 和 data 目录

三、日常运维

1. 虚遥信和表达式计算

在变电站实践中，经常会遇到虚遥信（合成信号）和表达式的制作，例如"全站事故总""全站异常总"信号。

（1）虚遥信的制作。

1）建立虚遥信设备组。在系统组态"一次设备类"表的"设备组表"中增加一个设备组，命名为"虚遥信设备"，如图3-81和图3-82所示，并勾选"有封锁""需要确认""存在开关"和"存在刀闸"等域，该记录各域对应配置请参照图3-82。

图 3-81 建立虚遥信设备组

	Property	
1	设备组名索引号	418
2	设备组名	虚遥信设备
3	间隔名	
4	显示顺序	0
5	厂名索引号	220kV 团结变
6	设备组类型名...	主变设备组
7	运行状态	00000005
8	有封锁	√
9	有告警波抑制	×
10	需要确认	√
11	有光字要确认	×
12	有事故	×
13	有光字	×
14	处理标志	00000000
15	主设备类型名...	虚设备
16	主设备名索引号	0
17	存在的设备标志	00000006
18	存在虚设备	×
19	存在开关	√
20	存在刀闸	√

图 3-82 虚遥信设备组各域配置

2）在虚设备表中建立信号分类虚设备。在"一次设备类"表的"虚设备表"中增加若干记录，对应相应数量的记录分类，如"一次设备故障总""一次设备告警总""二次设备故障总""二次设备告警总"，之后添加"厂名索引号"，并将"设备组名索引号"对应为"虚遥信设备"，并勾选"需要确认"域，参照图3-83。

图 3-83　虚设备组中的信号分类

3）在量测表的遥信表中建立虚遥信。在"量测表"里点击遥信表，增加一条记录，填入虚遥信信号名称。例如，在"遥信表"中增加记录为"220kV 母联一次设备故障"等，配置好"厂名索引号""设备类型名索引号"，并将"设备名索引号"对应配置成"一次设备故障总"等，最后将"遥信逻辑节点名索引号"配置成"数据优化虚设备"。具体配置如图 3-84 所示。

	Property	Value
1	遥信名索引号	109659
2	遥信名称	220kV母联一次设备故障
3	显示顺序	0
4	遥信值	0
5	厂名索引号	220kV团结变
6	设备类型名索引号	虚设备
7	设备名索引号	一次设备故障总
8	测点名索引号	位置
9	刷新时刻	2013-02-01 15:47:23.800
10	遥信逻辑节点名索引号	数据优化虚设备
11	逻辑节点遥信号	-1
12	双遥信判别时间	0
13	逻辑节点双位遥信号	0
14	有效期	300
15	报警类型索引号	其它遥信
16	遥控逻辑节点名索引号	-1
17	遥控号	-1
18	开出合序号	0
19	检无压合遥控号	0
20	开出分序号	0

图 3-84　虚遥信信号配置

（2）表达式建立。在"系统类"表的"表达式计算表"相应建立"220kV 母联一次设备故障"等。双击图 3-85 蓝色部分添加表达式。

4	3	220kV母联一次设备故障	0	-VOID-DATA-	×	0
5	4	220kV母联一次设备告警	0	-VOID-DATA-	×	0
6	5	220kV母联二次设备故障	0	-VOID-DATA-	×	0
7	6	220kV母联二次设备告警	0	-VOID-DATA-	×	0

图 3-85　添加待合并的信号名

双击"结果参数"，将"记录名"以及图 3-86 的"表名"关联到"遥信表"，将"设备组索引号"关联到"虚遥信设备"，然后选择对应记录。

图 3-86　设置运算结果

将需要合并信号依次添加到输入参数中。双击"输入参数"的"记录"域，在"记录"中选择被合并的遥信信号，如图 3-87 所示；或者在系统组态的"遥信表"中将需要被合并的遥信值拖拽到"记录"域。

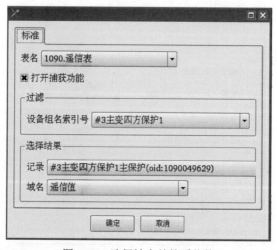

图 3-87　选择被合并的遥信值

添加好需要被合并的信号后编辑表达式,将添加的信号以"逻辑或"运算出结果,如图 3-88 所示。

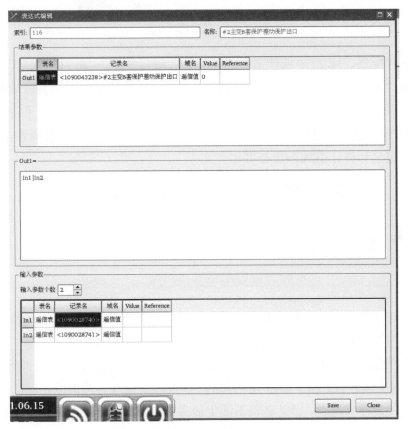

图 3-88　表达式编辑

这样便完成了一类信号的合并,其他类型信号合并可以参考完成。

2. 采样统计与历史曲线

系统在绘制历史曲线和生成报表时,需要读取遥测值的历史数据。遥测配置了定时采样功能后才会有相应的历史数据。采样有两种,一种是定时采样,另一种是日统计值采样。前者主要用来采样遥测值,后者主要用来按日存储某个统计值。采样文件都存储在 his/sample/目录下。遥测值采样保存为日文件格式,统计值采样保存为年文件格式。生成采样配置有两种方式:①遥测表中修改对应的域;②直接配置采样类的"定时采样来源表"和"日统计采样来源"。方式①最终也是通过方式②来实现的,只是方式一为系统自动添加,方式二为手动添加。

(1)采样配置—遥测表。配置方法如下:遥测表对应的记录,如××线路有功功率,选择其后的域 30"遥测采样类型"为"五分钟保存",即完成遥测采样配置(见图 3-89)。配置好遥测采样后会在系统组态的采样类中的定时采样来源表 1141 中增加对应遥测记录。选择 5min 是为了和历史曲线工具保持一致。

图 3-89　遥测采样设置

统计采样配置，域 31 "统计采样类型" 为 "按日统计"；再勾选域 75、76、77 的统计方式为 "最大、最小、平均"，如此能够获得日统计结果中的最大、最小和平均值（切记，一定要先勾选按日统计，再勾选 "最大、最小、平均"，顺序反了将不能生效），如图 3-90 所示。配置好统计采样后，可以在采样类中的日统计采样来源表 1143 中看到相应的遥测记录和统计值域添加在其中。

74	统计方式	00000000		61	限值采样方式	00000000
75	最大	×		62	越限时间	×
76	最小	×		63	越上限时间	×
77	平均	×		64	越下限时间	×
78	负荷率	×		65	总运行时间	×

图 3-90　统计方式设置

越限采样类型是日统计值采样的一种。如果该遥测需要判越限，且需要统计越限的相关信息，则将越限采样类型改为按日统计。并勾选相关限值采样方式。

（2）采样配置—日统计采样来源表。遥测统计值中最大、最小、平均值、负荷率、越限秒数、越上限秒数、越下限秒数、总运行秒数可以通过勾选遥测相应的功能域自动生成到日统计采样来源表。如果报表不能生成最大最小值，可以查日统计采样来源表是否有该测点的最大、最小、平均等统计值。另外对于其他的域值，还可以手动添加一般统计值到日统计采样来源表内。添加方法是用 dbconf-d 命令以超级权限打开系统组态，手动在 1143 日统计采样来源表中添加一条记录，并选择对应表名、记录名、域名索引和测点采样类型。记录完全修改好后再一次性保存。之后每天晚上 0 点之前，系统会自动将该统计域的当时值保存到历史库的采样年文件中。如图 3-91 所示，手动设置了一个开关的日合闸次数统计的日采样来源表。

图 3-91　日采样来源表

（3）历史曲线工具。在 bin 目录下执行命令 dcurve，可以打开历史曲线工具。选择测点和召唤日期可以打开对应测点和指定日期的采样历史曲线。历史曲线的默认采样时间间隔是 5min，无法调整。历史曲线工具能方便地调用遥测采样数据进行查看。

（4）本日动态曲线展示。历史曲线工具不能展示当天的遥测值变化情况。可以使用实时画面的曲线图元来展示当天的数据变动。选择指定的遥测值，选择采样曲线，并设定周期与遥测表采样间隔一致（一般设置为 300s），横坐标选择本日 00 点 00 分到明日 00 点 00 分。即可展示本日动态曲线。

（5）报表编辑工具。采样数据主要通过报表来实现检索。执行 report 1，打开报表编辑界面。报表的编辑界面为也可以直接通过控制台菜单选项"报表编辑"进入。

1）日报表编辑。在编辑界面下，双击一个单元格，可以打开数据关联界面，默认是连接历史值，可以选择需要关联的遥测点。点击取消则进入单元格的文本编辑模式，可以输入文本字符，如报表标题。

以日报表为例，从 0 开始说明配置过程。配置线路的 PQI 三个遥测值。

a. 显示日期与标题。双击某单元格，可以关联数据，如果点击取消，可以将该单元格作为文本框输入。点击 A1，取消，输入"日期"。点击 A2，选择统计值页面，选择日、最大值、时刻，类型选择年月日，确定。这个值可以显示报表当前数据的日期。点击 B1，输入报表标题"××线路日报表"，按住 shift，点击 D2。所选择界面变绿，点击工具栏的"合并单元格"按钮。6 个单元格合并，显示内容为左上角单元格内容。

b. 当日整点历史值。日报表一般展示的内容有整点值信息及一天的最大、最小、平均值信息。首先是整点采样值信息。点击 A3，输入"时刻"，点击 A4 输入"0 点"，点击 A5 输入"1 点"，依次直到"23 点"。再点击 B3，输入"P"，C3 输入"Q"，D3 输入"I"。再双击 B4，选择历史值页面，点击数据库联结，选择对应线路的遥测 P。时间设定为本年、本月、今日。时选择为不使用、0。其他配置都可以默认，之后确定。

在 B4 右键选择序列化，按默认配置"列、循环 23 次、时间间隔 1 小时"。则 B 列会对应产生剩下 23 个时刻的历史值。可以双击打开最后一个单元格的历史值，查看其时间是否是 23 时 0 分 0 秒。整点值设置与序列化过程如图 3-92 所示。

图 3-92　整点值设置与序列化

P配置好后，配置Q的信息可以复制完成，将B4复制到C4单元格。然后将数据库连接改为遥测Q。这里有特别需要注意的地方，在修改数据库连接之前要将历史值页面上的产生序列的勾去掉（见图3-93），否则数据库连接修改不能成功。C4单元格还是P的信息。将C4改为遥测Q之后，重新序列化，C整列24小时采样值也配置完毕。

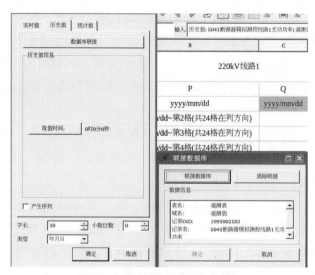

图3-93　复制修改时取消序列化

c. 当日统计值。之后配置日统计值。对于统计值，则在对应列之下增加几行统计值，主要有最大、最小、最大时刻、最小时刻。遥测的数据库关联还是一样的，但不是选历史值，而是选统计值。点击A28，输入"最大值"，A29输入"最大值时刻"。选择B27、B28、B29，右键选择向下填充。B27将把内容复制到B28、B29，再修改B28、B29为统计值标签页，并按照要求设置参数。

最小值的做法和最大值一样。可以将B28、B29选中复制，并在B30右键粘贴。之后将参数中最大值改成最小值即可，见图3-94。

27	23点	yyyy/mm/dd~第24格(共24格在列方向)
28	最大值	+999999999
29	最大值时刻	hh:mm:ss
30	最小值	+999999999
31	最小值时刻	hh:mm:ss

图3-94　最大值和最小值

其具体设置如图3-95所示，分别是最大值的参数设置和最大值时刻的参数设置。遥测Q、I的极值设置步骤同P的设置，工作量较少。

d. 边框设置。选中所有有效需展示的单元格，并选择工具栏中的框的内部框方式，则所有单元格之间有线框区分，非展示部分则不显示单元格（见图3-96）。

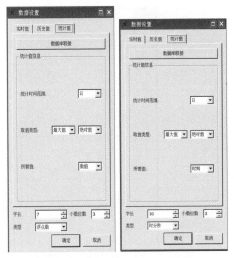

图 3-95　极值大小与时刻

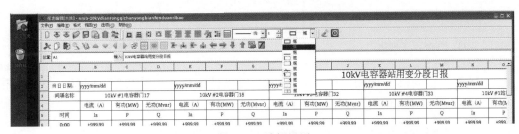

图 3-96　边框设置

e. 报表保存。首先进行网络保存，选择对应的日报表，并输入报表名称。之后进行一次本地保存，防止网络文件丢失。

2）月报表编辑。月报表编辑是在日报表的基础上实现。一般而言，月报表无需每日整点值。但需要展示每日的最大、最小值。在月报表中展示某日最大值的方法是，选择历史标签页，数据连接选择对应遥测记录，但域值不选"遥测值"，而是选择"最大值"（见图 3-97）。历史时间由界面确定。之后可对该单元格，以日为间隔，循环 30 次序列化，设置如图 3-98 所示。

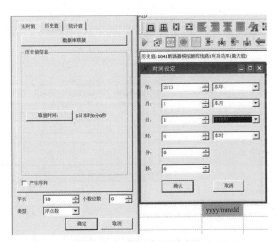

图 3-97　月报表日最大值

最后月报表还需要展示每月统计的最大、最小值。该值实际上是通过对当月每日的极值进行比较计算获得的。单元格的设置如图 3-99 所示，保存同日报表方式，不同之处为网络保存时应选择为月报表类型。

图 3-98　月报表序列化

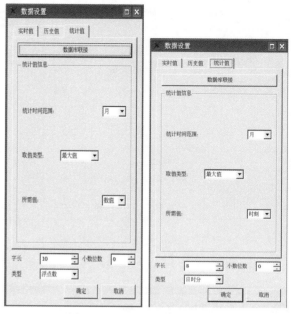

图 3-99　月最大、最小值设置

3）报表显示与画面调用。执行 report 0，可以打开报表显示界面（见图 3-100）。报表的显示界面也可以直接通过控制台菜单选项"报表管理"进入。

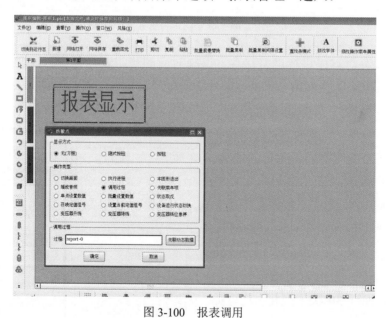

图 3-100　报表调用

report 0 只能打开网络报表文件。如果是版本较早情况下制作的报表，则在新系统中可能无法查看，需要使用报表编辑（report 1）打开本地库，再网络保存一次，才可以在报表显示界面中打开。

除直接 report 0 开关报表显示工具外，还可以在图形中实时调用指定的报表文件。

打开图形编辑软件，在画面中，新建一个热敏点，双击热敏点弹出参数设置框。操作类型中选择调用过程，在调用过程中键入：report -0 报告名称，如 report -0 xx 线路.rpt。

将图形编辑工具切换至运行状态，点击报表显示按钮，可以查看报表，如图 3-101 所示。

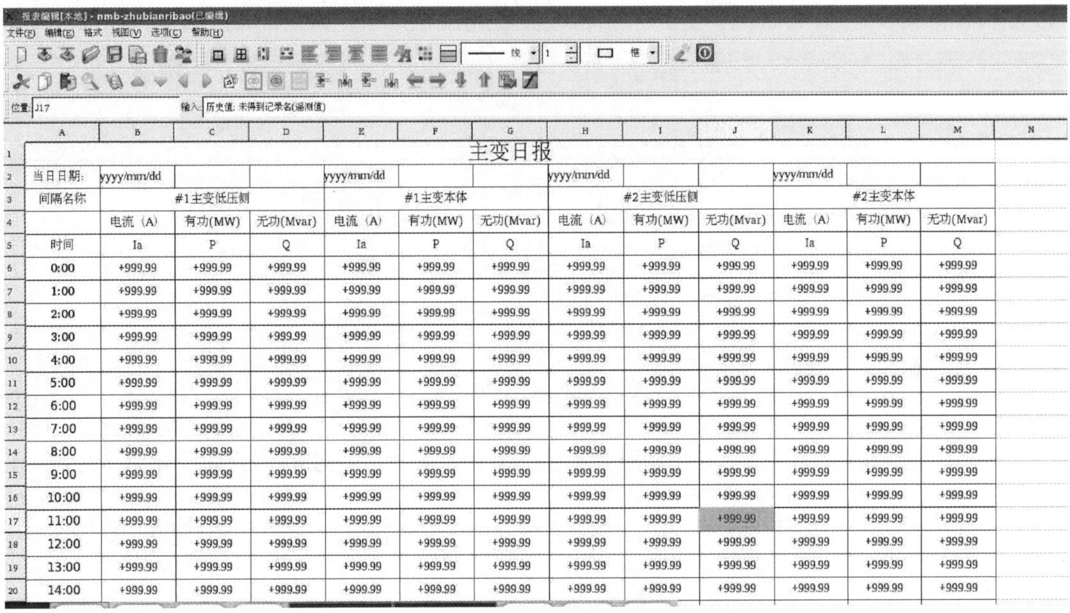

主变日报												
当日日期:	yyyy/mm/dd			yyyy/mm/dd			yyyy/mm/dd			yyyy/mm/dd		
间隔名称	#1主变低压侧			#1主变本体			#2主变低压侧			#2主变本体		
	电流（A）	有功(MW)	无功(Mvar)	电流（A）	有功(MW)	无功(Mvar)	电流（A）	有功(MW)	无功(Mvar)	电流（A）	有功(MW)	无功(Mvar)
时间	Ia	P	Q	Ia	P	Q	Ia	P	Q	Ia	P	Q
0:00	+999.99	+999.99	+999.99	+999.99	+999.99	+999.99	+999.99	+999.99	+999.99	+999.99	+999.99	+999.99
1:00	+999.99	+999.99	+999.99	+999.99	+999.99	+999.99	+999.99	+999.99	+999.99	+999.99	+999.99	+999.99
2:00	+999.99	+999.99	+999.99	+999.99	+999.99	+999.99	+999.99	+999.99	+999.99	+999.99	+999.99	+999.99
3:00	+999.99	+999.99	+999.99	+999.99	+999.99	+999.99	+999.99	+999.99	+999.99	+999.99	+999.99	+999.99
4:00	+999.99	+999.99	+999.99	+999.99	+999.99	+999.99	+999.99	+999.99	+999.99	+999.99	+999.99	+999.99
5:00	+999.99	+999.99	+999.99	+999.99	+999.99	+999.99	+999.99	+999.99	+999.99	+999.99	+999.99	+999.99
6:00	+999.99	+999.99	+999.99	+999.99	+999.99	+999.99	+999.99	+999.99	+999.99	+999.99	+999.99	+999.99
7:00	+999.99	+999.99	+999.99	+999.99	+999.99	+999.99	+999.99	+999.99	+999.99	+999.99	+999.99	+999.99
8:00	+999.99	+999.99	+999.99	+999.99	+999.99	+999.99	+999.99	+999.99	+999.99	+999.99	+999.99	+999.99
9:00	+999.99	+999.99	+999.99	+999.99	+999.99	+999.99	+999.99	+999.99	+999.99	+999.99	+999.99	+999.99
10:00	+999.99	+999.99	+999.99	+999.99	+999.99	+999.99	+999.99	+999.99	+999.99	+999.99	+999.99	+999.99
11:00	+999.99	+999.99	+999.99	+999.99	+999.99	+999.99	+999.99	+999.99	+999.99	+999.99	+999.99	+999.99
12:00	+999.99	+999.99	+999.99	+999.99	+999.99	+999.99	+999.99	+999.99	+999.99	+999.99	+999.99	+999.99
13:00	+999.99	+999.99	+999.99	+999.99	+999.99	+999.99	+999.99	+999.99	+999.99	+999.99	+999.99	+999.99
14:00	+999.99	+999.99	+999.99	+999.99	+999.99	+999.99	+999.99	+999.99	+999.99	+999.99	+999.99	+999.99

图 3-101　报表显示

四、维护要点及注意事项

NS3000S 监控系统及 NSS201A 数据通信网关机采用统一信息平台，统一组态配置，通过 IEC 61850 规约接入站内各种智能设备。

NS3000S 监控系统在维护中要特别注意以下重点环节：

（1）在具体变电站工程项目中，站控层设备包含监控主机、数据服务器、综合应用服务器、Ⅰ区数据通信网关机、Ⅱ区数据通信网关机等多台客户端设备，需要统一配置适当的、不重复的报告实例号，否则会导致通信冲突。在实训操作时，要注意监控主机、数据通信网关机的实例号只能是 1～16 区间唯一不重复的数字，0 是非法实例号，不可以使用。

（2）在配置客户端实例号时，需首先将 NS3000S 系统停止，在终端中运行 bin/STOP，确认系统停止后，输入 sys_setting，再修改报告实例号，输入保存配置的密码。然后再启动 NS3000S，新的报告实例号就生效了。

（3）NS3000S 监控系统和测控装置通信过程中，双方配置中测控装置的 IEDNAME 和 IP 地址必须一致，否则无法建立通信连接。

（4）在 SCD 文件导入监控主机"SCL 解析 scd→dat"过程中，第二步"导出数据文件"，如图 3-102 所示，在文件解析后出现以下界面，随意点击左侧装置名，在右侧将列出解析的数据集名称和描述，及其按照默认文件配置的数据集类型。该类型是可以手动修改的，如果配置为"普通"，则将会把对应数据集配置的测点导入的遥信、遥测表中，如果是"未定义"，监控主机将不会解析该数据集生成测点。

图 3-102 数据集类型

（5）新建表达式计算后，需要重启进程 dbserver 或者 NS3000S 监控软件，否则表达式计算不会生效。

第三节 测 控 装 置

一、装置简介

国电南瑞 NS3560 综合测控装置是适用于 110～750kV 电压等级的变电站内线路、母线或主变压器为监控对象的智能测控装置。装置能够实现单间隔的测控功能，如交流采样、状态信号采集、同期操作、刀闸控制、全站防误闭锁等功能。

装置既支持模拟量采样，又支持数字采样。数字量输入接口协议为 IEC 61850-9-2，接口数量满足与多个 MU 直接连接的需要。装置跳合闸命令和其他信号输出，既支持传统硬接点方式，也支持 GOOSE 输出方式。

二、定值及参数设置

定值及参数设置包括装置参数、同期参数、直流参数、遥信参数、遥控参数、遥测参数等，以下会对重要定值及参数设置进行介绍。

1. 装置参数

（1）参数列表。测控装置参数如表 3-1 所示。

表 3-1 测 控 装 置 参 数 列 表

序号	定值名称	参数范围
1	A 网 IP 地址	
2	A 网子网掩码	
3	A 网使用	0，1
4	B 网 IP 地址	
5	B 网子网掩码	
6	B 网使用	0，1
7	C 网 IP 地址	
8	C 网子网掩码	
9	C 网使用	0，1
10	装置地址	0～65535
11	厂站地址	0～65535
12	103 协议时标格式	0，1
13	厂站名称	
14	打印机波特率	4800，9600，19200，38400，57600，115200
15	高速打印使能	0，1
16	自动打印使能	0，1
17	采样值一二次切换	1，2
18	时区	0～23
19	时钟源	1，2，3，4
20	对时源地址	1，3
21	软硬压板切换	1，0
22	时间管理使能	1，0
23	PMU 模块使能	1，0
24	计量模块使能	1，0

（2）参数描述。

1）［A 网口 IP 地址］［A 网口子网掩码］［B 网口 IP 地址］［B 网口子网掩码］［C 网口 IP 地址］［C 网口子网掩码］：分别对应设定 3 个独立网卡的 IP 地址和子网掩码，工程实践中 A 网网口留作工程调试用，将 B 网口和 C 网口作为站内接入的 A 网和 B 网。

2）[采样值一二次切换]：当整定为"1"时，输出模拟量采用一次值显示，当整定为"2"时，输出模拟量采用二次值显示。

3）[时区]：默认为"8"，即表示北京时间，可以根据当地时区进行设置。

4）[时钟源]："1"表示 PPM 对时；"2"表示 PPS 对时；"3"表示 IRIG-B 对时；"4"表示 IEEE1588 对时。

5）[对时源地址]：表示对时源板卡地址。如 CPU 板为对时源，则地址为 CPU 板卡地址："1"。

2. 同期参数

（1）参数列表。测控同期参数如表 3-2 所示。

表 3-2　　　　　　　　　　　　测控同期参数列表

序号	同期参数	初始值	范围	字节数
1	线路侧额定相电压	57.74	0～380V	2
2	同期侧额定相电压	57.74	0～380V	2
3	无压定值	17.32	0～120	2
4	有压定值	34.64	0～120	2
5	滑差定值	0.5	0～1Hz/s	2
6	频差定值	0.5	0～0.5Hz	2
7	压差定值	5.77	0～30V	2
8	角差定值	30.00	0°～30°	2
9	同期捕捉时间 T_{tq}（s）	30	1s～120s	2
10	相角补偿使能	0	0，1	2
11	相角补偿时钟数	0	0～11	2
12	自动合闸方式	0	0，1，2，3	2
13	导前时间 T_{dq}（1ms）	200	0～700ms	2
14	PT 断线闭锁使能	1	0，1	2

（2）参数描述。

1）[线路侧额定电压]：待并侧电压定值，该定值需为二次值，一般推荐使用 57.74。

2）[母线侧额定电压]：系统侧电压定值，该定值需为二次值，一般推荐使用 57.74。

3）[同期无压定值]：当系统侧电压或待并侧电压中某一个小于该定值时，即认为断路器一侧都为无电压状态，符合合闸条件（例：当额定电压为 57.74V，需要设定无压值为额定值 30%时，该定值应输入 17.32V）。

4）［同期有压定值］：当系统侧电压和待并侧电压都大于该定值时，即认为断路器两侧都为有电压状态，符合合闸条件（例：当额定电压为 57.74V，需要设定有压值为额定值 60%时，该定值应输入 34.64V）。

5）［滑差定值］：当系统侧电压和待并侧电压存在一定滑差的时候，该参数用于决定在该滑差下断路器能否进行合闸操作；当两者之间滑差大于该定值时合闸被闭锁（滑差反映电压频率变化率）。

6）［频差定值］：当系统侧电压和待并侧电压存在一定频率差的时候，该参数用于决定在该频率差下断路器能否进行合闸操作。当两者之间频率差大于该定值时合闸被闭锁。

7）［压差定值］：当系统侧电压和待并侧电压存在一定电压差的时候，该参数用于决定在该电压差下断路器能否进行合闸操作。当两者之间电压差大于该定值时合闸被闭锁（例：当额定电压为 57.74，重庆 500kV 开关压差定制为额定值的 10%，设定该压差值为 5.77V）。

8）［角差定值］：当系统侧电压和待并侧电压存在一定相位差的时候，该参数用于决定在该相位差下断路器能否进行合闸操作。当两者之间相位差大于该定值时合闸被闭锁。

9）［导前时间］：从测控装置发出合闸命令到断路器主触头闭合所经历的时间是断路器的合闸导前时间，主要包括出口继电器动作时间和断路器合闸时间。合闸导前时间由定值 T_{dq} 设定，推荐该值设定为 100ms。现场开关设备使用年限较久，可以适当增加该定值，但不宜过大。

10）［相角补偿使能］：置"1"时装置具有相角补偿功能，当装置输入的待并侧电压和系统侧电压不是同名电压，存在固有相角时可以使用。补偿的角度由相角补偿钟点数定值来确定。

11）［相角补偿时钟数］：允许补偿的角度数。该定值的确定方法是，以待并侧电压向量为时钟的长针，其指向十二点；以系统侧电压向量为时钟的短针，其指向时钟几点，则设置该定值为几。装置根据输入的钟点数，即能进行同期相角补偿。例如待并侧电压输入为 A 相电压，系统侧电压输入为 AB 线电压，则应设定 Clock 为 11，装置将自动将电压向量系统侧电压顺时针补偿 30°。

12）［自动合闸方式］："强制合"表示不判检同期或是检无压，直接无条件合断路器；"自动合"表示为自动准同期合操作，在两侧电压都有压时装置判检同期，在两侧都无压或是单侧无压时装置判检无压；"无压合"表示装置判两侧电压是否满足无压条件，满足条件就合断路器；"有压合"表示装置判两侧电压是否满足同期条件，满足条件就合断路器。

13）［同期捕捉时间定值］：在装置做同期合闸的执行过程中，当断路器合闸前，同期捕捉时间超过该整定值时，同期合闸操作闭锁。

14）[PT断线闭锁使能]：在装置做无压合闸的执行过程中，当断路器合闸前，装置发现PT有单相或是两相电压为零时，无压合闸操作闭锁。

3. 遥信参数

（1）参数列表。测控装置遥信参数如表3-3所示。

表3-3 　　　　　　　　　　　　测控装置遥信参数表

装置参数	初始值	范围	字节数	备注
遥信1滤波去抖时间	60	0～6000	2	毫秒
遥信2滤波去抖时间	60	0～6000	2	毫秒
……				
遥信20滤波去抖时间	60	0～6000	2	毫秒

（2）参数描述。[遥信x滤波去抖时间]：用于设置遥信滤除抖动的时长。

4. 遥测参数

（1）参数列表。测控装置参数如表3-4所示。

表3-4 　　　　　　　　　　　　测 控 装 置 参 数

序号	装置参数	初始值	范围	字节数	备注
1	PT额定一次值（kV）	100	0～999	2	
2	PT额定二次值（V）	100.00	0～5999	2	2位小数
3	CT额定一次值（A）	500	0～9999	2	
4	CT额定二次值（A）	5.00	0～500	2	2位小数
5	合电流	0	0～1	1	不计算计算
6	档位合成模式	接收档位	0～3		接收档位全遥信BCD码16进制10进制
7	频率零漂值	0.002	0～1	2	额定值的系数
8	电压电流零漂值	0.001	0～1	2	额定值的系数
9	功率零漂值	0.001	0～1	2	额定值的系数
10	功率因数零漂值	0.001	0～1	2	额定值的系数
11	频率变化死区	0.002	0～1	2	额定值的系数
12	电压电流变化死区	0.001	0～1	2	额定值的系数
13	功率变化死区	0.001	0～1	2	额定值的系数
14	功率因数变化I算去	0.001	0～1	2	额定值的系数

（2）参数描述。

1）［PT 额定一次值］：外部 PT 输入的一次遥测值。

2）［CT 额定一次值］：外部 CT 输入的一次遥测值。

3）［PT 额定二次值］：外部 PT 输出的二次遥测值。

4）［CT 额定二次值］：外部 CT 输出的二次遥测值。

5. 直流参数

（1）参数列表。测控装置直流参数配置如表 3-5 所示。

表 3-5 测控装置直流参数配置

序号	直流参数	初始值	范围	字节数	备注
1	直流模式设置	0			按 bit 位设置
01	直流 1 电流/电压模式	0	0，1	1bit	
02	直流 2 电流/电压模式	0	0，1	1bit	
03	直流 3 电流/电压模式	0	0，1	1bit	
04	……	0	0，1	1bit	

（2）参数描述。［直流 x 电流/电压模式］：直流模式设置按 bit 设置，整定为"1"直流输入采用电流模式。整定为"0"，直流输入采用电压模式，修改参数后需要跳线和重启装置。

6. 软压板

（1）参数列表。测控装置软压板配置如表 3-6 所示。

表 3-6 测控装置软压板配置

序号	装置参数	初始值	范围	字节数	备注
1	本间隔/全站五防	0	0、1	2	0：全站五防； 1：本间隔五防
2	同期退出	0	0、1	2	0：同期投入； 1：同期退出
3	装置就地	0	0、1	2	0：装置远方； 1：装置就地
4	装置解锁	0	0、1	2	0：装置联锁； 1：装置解锁
5	监控/间隔	0	0、1	2	0：间隔五防； 1：监控五防
6	预留 1	0	0、1	2	无实际功能
7	预留 2	0	0、1	2	无实际功能

（2）参数描述。

1）[本间隔/全站五防]。

a. 本间隔五防：表示装置在判防误逻辑时，只判别本间隔的开关刀闸位置；

b. 全站五防：表示装置在判防误逻辑时，需判别本间隔和其他间隔的开关刀闸位置。

2）[同期退出]：在该软压板为"1"时装置退出同期功能，在为"0"时装置启用同期功能。

3）[装置就地]：装置在软压板方式下，该软压板为"1"时装置启用装置就地，在为"0"时装置远方。

4）[装置解锁]：装置在软压板方式下，在该软压板为"1"时装置解锁，在为"0"时装置处于五防联锁装置。

5）[监控/间隔]：装置在软压板方式下，在该软压板为"1"时装置五防处于监控模式，在为"0"时装置处于间隔五防模式。

三、配置文件生成及下装

1. 测控装置配置文件生成

打开 NariConfigTool 工具，点击工具栏"打开"选择 tests.nprj，展开工程项目，如图 3-103 所示。

在工程视图 IEDS 测控装置 CL2201 右键菜单中，点击"导出 ARP 装置配置文件"，如果装置配置正常，会提示导出成功（见图 3-104），生成 goose.txt、sv.txt 和 device.cid 文件，文件的存放路径是 NariConfigTool1.44 /workspace/工程项目名（如 tests）/ Export File/ Device Configuration File。

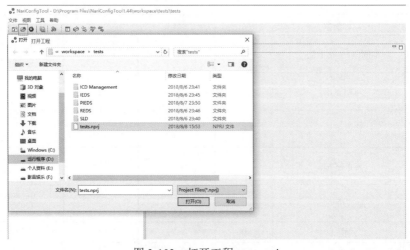

图 3-103　打开工程 tests.nprj

图 3-104　测控装置配置导出

2. 测控装置配置文件下装

将调试主机用网线与测控装置前网口连接，修改调试主机的网卡 IP 与测控装置的网卡 IP 为同一网段（198.120.000.×××）。打开 ARPTools 软件，在 VPanel 窗口下连接装置虚拟液晶，显示装置当前界面（见图 3-105）。

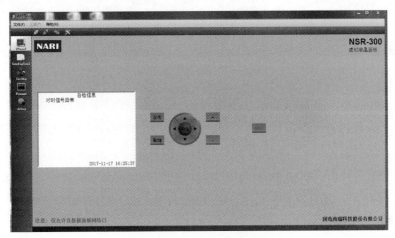

图 3-105　VPanel 虚拟液晶

然后点击 debug，点击工具栏"Connect"，新建一个连接，输入"Server ip"即连接装置的网口 IP（默认 198.120.0.103），测控装置"Server name"不需要填写。连接成功后，会显示深蓝色的电脑图标（见图 3-106 和图 3-107）。连接未成功，显示灰色的电脑图标。

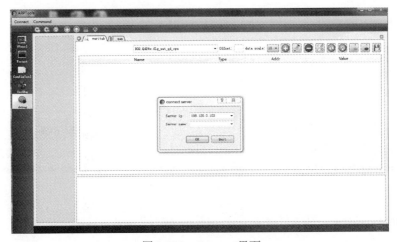

图 3-106　Connect 界面

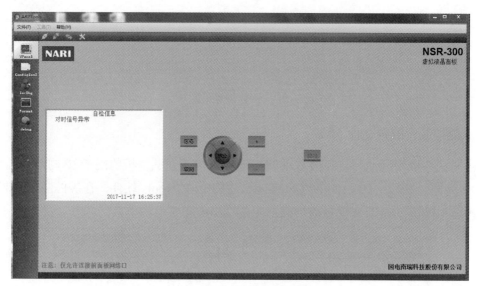

图 3-107　装置连接界面

在 debug 界面中,工具栏第 4 个图标"download"就是下装,将配置文件下装到装置中。点击"download"弹出界面"Ufiledown",点击"brower"来选择需要下装的配置文件,然后在"boardNo"填入下装对应板卡的板卡号,最后再点击"add"(加载)。这样下装的配置文件就会加载到下部的窗口,包含"filename""boardNo""size""process""downState"等字段,如图 3-108 所示。勾选相应的文件,点击"down"之后"downState"就会显示下装状态。

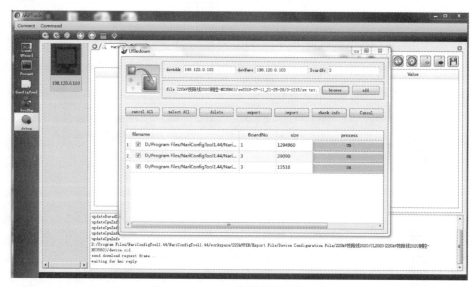

图 3-108　debug 装置配置文件下装

在 VPanel 模拟液晶界面处会提示"确定下载?"(见图 3-109)。

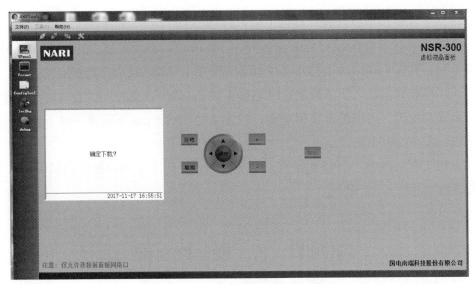

图 3-109　VPanel 模拟液晶下载确认

点击"确定"后会显示下装过程直至提示"Download file successed!"，同时在
"Ufiledown"界面处的"process"进度显示 100%，证明装置配置文件下载完成（见
图 3-110）。然后对装置断电重启，配置文件就可以生效。

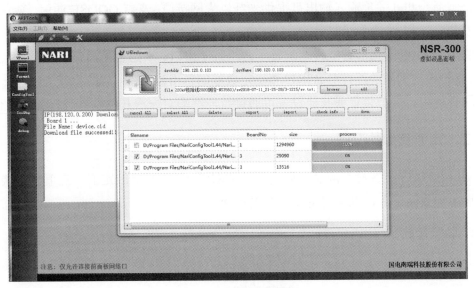

图 3-110　配置下装监视

四、维护要点及注意事项

测控装置的功能类似于站控层设备与过程层设备沟通交流信息的"桥梁"，一方面接
收过程层信息，解析后以报告的形式上送至站控层设备；另一方面接收站控层设备的命
令报文，解析后测控装置启动分合闸脉冲，以 GOOSE 报文的形式，使过程层设备动作。

测控装置在维护中要特别注意以下重点环节：

（1）通信参数中 IEDNAME 和 IP 地址对 MMS 通信尤为重要。其中 IEDNAME 中不能有空格，同时通信双方 IEDNAME 须保持一致，否则可能会导致通信失败。

（2）测控装置在第一次下载配置时需要下装 device.cid 文件。如果只是更改虚端子连线以及光口配置，而不涉及模型更新，配置文件 device.cid 不需要再次下装，只需要下装 goose.txt 和 sv.txt 文件。

（3）在工程实践中，CPU 板背板共有 3 个网口，第 1 个网口留作调试使用，第 2、3 口来作为站内接入 A、B 网。

第四节 智 能 终 端

一、装置简介

NSR-385AG 装置采用高性能的硬件设计平台，中央处理器 CPU 加数字信号处理器 DSP 的模块化设计，插件的配置可灵活组合。支持 DL/T860（IEC 61850）标准，装置跳合闸命令和开关量输入输出可提供光纤以太网接口，支持 GOOSE 通信。装置适合就地安装。

NSR-385AG 断路器智能终端配置了两组跳闸出口、一组合闸出口，以及 4 把隔离开关、3 把接地刀闸的遥控分合出口和一定数量的备用输出，可与分相或三相操作的断路器配合使用，保护装置或其他设备可通过智能终端对一次开关设备进行分合操作。

二、定值及参数设置

NSR-385AG 装置没有液晶，只能通过 ARPTools 工具修改定值。定值包括装置参数和设备参数两部分，以下对重要参数进行介绍。

1. 装置参数

（1）参数列表。装置参数如表 3-7 所示。

表 3-7   装 置 参 数

序号	定值名称	定值范围	默认值
1	A 网 IP 地址	000.000.000.000 ～ 255.255.255.255	198.120.000.085
2	A 网子网掩码	000.000.000.000 ～ 255.255.255.255	255.255.255.000
3	B 网 IP 地址	000.000.000.000 ～ 255.255.255.255	198.121.000.085
4	B 网子网掩码	000.000.000.000 ～ 255.255.255.255	255.255.255.000

续表

序号	定值名称	定值范围	默认值
5	C 网 IP 地址	000.000.000.000 ～ 255.255.255.255	198.122.000.085
6	C 网子网掩码	000.000.000.000 ～ 255.255.255.255	255.255.255.000
7	装置地址	0 ～ 65535	85
8	厂站地址	0 ～ 65535	0
9	软件防跳使能	0，1	1
10	直流量归一化使能	0，1	1
11	直流量归一化满码值	32 位浮点	4095
12	直流量 n 折算系数	32 位浮点	1.0
13	直流量 n 偏移常数	32 位浮点	0.0

（2）参数描述。

1）A 网、B 网、C 网分别对应 CPU 插件由上到下的 3 个网口，装置前面板的网口与 A 网口的地址相同。

2）厂站地址。装置所在厂站的地址，同一个变电站内，所有装置的厂站地址相同。

3）软件防跳使能。装置具有软件防跳功能，由于该功能完全是由软件实现的，因此对断路器二次回路没有影响；通过将此参数置 0，可以取消装置的软件防跳。

2. 设备参数

（1）参数列表。设备参数定值如表 3-8 所示。

表 3-8   设 备 参 数 定 值

序号	定值名称	定值范围	默认值
1	时区	−12～13	8（北京时间）
2	时钟源模式	0～4	3（IRIG-B 对时）
3	时钟源板卡地址	0～15	2（RP1202A 插件）
4	AI 插件输入信号类型	0～3FH	3FH

（2）参数描述。

1）时钟源模式。0～2 对本装置无效，3：IRIG-B，4：IEC 61588。

2）时钟源板卡地址。0：主 CPU 板；2：RP1202A GOOSE 板；其他：对本装置无效；装置默认采用 RP1202A 插件上的光纤 IRIG-B 码对时。

3）设备参数定值修改后，装置会自动重启。

三、配置文件生成及下装

1. 智能终端配置文件生成

打开 NariConfigTool 工具，点击工具栏"打开"选择 tests.nprj，展开工程项目，如图 3-111 所示。

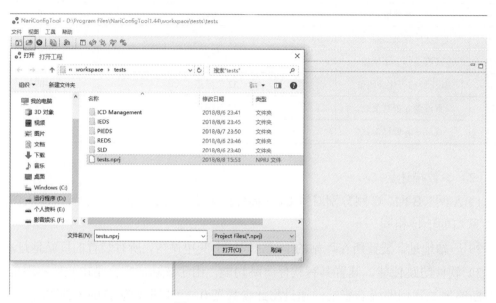

图 3-111　打开工程 tests.nprj

在工程视图 IEDS 中智能终端 IL2201 右键菜单中，点击"导出 ARP 装置配置文件"，如果装置配置正常，会提示导出成功（见图 3-112），生成 goose.txt 和 device.cid 文件，文件的存放路径是 NariConfigTool1.44 /workspace/工程项目名（如 tests）/ Export File/ Device Configuration File。

图 3-112　智能终端配置导出

2. 智能终端配置文件下装

将调试主机用网线与智能终端前网口连接，修改调试主机的网卡 IP 与智能终端的网卡 IP 为同一网段（198.120.000.×××）。打开 ARPTools 软件，在 VPanel 窗口下连接装置虚拟液晶，显示装置当前界面（见图 3-113）。

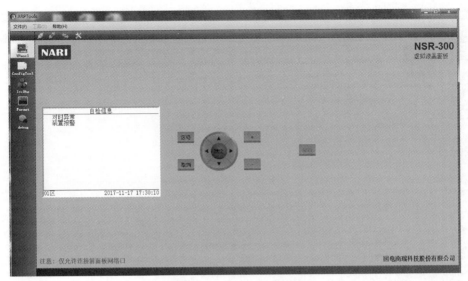

图 3-113　VPanel 虚拟液晶

　　然后点击"debug"，点击工具栏"Connect"，新建一个连接，输入"Server ip"，即连接装置的网口 IP（默认 192.168.0.85），智能终端"Server name"不需要填写（见图3-114）。连接成功后，会显示深蓝色的电脑图标（见图 3-115）。连接未成功，显示灰色的电脑图标。

图 3-114　Connect 界面

　　在 debug 界面中，工具栏第 4 个图标"download"就是下装，将配置文件下装到装置中。点击"download"，弹出界面"Ufiledown"，点击"brower"选择需要下装的配置文件，然后在"boardNo"填入下装对应板卡的板卡号，最后再点击"add"（加载）。这样待下装的配置文件就会加载到下部的窗口，包含"filename""boardNo""size"

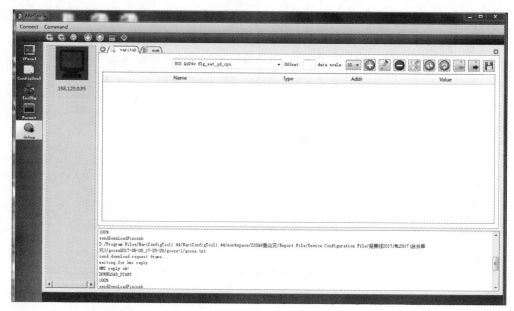

图 3-115 装置连接界面

"process" "downState"等字段，勾选相应的文件，点击"down"之后，"downState"就会显示下装状态（见图 3-116）。

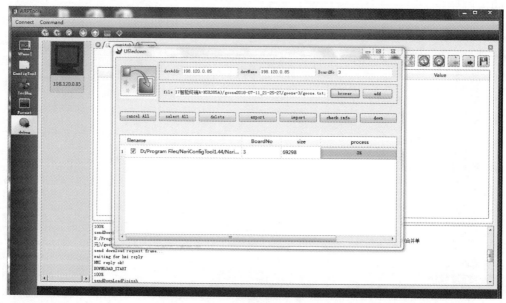

图 3-116 dug 装置配置文件下装

注意：对于智能终端而言，配置文件只下装 goose.txt 文件即可；切勿下装 device.cid 文件，否则会造成装置死机。

在 VPanel 模拟液晶界面处会提示"确定下载？"（见图 3-117）。

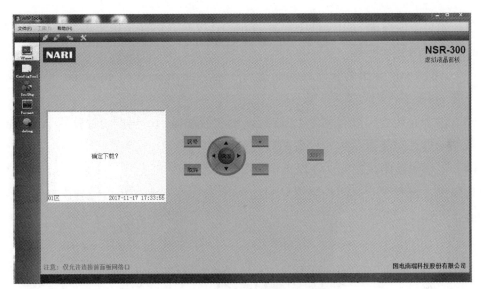

图 3-117　VPanel 模拟液晶下载确认

点击"确定"后会显示下装过程直至提示"Download file successed!",同时在"Ufiledown"界面处的"process"进度显示 100%,证明装置配置文件下载完成(见图 3-118)。然后对装置断电重启,配置文件就可以生效。

图 3-118　配置下装监视

四、维护要点及注意事项

智能终端涵盖了常规变电站操作箱功能、开入采集、直流模拟量采集等功能,基于订阅/发布机制,采用 IEC 61850 中 GOOSE 快速重传的机制来收发 GOOSE 报文。

智能终端在维护中要特别注意以下重点环节:

（1）如果智能终端导出文件中没有 goose.txt 文件，可能是由于虚端子连线未配置、goose.txt 附属信息未配置。

（2）ARPTools 导出的智能终端配置文件包含 device.cid 和 goose.txt 文件，但是只需要下装 goose.txt 文件。

（3）由于智能终端只有信号 LED 灯，没有液晶显示，需要习惯使用 ARPTools 的模拟液晶功能并对装置参数、设备参数进行修改。

（4）工程实践中，220kV 及以上电压等级，智能终端使用双重化配置，A、B 套之间物理隔离，没有联系。测控装置只通过 A 套智能终端来采集信号与模拟量、执行控制功能。

第五节 合 并 单 元

一、装置简介

NSR-386 采用高性能的硬件设计平台，多个 PPC 或 DSP 并行处理数据，由微机实现的用于智能变电站的合并单元。其主要功能为采集电磁式互感器、电子式互感器、光电式互感器的模拟量，经过同步和重采样等处理后为保护、测控、录波器等提供同步的采样数据。

实训室使用的 NSR-386A（G）型合并单元为用于线路或变压器的间隔合并单元，其可以发送一个间隔的电气量数据（典型值为 U_a、U_b、U_c、U_0、I_a、I_b、I_c、I_{ma}、I_{mb}、I_{mc}、I_0、I_j），并实现电压切换功能。NSR-386B（G）为母线电压合并单元，最大可以接入 3 段母线电压，每段母线电压可接入 3 组数据，并实现电压并列功能。

二、定值及参数设置

装置定值包括设备参数定值和装置参数两部分，以上两组定值都不分区。定值修改后，建议断电重启装置。

1. 设备参数

（1）参数列表。合并单元设备参数如表 3-9 所示。

表 3-9　　　　　　　　　　合 并 单 元 设 备 参 数

序号	定值名称	定值范围
1	守时时长	0～3600s，默认 600
2	系统频率	50～60Hz，默认 50

序号	定值名称	定值范围
3	二次额定保护电压	0～250.0V，默认 57.735
4	二次额定测量电压	0～250.0V，默认 57.735
5	二次额定零序保护电压	0～250.0V，默认 100.0
6	二次额定零序测量电压	0～250.0V，默认 100.0
7	二次额定保护电流	0～10.0A，默认 5.0
8	二次额定测量电流	0～10.0A，默认 5.0
9	二次额定零序保护电流	0～10.0A，默认 5.0
10	二次额定零序测量电流	0～10.0A，默认 5.0
11	二次额定间隙保护电流	0～10.0A，默认 5.0
12	二次额定间隙测量电流	0～10.0A，默认 5.0
13	一次额定保护电压	0～1000.0kV，默认 220.0
14	一次额定测量电压	0～1000.0kV，默认 220.0
15	一次额定零序保护电压	0～1000.0kV，默认 220.0
16	一次额定零序测量电压	0～1000.0kV，默认 220.0
17	一次额定保护电流	0～1000.0kA，默认 1.0
18	一次额定测量电流	0～1000.0kA，默认 1.0
19	一次额定零序保护电流	0～1000.0kA，默认 1.0
20	一次额定零序测量电流	0～1000.0kA，默认 1.0
21	一次额定间隙保护电流	0～1000.0kA，默认 1.0
22	一次额定间隙测量电流	0～1000.0kA，默认 1.0
23	二次额定保护电流 2	0～10.0A，默认 5.0
24	二次额定测量电流 2	0～10.0A，默认 5.0
25	二次额定零序保护电流 2	0～10.0A，默认 5.0
26	二次额定零序测量电流 2	0～10.0A，默认 5.0
27	二次额定间隙保护电流 2	0～10.0A，默认 5.0
28	二次额定间隙测量电流 2	0～10.0A，默认 5.0
29	一次次额定保护电流 2	0～1000.0kA，默认 1.0
30	一次额定测量电流 2	0～1000.0kA，默认 1.0
31	一次额定零序保护电流 2	0～1000.0kA，默认 1.0
32	一次额定零序测量电流 2	0～1000.0kA，默认 1.0
33	一次额定间隙保护电流 2	0～1000.0kA，默认 1.0
34	一次额定间隙测量电流 2	0～1000.0kA，默认 1.0
35	ADC 采样超前参数（μS）	0～250μS，默认 0

序号	定值名称	定值范围
36	允许接收 IEC 的 LDName 相同	0～0xFFFF，默认 0
37	允许接收 SMV 的 SvId 相同	0～0xFFFF，默认 0
38	输入 IEC 检修不影响输出 IEC 检修	0～0xFFFF，默认 0
39	接收 IEC 的零序电压按相标幺	0～0xFFFF，默认 0
40	发送 IEC 的零序电压按相标幺	0～1，默认 0
41	发送 IEC 的保护电流标幺方式	0～1，默认 0
42	接收 IEC 的 SYNMODE 变化无效处理	0～1，默认 0
43	接收 IEC 的 WAKEN 无效处理	0～1，默认 0
44	接收 SMV 的细化品质有效处理	0～0xff，默认 0
45	GOOSE 模块版本	0～1，默认 0
46	发送 SMV 采样率	0～1，默认 0
47	输入 SMV 检修不影响输出 IEC 检修	0～0xFFFF，默认 0

（2）参数描述。

1）守时时长：用来指定装置拔掉对时线后，装置所发报文的相隔多长才置失步。

2）系统频率：用来指定系统频率。

3）二次额定测量电压：用来指定一次系统测量相电压互感器二次侧的额定电压值。

4）二次额定零序测量电压：用来指定一次系统零序测量电压互感器二次侧的额定电压值。

5）二次额定测量电流：用来指定一次系统测量电流互感器二次侧的额定相电流值。

6）二次额定零序测量电流：用来指定一次系统测量零序电流互感器二次侧的额定相电流值。

7）一次额定测量电压：用来指定一次系统测量相电压互感器一次侧的额定电压值。

8）一次额定零序测量电压：用来指定一次系统零序测量电压互感器一次侧的额定电压值。

9）一次额定测量电流：用来指定一次系统测量电流互感器一次侧的额定相电流值。

10）一次额定零序测量电流：用来指定一次系统测量零序电流互感器一次侧的额定相电流值。

2. 装置参数

（1）参数列表。合并单元装置参数如表 3-10 所示。

表 3-10 合并单元装置参数

序号	定值名称	定值范围
1	语种	0，1，2，默认 0
2	时区	−12～13，默认 8
3	时钟源	0～4，默认 3，B 码对时
4	时钟源板卡	0～8，默认 1，主 CPU 板
5	A 网口 IP 地址	0.0.0.0～255.255.255.255，默认 198.120.0.111
6	A 网口子网掩码	0.0.0.0～255.255.255.255，默认 198.120.0.111
7	B 网口 IP 地址	0.0.0.0～255.255.255.255，默认 198.120.0.111
8	B 网口子网掩码	0.0.0.0～255.255.255.255，默认 198.120.0.111
9	C 网口 IP 地址	0.0.0.0～255.255.255.255，默认 198.120.0.111
10	C 网口子网掩码	0.0.0.0～255.255.255.255，默认 198.120.0.111
11	A 网口使用	0～1，默认 1
12	B 网口使用	0～1，默认 1
13	C 网口使用	0～1，默认 1
14	主 CPU 板 ETH1 口 SMV 源 MAC	0～0xFFFFFFFF，默认 0xc6780001
15	主 CPU 板 ETH2 口 SMV 源 MAC	0～0xFFFFFFFF，默认 0xc6780002
16	主 CPU 板 ETH3 口 SMV 源 MAC	0～0xFFFFFFFF，默认 0xc6780003
17	主 CPU 板 ETH4 口 SMV 源 MAC	0～0xFFFFFFFF，默认 0xc6780004
18	主 CPU 板 ETH5 口 SMV 源 MAC	0～0xFFFFFFFF，默认 0xc6780005
19	主 CPU 板 ETH6 口 SMV 源 MAC	0～0xFFFFFFFF，默认 0xc6780006
20	从 CPU 板 ETH1 口 SMV 源 MAC	0～0xFFFFFFFF，默认 0xc6780007
21	从 CPU 板 ETH2 口 SMV 源 MAC	0～0xFFFFFFFF，默认 0xc6780008
22	从 CPU 板 ETH3 口 SMV 源 MAC	0～0xFFFFFFFF，默认 0xc6780009
23	从 CPU 板 ETH4 口 SMV 源 MAC	0～0xFFFFFFFF，默认 0xc678000a
24	从 CPU 板 ETH5 口 SMV 源 MAC	0～0xFFFFFFFF，默认 0xc678000b
25	从 CPU 板 ETH6 口 SMV 源 MAC	0～0xFFFFFFFF，默认 0xc678000c
26	主 CPU 板 SMV 报文源 MAC 使能	0～0x3F，默认 0x3C
27	从 CPU 板 SMV 报文源 MAC 使能	0～0x3F，默认 0x3C
28	装置地址	0～65535，默认 8
29	厂站地址	0～65535，默认 0
30	103 协议时标格式	0～4，默认 1
31	相位显示基准	0～63，间隔合并单元默认 9，电压合并单元默认 0
32	切换隔刀遥信类型	0～1，默认 1
33	切换隔刀遥信来源	0～1，默认 0

序号	定值名称	定值范围
34	母联开关遥信类型	0～1，默认 0/1
35	母联开关遥信来源	0～1，默认 0
36	母联隔刀使能	0～1，默认 0
37	母联隔刀遥信类型	0～1，默认 1
38	母联隔刀遥信来源	0～1，默认 0
39	PT 隔刀使能	0～1，默认 0
40	PT 隔刀遥信类型	0～1，默认 1
41	PT 隔刀遥信来源	0～1，默认 0
42	PT 隔刀分位电压置零使能	0～1，默认 0
43	母联分位自动解列使能	0～1，默认 0
44	自动并列使能	0～1，默认 0
45	命令并列使能	0～1，默认 1
46	PT 隔刀分位自动解列使能	0～1，默认 0
47	上电从 SRAM 读 PT 状态	0～1，默认 0
48	GOOSE 命令转换使能	0～1，默认 0
49	位置异常告警延迟时间	0～120000，默认 60000，单位 ms
50	位置异常返回延迟时间	0～120000，默认 500，单位 ms
51	命令异常告警延迟时间	0～120000，默认 500，单位 ms
52	命令异常返回延迟时间	0～120000，默认 500，单位 ms
53	MU 命令无效允许操作	0～1，默认 0
54	MU 位置无效允许操作	0～1，默认 0
55	SMV 接收判版本号	0～1，默认 0xff
56	SMV 程序版本标志	0～1，选择并列逻辑
57	AD 参考电平异常不影响 AD 数据	0～1，默认 0
58	装置 VCC 异常不影响 AD 数据	0～1，默认 1
59	ADC 低通参数（uS）	0～250，默认 50us，由 RC 回路决定
60	装置电压上限值	0～10V，默认 5.50
61	装置电压下限值	0～10V，默认 4.50
62	AD 参考电平上限值	0～10V，默认 2.75
63	AD 参考电平下限值	0～10V，默认 2.25
64	FT3 接收光强上限值	-40.0～0dbm，默认-10.0
65	FT3 接收光强下限值	-40.0～0dbm，默认-24.0
66	ETH 接收光强上限值	-40.0～0dbm，默认-10.0

序号	定值名称	定值范围
67	ETH 接收光强下限值	−40.0～0dbm，默认−31.0
68	ETH 发送光强上限值	−40.0～0dbm，默认−14.0
69	ETH 发送光强下限值	−40.0～0dbm，默认−20.0
70	DSP 板 FT3 接收光强告警使能	0～0xFF，默认 0
71	DSP 板 ETH 发送光强告警使能	0～0xFF，默认 0
72	DSP 板 ETH 接收光强告警使能	0～0xFF，默认 0
73	AD 参考电平告警使能	0～1，默认 1
74	装置电压告警使能	0～1，默认 1
75	DSP 板 ETH 光强告警超限次数	1～9999，默认 1
76	DSP 板 FT3 光强告警超限次数	1～9999，默认 1
77	主 CPU 板 ETH 发送告警使能	0～0xFF，默认 0
78	主 CPU 板 ETH 接收告警使能	0～0xFF，默认 0
79	从 CPU 板 ETH 发送告警使能	0～0xFF，默认 0
80	从 CPU 板 ETH 接收告警使能	0～0xFF，默认 0
81	板卡缺失告警使能	0～1，默认 0
82	允许 I、III 母经 II 母并列	0～1，默认 0
83	允许 I、III 母都并到 II 母	0～1，默认 0
84	AD 幅值调整系数方式	0～1，默认 1
85	电压 PT 幅值系数基值	默认 1.03791952，禁止擅自修改。
86	零压 PT 幅值系数基值	默认 2.10131380，禁止擅自修改。
87	保护 CT 幅值系数基值	默认 0.83831799，禁止擅自修改。
88	测量 CT 幅值系数基值	默认 1.25741935，禁止擅自修改。
89	小电压 PT 幅值系数基值	默认 0.98954493，禁止擅自修改。
90	小零压 PT 幅值系数基值	默认 0.57133079，禁止擅自修改。
91	小保护 CT 幅值系数基值	默认 0.66263956，禁止擅自修改。
92	小测量 CT 幅值系数基值	默认 0.93253720，禁止擅自修改。
93	远方/就地信号翻转	0～1，默认 0
94	上电从 SRAM 读 PT 命令	0～1，默认 0
95	临时退出并列/切换逻辑	0～1，默认 0
96	远方就地模式稳定时间	0～120000，默认 500，单位 ms
97	开关刀闸/母线刀闸位置稳定时间	0～120000，默认 500，单位 ms
98	并列解列命令稳定时间	0～120000，默认 500，单位 ms
99	上电 PT 默认解列态	0～1，默认 0

序号	定值名称	定值范围
100	对时告警不影响总告警	0～1，默认 0
101	GPS 丢失时间阀值	0～3000，默认 30，单位 S
102	GPS 正常判秒时间	0～60，默认 3，单位 S
103	GPS 恢复后判秒时间	0～60，默认 10，单位 S
104	时钟最大允许偏差	0～999999999，默认 3600，单位 S
105	时间质量告警阀值	0～15，默认 7（7 代表 1ms）
106	时间质量告警延时	0～65535，默认 5，单位 S
107	DSP 时间监测告警使能	0～1，默认 0
108	位置无效告警延迟时间	0～120000，默认 500，单位 ms
109	位置无效返回延迟时间	0～120000，默认 500，单位 ms
110	命令无效告警延迟时间	. 0～120000，默认 500，单位 ms
111	命令无效返回延迟时间	0～120000，默认 500，单位 ms
112	并列解列/切换返回延迟时间	0～120000，默认 500，单位 ms
113	母线失压返回延迟时间	0～120000，默认 500，单位 ms
114	同时动作返回复归延迟时间	0～120000，默认 500，单位 ms
115	发送标准 FT3 长度域扩展	0～1，默认 0
116	处理 SMV 接收风暴标志	0～5，默认 0
117	SMV 接收判目的地址	0～1，默认 0
118	判 SMV 控制块 MAC 低字节	0～1，默认 0
119	SMV 控制块版本非零	0～1，默认 0
120	同时动作返回信号配置	0～1，默认 0
121	同时动作返回总告警使能	0～1，默认 0
122	判接收风暴允许钟跳变	0～1，默认 0

（2）参数描述。

1）语种：当整定为"0"时，装置语言为中文；当整定为"1"时，装置语言为英文；当整定为"2"时，装置语言为其他语种，如法语、俄语等。

2）时区：表示装置所在地区的时区，如中国为东 8 区，则该值整定为 8，依此类推。

3）时钟源：用来指定装置对时方式。0 表示无对时；1 表示 PPM 对时；2 表示 PPS 对时；3 表示 B 码对时；4 表示 IEC 61588 对时。目前程序只支持 B 码对时和 PPS 对时。

4）时钟源板卡：用来指定时钟源接入的板卡地址。目前程序只支持主 CPU 板对时，地址为 1。

5）A 网口 IP 地址、A 网口子网掩码、B 网口 IP 地址、B 网口子网掩码、C 网口 IP 地址、C 网口子网掩：目前只有 A 网口 IP 地址、A 网口子网掩码会起作用，对应于调试口的 IP 地址和掩码。

用 NsrTools 工具的 debug 功能是要用到 A 网口 IP 地址。

6）主 CPU 板 SMV 报文源 MAC 使能：用来指定 RP1011A/RP1011C 主 CPU 板哪几个口发送 SMV9-2 报文。Bit0 对应 NET1，bit1 对应 NET2，以此类推。

7）从 CPU 板 SMV 报文源 MAC 使能：用来指定 RP1011B 从 CPU 板哪几个口发送 SMV9-2 报文。Bit0 对应 NET1，bit1 对应 NET2，以此类推。

三、配置文件生成及下装

1. 合并单元配置文件生成

打开 NariConfigTool 工具，点击工具栏"打开"tests.nprj，展开工程项目，如图 3-119 所示。

在工程视图 IEDS 中合并单元 ML2201 右键菜单中，点击"导出 ARP 装置配置文件"，如果装置配置正常，会提示导出成功（见图 3-120），生成 goose.txt、sv.txt 和 device.cid 文件，文件的存放路径是 NariConfigTool1.44 /workspace/工程项目名（如 tests）/ Export File/ Device Configuration File。

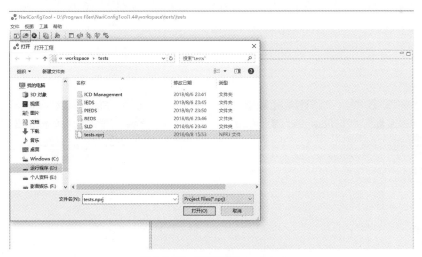

图 3-119　打开工程 tests.nprj

图 3-120　合并单元配置导出

2. 合并单元配置文件下装

将调试主机用网线与合并单元前网口连接，修改调试主机的网卡 IP 与合并单元的网卡 IP 为同一网段（198.120.000.×××）。打开 ARPTools 软件，在 VPanel 窗口下连接装置虚拟液晶，显示装置当前界面（见图 3-121）。

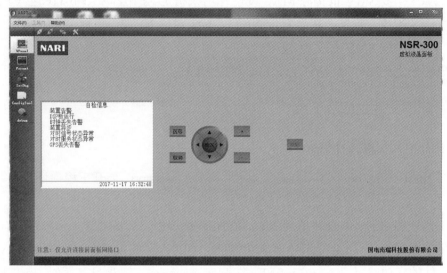

图 3-121　VPanel 虚拟液晶

然后点击 debug，点击工具栏"Connect"，新建一个连接，输入"Server ip"即连接装置的网口 IP（默认 192.168.0.103），合并单元"Server name"不需要填写（见图 3-122）。连接成功后，会显示深蓝色的电脑图标（见图 3-123）。连接未成功，显示灰色的电脑图标。

图 3-122　Connect 界面

图 3-123　装置连接界面

在 debug 界面中，工具栏第 4 个图标"download"就是下装，将配置文件下装到装置中。点击"download"弹出界面"Ufiledown"，点击"brower"来选择需要下装的配置文件，然后在"boardNo"填入下装对应板卡的板卡号，最后再点击"add"（加载）。这样待下装的配置文件就会加载到下部的窗口，包含"filename""boardNo""size""process""downState"等字段，勾选相应的文件，点击"down"之后"downState"就会显示下装状态（见图 3-124）。

注意：对于合并单元而言，配置文件只下装 goose.txt 和 sv.txt 文件即可；切勿下装 device.cid 文件，否则会造成装置死机。

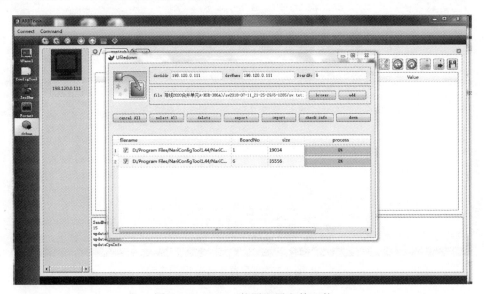

图 3-124　debug 装置配置文件下装

在 VPanel 模拟液晶界面处会提示"确定下载？"（见图 3-125）。

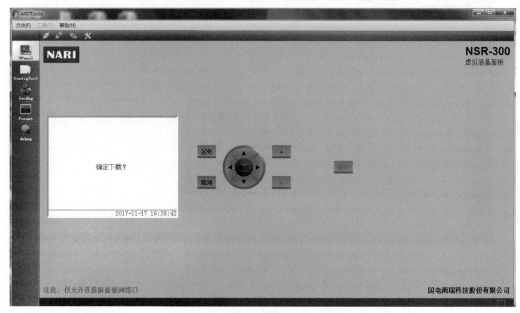

图 3-125　VPanel 模拟液晶下载确认

点击"确定"后会显示下装过程直至提示"Download file successed!"，同时在"Ufiledown"界面处的"process"进度显示 100%，证明装置配置文件下载完成（见图 3-126）。然后对装置断电重启，配置文件就可以生效。

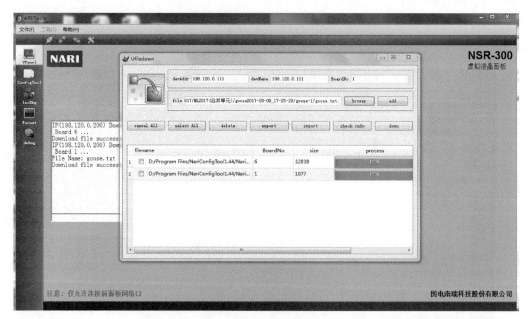

图 3-126　配置下装监视

四、维护要点及注意事项

智能终端可以采集电磁式互感器、电子式互感器、光电式互感器的模拟量，经过同步和重采样等处理后为保护、测控、录波器等提供同步的采样数据。基于订阅/发布机制，采用 IEC 61850 中 9-2 协议收发 SV 报文。

合并单元在维护中要特别注意以下重点环节：

（1）如果合并单元导出文件中没有 sv.txt、goose.txt 文件，可能是由于虚端子连线未配置、goose.txt 附属信息、sv.txt 附属信息未配置。

（2）导出的合并单元配置文件包含 device.cid、goose.txt、sv.txt 文件，但是只需要下装 goose.txt、sv.txt 文件。

（3）由于合并单元没有液晶显示，需要习惯使用 ARPTools 的模拟液晶功能并对装置参数、设备参数进行修改。

（4）合并单元采用一次额定值上送至测控装置，因此其测量变比应该与现场 TA、TV 变比一致，否者会导致上送错误。

（5）装置参数"主 CPU 板 SMV 报文源 MAC 使能"配置，用来指定 RP1011A/RP1011C 主 CPU 板哪几个口发送 SMV9-2 报文，如果配置错误，会导致 CPU 板无法发送 9-2 报文。

（6）工程实践中，220kV 及以上电压等级，合并单元使用双重化配置，A、B 套之间物理隔离，没有联系。测控装置只通过 A 套合并单元来采集测量模拟量。

第六节 网 络 组 建

一、物理网络搭建

本实训室安装的是 220kV 线路间隔屏柜，包含数据通信网关机 NSS201A、线路测控装置 NS3560DDID、线路合并单元 NSR-386AG、线路智能终端 NSR-385A、模拟刀闸 NS-MD1、模拟断路器 NS-MD、交换机 EPS6028 各 1 台，屏柜正面装置布置位置如图 3-127 所示。

设备屏柜安装之后，接入直流电源，用万用表测量电源电压在 220V，装置可以连接该电源并启动，若各装置"运行"灯是绿色常亮，表明装置正常运行。

该屏柜典型组网方式是 GOOSE、SV、MMS 组建单网（交换机只有 1 台，适合建立单网），其中过程层采用 GOOSE/SV 合一的方式组网。

（1）过程层组网。用 3 根多模光纤的一侧分别连接测控装置 3 号光口板的 0 口、合并单元 1 号板的 0 口、智能终端 3 号板的 0 口，另一侧分别连接交换机的三个光口。

（2）站控层组网。实训台还配置由 1 台监控主机和 1 台调试主机，都配置有双网

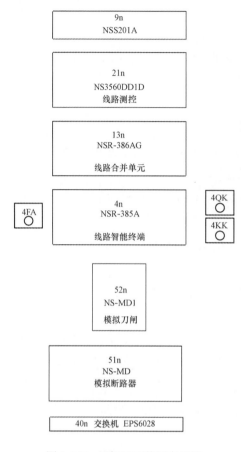

| 9n |
| NSS201A |

| 21n |
| NS3560DD1D |
| 线路测控 |

| 13n |
| NSR-386AG |
| 线路合并单元 |

| 4FA ○ | 4n
NSR-385A
线路智能终端 | 4QK ○
4KK ○ |

| 52n |
| NS-MD1 |
| 模拟刀闸 |

| 51n |
| NS-MD |
| 模拟断路器 |

| 40n 交换机 EPS6028 |

图 3-127 屏柜正面装置布置图

卡。用 3 根网线的一侧分别连接监控主机的网卡、测控装置的 1 号板 1 号电口、数据通信网关机的 1 号电口（61850 接入），另一侧连接至交换机的三个电口。调试主机的网卡 1 可以指定为调试使用，网卡 2 指定为模拟主站接入使用，分别用网线连接至交换机不同的电口。

二、交换机简介

EPS6028E 电力专用工业以太网交换机是面向智能变电站应用而开发的高性能、高可靠和高安全的工业级网络交换设备。它充分考虑了变电站的严酷工作环境和网络通信需求，采用了电信级以太网、硬件时间戳、QoS、智能内容识别等先进技术，使得智能变电站通信系统更加可靠，有效地抵御 DOS 攻击，保证 GOOSE 报文优先转发，实现网络时间精确同步。具有以下技术特点：

（1）支持自愈时间小于 50ms 的 RFC3619 EAPS 电信级以太网自愈协议，支持生成树和快速生成树算法。

（2）具有完善的 QoS 保证机制，保证 GOOSE 报文优先转发。

（3）支持 IGMP Snooping 和静态多播报文过滤。

（4）支持基于端口的 VLAN。

（5）支持端口汇聚、统计和镜像。

（6）先进的智能内容识别技术。

（7）支持端口速率限制和广播风暴抑制。

（8）具备先进的 DOS 攻击防御能力，支持多级用户管理、IEEE 802.1×认证和端口 MAC 地址绑定。

（9）支持 IEEE 1588 V2 E2E 和 P2P，实现网络时间精确同步。

（10）完善的网络管理方式包括 CLI、Telnet、Web 和综合网管系统。

三、交换机配置

在工程实践及日常维护中，交换机配置管理多采用 Web 管理的方式，管理界面更加直观、易于操作。配置操作较多的是系统管理、端口管理、VLAN 管理这三个目录。

其中 VLAN 管理是学习的重点。

在智能变电站中，鉴于 SV 报文数据量较大、交换机流量负载重和网络风暴风险大的特点，可以通过划分 VLAN（虚拟局域网）的方式来达到减轻网络流量和隔离网络的目的。智能变电站常用的划分 VLAN 方式有两种：① 在 SCD 文件中划分；② 基于交换机端口来划分。第二种方式更加成熟、更加普及，所以实训操作推荐使用基于交换机端口的配置方法。

1. 系统登录（Web 管理）

通过 Web 配置交换机是一种非常方便的管理途径。可以使用任何一种标准的 Web 浏览器比如 Internet Explorer 来打开 Web 控制台，从而对交换机进行管理。

将调试主机用网线连接至交换机的电口，同时将调试主机的网卡地址设置成与交换机地址在同一网段（10.144.66.××）。完成 EPS6028E 交换机与调试主机之间的物理连接后，按照下述步骤进行 Web 方式的配置管理。

（1）如图 3-128 所示，打开浏览器如 IE，在地址栏里面输入交换机的 IP 地址（默认 IP 是 10.144.66.106）。

图 3-128　交换机 Web 登录

（2）回车后会出现登录窗口（见图 3-129），输入正确的用户名和密码，系统默认的用户名和密码均为 admin，然后点击"确定"按钮，完成登录。

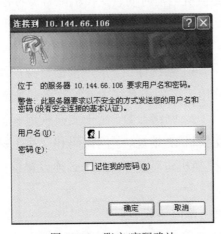

图 3-129　账户/密码确认

（3）如果输入的用户名和密码正确，则会出现如图 3-130 所示的 EPS6028E 交换机 Web 管理主页面。

（4）用页面左侧"导引面板（Navigation Panel）"中包含的配置选项文件夹在不同的配置选项之间进行切换，而用页面右侧出现的配置选项对话框对交换机进行配置。

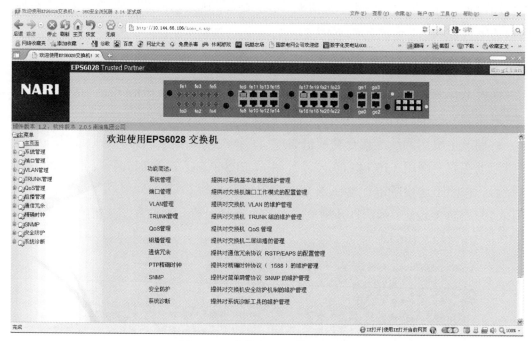

图 3-130　交换机 Web 管理主界面

2. 系统管理

图 3-131　系统管理目录

（1）概述。系统管理提供对交换机基本信息的维护管理。在该配置页面中包含的信息有：交换机名称、交换机网络连接、交换机当前时间、交换机配置文件的恢复与备份、交换机配置文件的保存以及告警的设置。系统管理目录如图 3-131 所示。

（2）术语。

1）系统标识。用户根据自身需要设置的交换机名称。该名称用于区别于系统内其他设备，刷新主页面可以更新显示。

2）网络参数。用于交换机远程管理的网络信息配置，包括交换机 IP 地址、子网掩码和交换机默认网关。在需要通过 Web 方式或者远程登录方式对交换机进行管理之前，必须设置该内容，以保证管理主机与本交换机的网络可达性。

3）系统时间。交换机内部时钟设置。

4）系统备份。EPS6028E 交换机提供了对系统配置文件的备份和恢复。本交换机作为 FTP 的客户端，可以把配置文件上传到网络可达的一台 FTP 服务器上去，或者从指定的 FTP 服务器下载配置文件到本机。需要配置的选项包括远程 FTP 服务器的地址、FTP 登录的用户名和密码及需要上传或者下载的远端 FTP 服务器上的配置文件名称。

5）用户管理。管理用户口令及密码。目前系统只支持两个用户：admin 和 user。user 用户只能对系统配置进行浏览，admin 用户在对系统配置进行浏览的同时也可以进行修改，同时 admin 用户还可以管理 user 用户的口令。

6）老化时间。该功能支持对 EPS6028E 二层地址表老化时间的维护。二层地址表中保存有交换机动态学习所得的二层 MAC 地址，而老化时间则规定了地址表条目在没有命中的前提下可以在地址表中停留的最长时间。当该定时器归零且该地址没有再被命中时，则它将被从地址表中清除，静态地址除外。

7）保存配置。记录当前交换机配置信息到本机配置文件中。

8）恢复配置。交换机恢复到初始配置信息。

9）重启配置。交换机远程重新启动。

（3）系统管理。这里将系统管理的几个重要管理配置作详细的讲解。

1）网络参数（交换机网络连接信息配置）。

a. 点击 Web 管理主界面左侧导航栏中"系统管理"子树左侧的"＋"展开该子树。

b. 在"系统管理"出现的下级子树中，点击"网络参数"，出现如图 3-132 所示的交换机"系统网络参数设置"页面。

c. 点击"IP 地址"右侧的输入框，输入交换机的 IP 地址。

d. 点击"子网掩码"右侧的输入框，输入交换机的子网掩码。

图 3-132　系统网络参数设置

e. 点击"默认网关"右侧的输入框,输入交换机的默认网关。

f. 点击"提交"按钮提交更改。

注意:由于实训设备屏柜中,只有 1 台交换机,不存在地址冲突,所以不要轻易修改交换机 IP 地址。

2)系统时间(交换机本地时钟配置)。

a. 点击 Web 管理主界面左侧导航栏中"系统管理"子树左侧的"+"展开该子树。

b. 在"系统管理"出现的下级子树中,点击"系统时间",出现如图 3-133 所示的交换机"系统时间设置"页面。

c. 点击"当前时间"右侧的输入框,设置内部时钟的时间信息。

d. 点击"当前日期"右侧的输入框,设置内部时钟的日期信息。

e. 点击"提交"按钮提交更改。

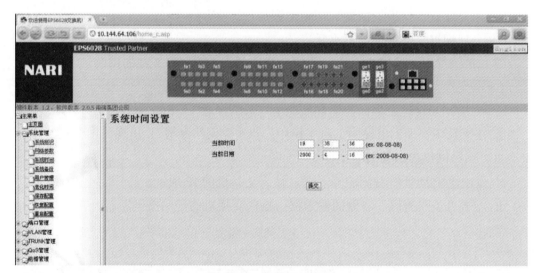

图 3-133　系统时间设置

3)保存配置(交换机配置文件的保存)。

a. 点击 Web 管理主界面左侧导航栏中"系统管理"子树左侧的"+"展开该子树。

b. 在"系统管理"出现的下级子树中,点击"保存配置",出现如图 3-134 所示的"保存系统当前配置"页面。

c. 点击"保存"按钮用于把当前配置保存到交换机内部的配置文件 config.txt 中。

4)恢复配置(交换机恢复到初始配置)。

a. 点击 Web 管理主界面左侧导航栏中"系统管理"子树左侧的"+"展开该子树。

b. 在"系统管理"出现的下级子树中,点击"恢复配置",出现如图 3-135 所示的"恢复出厂配置"页面。

c. 点击"恢复"按钮用于恢复交换机初始配置。

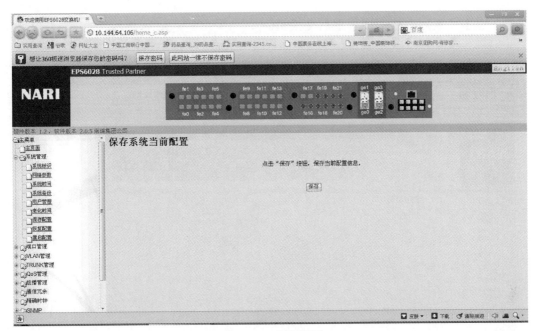

图 3-134　保存配置

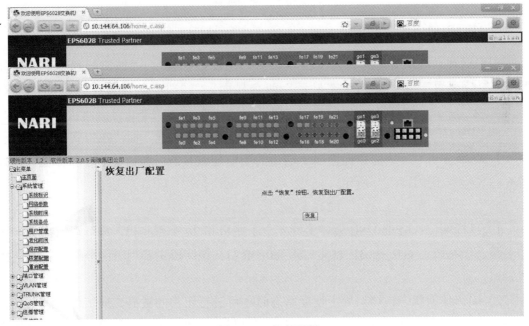

图 3-135　恢复配置

5）重启配置（交换机的重启）。

a. 点击 Web 管理主界面左侧导航栏中"系统管理"子树左侧的"＋"展开该子树。

b. 在"系统管理"出现的下级子树中，点击"重启配置"，出现如图 3-136 所示的"重启配置"页面。

c. 点击"重启"按钮用于重启交换机。

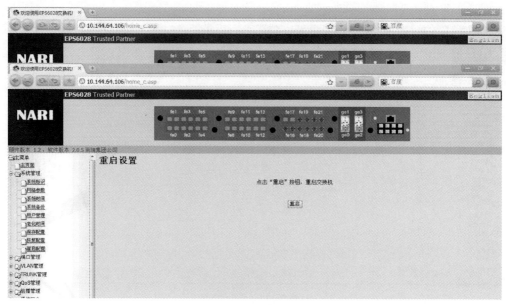

图 3-136　重启配置

3. 端口管理

（1）概述。端口管理提供对交换机端口信息的维护管理。"端口管理"子树包含"端口参数配置"和"端口状态显示"两个界面。"端口参数配置"子页面用于对

图 3-137　端口管理目录

端口的参数，包括端口使能/禁用状态、自协商状态、端口速率、双工状态及流量控制进行配置。而"端口状态显示"子页面则显示端口的当前配置状态。端口管理子树如图 3-137所示。

（2）术语。

1）目标端口：EPS6028E 最多支持 4 个千兆口和 24 个百兆口，每个端口都有唯一的名称，千兆口为 ge0～ge3，百兆口为 fe0～fe23。该字段主要用于区分待操作的交换机端口。

2）端口使能状态：端口处于使能状态时才可进行正常的数据交换工作，而一旦被禁用则处于"管理关闭（administration down）"状态，此时即使端口物理上处于连接状态，也无法正常工作。

3）协商模式：端口自动协商模式设置。当端口自动协商状态关闭时，必须手工为该端口指定端口连接速率、双工状态及流量控制等参数，且当这些参数设置与对端所连机器一致时，该端口才可正常工作。而当自动协商功能打开时，交换机可根据该端口的情况自动与对端设备进行协商，选择一个双方都可接受的工作环境参数。当自动协商功

能打开时，则端口连接速率、双工状态及流量控制参数都不能进行配置，需要连接双方自动协商获得。

4）端口连接速率：指定端口的工作速率，对于一个高速的交换机端口，可以手工指定其工作在一个较低的速率以与对端所连接设备保持一致。自动协商功能打开时，该项不需要配置。端口双工模式：指定端口的双工工作模式，对于一个能同时工作于全/半双工模式的交换机端口，可以配置其工作在一个指定的双工模式以与对端所连接设备保持一致。当自动协商功能打开时，该项不需要配置。流量控制：配置端口的流量控制参数。当使能该参数时，端口支持"流量控制 pause 帧"的收发及处理。

5）端口连接媒质：EPS6028E 交换机采用模块化设计，在相同的插槽上支持不同类型的子卡，在端口状态显示子页面的"端口类型"栏可以显示当前槽位的子卡媒体类型，是电口还是光口。

6）端口连接状态：显示当前端口的连接情况。当端口正确连接，且自协商成功（如果自协商功能打开）或者连接双方参数配置一致时，端口的连接状态为"已连接"，其他情况都有可能造成其状态为"未连接"，比如自协商不成功，或者两边配置参数不一致。

7）端口转发状态：EPS6208 会运行 RSTP/EAPS 协议以在保证通信的健壮性的同时，杜绝网络中环路现象的发生。当网络中存在环路时，交换机会根据协议的指示，主动地阻塞交换机的某些端口，即使其处于物理上工作正常的状态。本参数显示的就是端口的这种转发状态。

（3）端口管理。

1）端口参数配置。

a. 点击 Web 管理主界面左侧导航栏中"端口管理"子树左侧的"＋"展开该子树。

b. 在"端口管理"出现的下级子树中，点击"端口参数配置"，出现如图 3-138 所示的交换机"端口基本参数配置"页面。

c. 点击需要进行配置的端口所在行的"使能状态"下拉框，选择端口的使能/禁用模式。

d. 点击需要进行配置的端口所在行的"协商模式"下拉框，选择端口的自协商工作模式。

e. 点击需要进行配置的端口所在行的"连接速率"下拉框，选择端口的工作速率。

f. 点击需要进行配置的端口所在行的"双工模式"下拉框，选择端口的双工工作模式。

g. 点击需要进行配置的端口所在行的"流量控制"下拉框，选择端口的流控工作模式。

h. 点击"提交"按钮提交更改。

端口基本参数配置

端口名称	使能状态	协商模式	连接速率	双工模式	流量控制
ge0	使能	打开	1000M	全双工	启用
ge1	使能	打开	1000M	全双工	启用
ge2	使能	打开	1000M	全双工	启用
ge3	使能	打开	1000M	全双工	启用
fe0	使能	关闭	100M	全双工	启用
fe1	使能	关闭	100M	全双工	启用
fe2	使能	关闭	100M	全双工	启用
fe3	使能	打开	100M	全双工	启用
fe4	使能	关闭	100M	全双工	启用
fe5	使能	关闭	100M	全双工	启用
fe6	使能	关闭	100M	全双工	启用
fe7	使能	打开	100M	全双工	启用
fe8	使能	打开	100M	全双工	启用
fe9	使能	打开	100M	全双工	启用
fe10	使能	打开	100M	全双工	启用
fe11	使能	打开	100M	全双工	启用
fe12	使能	打开	100M	全双工	启用
fe13	使能	打开	100M	全双工	启用
fe14	使能	打开	100M	全双工	启用
fe15	使能	打开	100M	全双工	启用
fe16	使能	打开	100M	全双工	启用
fe17	使能	打开	100M	全双工	启用
fe18	使能	打开	100M	全双工	启用
fe19	使能	打开	100M	全双工	禁用
fe20	使能	打开	100M	全双工	启用
fe21	使能	打开	100M	全双工	启用
fe22	使能	打开	100M	全双工	启用
fe23	使能	打开	100M	全双工	启用

Apply

图 3-138　端口参数配置

2）端口状态显示。

a. 点击 Web 管理主界面左侧导航栏中“端口管理”子树左侧的“＋”展开该子树。

b. 在“端口管理”出现的下级子树中，点击“端口状态显示”，出现如图 3-139 所示的“端口状态显示”页面；在该页面中对交换机所有端口的当前工作参数进行显示。

端口名称	使能状态	端口类型	连接状态	协商模式	连接速率	双工模式	流量控制	转发状态
ge0	使能	电	未连接	打开	--	--	--	转发
ge1	使能	电	未连接	打开	--	--	--	转发
ge2	使能	电	未连接	打开	--	--	--	转发
ge3	使能	电	未连接	打开	--	--	--	转发
fe0	使能	光	未连接	关闭	100M	全双工	启用	阻塞
fe1	使能	光	未连接	关闭	100M	全双工	启用	阻塞
fe2	使能	光	未连接	关闭	100M	全双工	启用	阻塞
fe3	使能	光	未连接	打开	--	--	--	阻塞
fe4	使能	光	未连接	关闭	100M	全双工	启用	阻塞
fe5	使能	光	未连接	关闭	100M	全双工	启用	阻塞
fe6	使能	光	未连接	关闭	100M	全双工	启用	转发
fe7	使能	光	未连接	打开	--	--	--	转发
fe8	使能	电	未连接	打开	--	--	--	阻塞
fe9	使能	电	未连接	打开	--	--	--	转发
fe10	使能	电	未连接	打开	--	--	--	转发
fe11	使能	电	未连接	打开	--	--	--	转发
fe12	使能	电	未连接	打开	--	--	--	转发
fe13	使能	电	未连接	打开	--	--	--	转发
fe14	使能	电	未连接	打开	--	--	--	转发
fe15	使能	电	未连接	打开	--	--	--	转发
fe16	使能	电	未连接	打开	--	--	--	转发
fe17	使能	电	未连接	打开	--	--	--	转发
fe18	使能	电	未连接	打开	--	--	--	转发
fe19	使能	电	已连接	打开	100M	全双工	关闭	转发
fe20	使能	电	未连接	打开	--	--	--	转发
fe21	使能	电	未连接	打开	--	--	--	转发
fe22	使能	电	未连接	打开	--	--	--	转发
fe23	使能	电	未连接	打开	--	--	--	转发

图 3-139　端口状态显示

4. VLAN 管理

（1）概述。VLAN（virtual local area network）即虚拟局域网，是一种通过将局域网内的设备逻辑地而不是物理地划分为一个个网段，从而实现虚拟工作组的技术。VLAN技术允许网络管理者将一个物理的 LAN 逻辑地划分成不同的广播域（或称虚拟 LAN，即 VLAN），每一个 VLAN 都包含一组有着相同需求的计算机工作站，与物理上形成的 LAN 有着相同的属性。但由于它是逻辑的而不是物理地划分，所以同一个 VLAN 内的各个工作站无须被放置在同一个物理空间里，即这些工作站不一定属于同一个物理 LAN 网段。一个 VLAN 内部的广播和单播流量都不会转发到其他 VLAN 中，从而有助于控制流量、减少设备投资、简化网络管理、提高网络的安全性。

VLAN 是为解决以太网的广播问题和安全性而提出的，它在以太网帧的基础上增加了 VLAN 头，用 VLAN ID 把用户划分为更小的工作组，限制不同 VLAN 之间的用户二层互访。

VLAN 管理提供对交换机 VLAN 信息的维护管理。VLAN 子树包含 VLAN 配置、缺省 VLAN 和 VLAN 显示三个界面。VLAN 配置子页面用于创建一个新的 VLAN、删除一个已有的 VLAN 及对已有 VLAN 中的成员端口进行更改。

VLAN 显示页面则分别以基于端口及基于 VLAN 的方式对现有交换机中已有的 VLAN 信息进行显示。缺省 VLAN 页面对每个端口的本地 VLAN（Native VLAN）信息进行设置。

VLAN 管理子树如图 3-140 所示。

（2）术语。

1）802.1Q 帧格式。传统的以太网帧没有字段支持 VLAN 的相关信息，为此 IEEE 定义了 802.1Q 帧头，以支持 VLAN。一个标准的 802.1Q 帧格式如图 3-141 所示。帧中的 802.1Q VLAN Tag 域包含了 12 位的 VLAN ID 信息，用于定义该数据帧所关联的 VLAN。

图 3-140　VLAN 管理树形结构

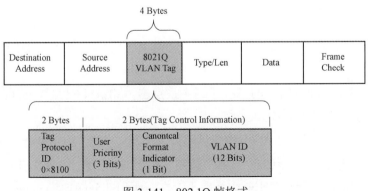

图 3-141　802.1Q 帧格式

231

2）Tagged/Untagged 帧。Tagged 帧是带有合法 802.1Q 帧头的以太网帧。Untagged 帧是不带有 802.1Q 帧头或者只带有 802.1P（优先级）标签信息的帧。这种只带有 802.1P（优先级）标签信息其 VID 为 0 的帧也称为优先级标记帧（priority-tagged）。

3）VLAN-aware/VLAN-unaware 设备。集线器称为 VLAN-unaware 设备。这种设备不能识别数据帧中包含的 VLAN Tag 信息，当它收到该类帧时，将原封不同地向本设备的所有端口进行转发。交换机则称为 VLAN-aware 设备，可以识别帧中包含的 VLAN 信息，并且只向本交换机上所有属于该 VLAN 的成员端口转发。PC 机发出的数据帧也不包含 VLAN Tag 信息，因此 PC 机也被认为是 VLAN-unaware 设备。

4）交换机端口默认 VLAN（Native VLAN）。交换机作为 VLAN-aware 设备，不仅可以连接其他交换机等 VLAN-aware 设备，也可以同时连接诸如 PC 机、集线器等 VLAN-unaware 设备。由于这种类型的设备转发的数据帧不包含 VLAN 信息，因此在数据帧由交换机端口进入本交换机时，必须为它增加相应的 VLANTag 信息，以便于交换机内部的进一步处理。交换机端口默认 VLAN（Native VLAN），在本书中也称为 PVLAN（Port_based VLAN）定义了一个 VLAN ID－PVID，当一个 Untagged 帧从该端口进入到交换机后，该帧被增加相应的 802.1Q 标签头，其 VLAN ID 值等于该端口的 PVID。

5）VLAN 号。交换机中所有的 VLAN 都用一个本地唯一的数字来标识，称为该 VLAN 对应的 VLAN 号。在交换机没有做任何配置之前，只存在一个唯一的 VLAN，其 VLAN 号为 1，默认情况下，所有交换机端口都属于该 VLAN。我们一般用 VLAN ×× 来指定一个 VLAN，其中×× 就是该 VLAN 对应的 VLAN 号。EPS6028E 可以配置的合法 VLAN ID 范围从 1－4094。VLAN 1 由于其特殊性，所以不允许删除。VLAN 号在一个 802.1Q 以太网帧中对应于 VLAN tag 域中的 VLAN ID 位（12 个 bits，对应于 16 进制的 3 位，即所有厂家 SCD 配置工具中，VLAN 只有三位 16 进制数）。

6）缺省 VID。在一个端口上定义的 PVLAN 对应的 VLAN ID 就称为缺省 VID，缺省 VID 用于填充 Untagged 帧的标签字段。

（3）VLAN 管理。

1）VLAN 配置。

a. 点击 Web 管理主界面左侧导航栏中"VLAN 管理"子树左侧的"＋"展开该子树。

b. 在"VLAN 管理"出现的下级子树中，点击"VLAN 配置"，出现如图 3-142 所示的"VLAN 配置"页面。

c. 初始页面显示的是 VLAN 1 中成员端口的情况。点击"VLAN 号"右侧的输入框，输入 1～4094 的整数，然后点击"查看"按钮，用于对指定的 VLAN 进行查看：当所有的端口皆为"不属于"类型，则该 VLAN 不存在；而当部分端口为 untagged 或者 tagged

类型，则表明指定的 VLAN 存在。

d. 在完成对指定 VLAN 的查看以后，可以通过对页面下半部分端口的类型选择来创建 VLAN 或者对 VLAN 中的成员进行更改，例如对于一个原先不存在的 VLAN，想把端口 fe3 作为 untagged 成员加入，则点击 fe3 右侧的下拉框，选择"untagged 型端口"，然后点击"提交"按钮使配置生效。同理对于一个已存在的 VLAN，想要对其成员关系进行修改。则点击需要修改的成员端口右侧的下拉框，选择合适的模式（untagged型端口/tagged 型端口/不属于），然后点击"提交"更改。

e. 点击"VLAN 号"右侧的输入框，输入 1～4094 的整数，然后点击"删除"按钮，可以对指定的 VLAN 删除。如果该 VLAN ID 为 1 或者不存在，则删除失败，如果该 VLAN 存在且不为 1，则可以成功删除。

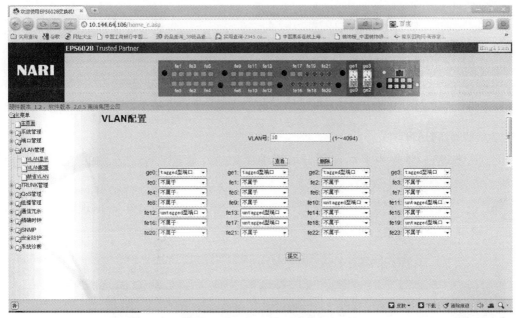

图 3-142　VLAN 配置界面

2）VLAN 显示。

a. 点击 Web 管理主界面左侧导航栏中"VLAN 管理"子树左侧的"＋"展开该子树。

b. 在"VLAN 管理"出现的下级子树中，点击"VLAN 显示"，出现如图 3-143 所示的"VLAN 显示"页面。

c. VLAN 显示页面分上下两部分显示 VLAN 相关的信息：上半部分是基于交换机端口的 VLAN 显示；下半部分是基于 VLAN 的显示。在基于端口的 VLAN 显示中，以每个端口为主体，显示了该端口目前所属的 VLAN 以及它在该 VLAN 中的类型（untagged/tagged）；而下半部分基于 VLAN 的显示，则是以当前交换机中已存在的每个

VLAN 为主体，显示其成员端口及其他信息。

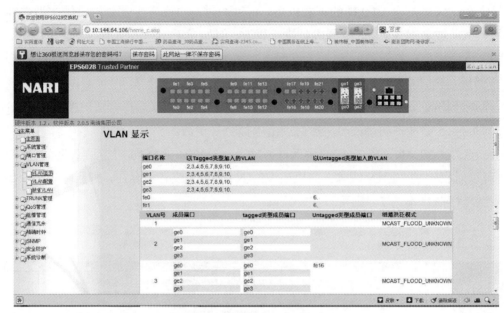

图 3-143　VLAN 显示界面

3）缺省 VLAN。

a. 点击 Web 管理主界面左侧导航栏中"VLAN 管理"子树左侧的"＋"展开该子树。

b. 在"VLAN 管理"出现的下级子树中，点击"缺省 VLAN"，出现如图 3-144 所示的"缺省 VLAN 配置"页面。

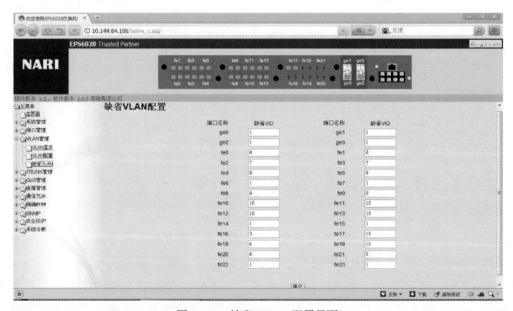

图 3-144　缺省 VLAN 配置界面

c. 在进入缺省 VLAN 配置页面后，在每个交换机端口右侧的输入框显示的是该端口当前的缺省 VID；点击需要修改的端口右侧的输入框，输入相应的 VLAN ID，然后点击"提交"按钮，则可对该端口的缺省 VLAN 进行修改。

4）举例说明。

【案例 1】把端口 fe0 和 fe1 只划在 VLAN2 中，使其互通。

操作方法：

a. 通过查询页面先查看 fe0 和 fe1 在哪些 VLAN 中。

b. 查看的结果是它们都在 VLAN1 中，输入 VLAN 号 1，点击查看按钮。

c. 端口 fe0 和 fe1 的下拉列表选为不属于。

d. 点击提交。

e. 输入 VLAN 号 2，点击查看按钮。

f. 端口 fe0 和 fe1 的下拉列表选为 untagged（如果连接 pc）或 untagged（连接其他交换机）。

g. 在 PVLAN 页面把端口 fe0 和 fe1 的 PVLAN 设为 2。

注意：如果不把端口 fe0 和 fe1 从 VLAN1 中移除，同时 PVLAN 仍设为 2，此时，fe0 和 fe1 不会与 VLAN1 中的其它端口互通。

【案例 2】VLAN 交集实现 fe0 与 fe1 互通，fe1 与 fe2 互通，fe0 与 fe2 不通。

操作方法：

a. 把 fe0、fe1、fe2 从其他 VLAN 中移除，方法参考案例 1 中的步骤 a、b、c。

b. 创建 VLAN2，包含 fe0、fe1、fe2，方法参考案例 1 中的步骤 e、f。

c. 创建 VLAN3，包含 fe0、fe1，方法同上。

d. 创建 VLAN4，包含 fe1、fe2，方法同上。

e. 把 fe0 的 PVLAN 设为 3，fe1 的 PVLAN 设为 2，fe2 的 PVLAN 设为 4。

注意：PVLAN 设置的 id 号，必须是已经存在的 VLAN 的 id。

【案例 3】跨 VLAN 操作。

如图 3-145 所示，要求交换机 A 和 B 的端口 fe1、fe2、fe3 分别在 VLAN 1、2、3，即两个交换机的三个端口对应相通。

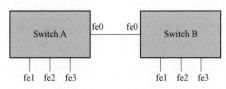

图 3-145　跨 VLAN 配置

操作方法：

a. Switch A 中，在 VLAN1 中加入 tagged fe0 和 untagged fe1，VLAN1 中移除 fe2 和 fe3。

b. 创建 VLAN2，在 VLAN2 中加入 tagged fe0 和 untagged fe2。

c. 创建 VLAN3，在 VLAN3 中加入 tagged fe0 和 untagged fe3。

d. Switch A 中，fe0、fe1、fe2、fe3 的 PVLAN 分别设为 1、1、2、3 Switch B 中操作和 Switch A 相同。

四、维护要点及注意事项

区别于保护"点对点"的通信方式，测控装置的遥测、遥信、遥控、遥调使用组网方式来实现，因而物理网络构建与交换机的维护显得尤为重要。

网络组建及交换机在维护中要特别注意以下重点环节：

（1）在网络组建练习前，首先要熟悉各种实训设备，明确智能变电站"三层两网"的总体架构，结合过程层和站控层通信的特点，尤其注意装置的光口配置与尾纤物理连接的对应关系。

（2）由于在过程层通信时，存在 GOOSE、SV 独立组网和 GOOSE、SV 合一组网两种构建方式，掌握两种方式的装置配置差异、物理连接差异和适用场合。

（3）在工程实践中，由于存在交换机级联，需要将交换机 IP 地址更改，防止地址冲突，但应当做好资料归档。实训期间，修改交换机地址后应及时恢复。

（4）为解决以太网的广播问题和安全性问题，掌握划分交换机 VLAN（虚拟局域网）的方法。明确只有级联交换机的端口应配置为 Tagged 方式。

第七节　数据通信网关机

一、装置简介

1. 概述

NSS201A 智能远动设备是变电站自动化系统的信息中心，它通过不同的通信介质和通信规约，对变电站内各种设备的信息进行采集处理，通过数据通道直接向集控中心和电网自动化系统传送数据。变电站自动化系统中，信息的采集和传送是根据优先级进行划分的，这要求 NSS201A 智能远动设备具有实时、分时的特性，NSS201A 智能远动设备就是采用实时操作系统开发的嵌入式多任务通信控制装置。

NSS201A 智能远动设备（见图 3-146 和图 3-147）以 Intel 工业控制处理器为核心，内存可达 2GB，支持 2.5 英寸硬盘、DOM、CF 卡等多种载体，用于存放程序和运行参数，并可支持扩展的网络存储器。NSS201A 智能远动设备可构成主备或冗余的双机通信控制器系统。双 NSS201A 智能远动设备可以通过太网通信相互监视主备状态，从而保证主备状态的正确性。NSS201A 智能远动设备以双以太网接口与监控层计算机通信，以双以太网与间隔层测控单元通信，通过 16 个串口与其他非 IEC 61850 智能设备（如直流屏、电能表、五防等）实现数据交换。NSS201A 智能远动设备依据智能对时决策机制通过网络以及其他串口向测控单元和保护单元等发送对时报文，使站内时间保持统一。

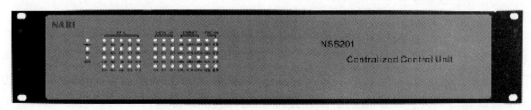

图 3-146　NSS201A 智能远动设备（前视图）

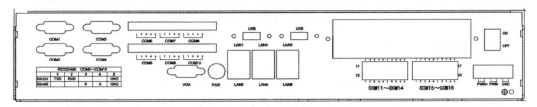

图 3-147　NSS201A 智能远动设备（后视图）

2. NSS201A 智能远动设备特点

（1）先进性。NSS201A 是在 32 位实时多任务操作系统软件平台下开发的多任务实时通信控制系统，系统包括采用 Qt 图形技术开发的图形显示单元，符合 IEC 61131-3 标准的顺序控制和逻辑控制，提供多种国外保护通信协议的规约转换器和网络协议栈。

（2）可靠性。NSS201A 是在主流工业 CPU 硬件平台基础上开发的子站控制系统，保证了系统开发平台的可靠性。在硬件上，采用电源关闭监视手段以及 RAM 盘技术，保证了文件系统的可靠性。在系统监护上，除采用看门狗技术外，还增加了任务监护、内存分离的技术，保证系统的可靠性。系统故障时自愈能力强。

（3）接口多样性。NSS201A 可以提供多种接口，RS-232、RS-422、RS-485、CanBus2.0 双绞线和光纤以太网等。

（4）友好性。NSS201A 的一个重要组成部分就是显示输出模块，该单元选用 LCD 液晶屏，为用户提供了系统运行工况、系统主接线图以及各种数据信息，并可以在显示屏上完成校时和遥控操作。

（5）可维护性。NSS201A 系统提供了通用组态软件，通过组态软件可以灵活配置系统参数、设备参数和构造系统。

3. 通信协议

NSS201A 装置支持多种通信协议：① IEC 61850；② IEC 60870-5-101，IEC 60870-5-102，IEC 60870-5-103，60870-5-104；③ DNP3.0；④ Sc1801；⑤ μ4f；⑥ CDT。

二、组态配置及生效

实训室配置的国电南瑞 NS3000S 监控系统和 NSS201A 数据通信网关机使用统一的组态配置，配置远动有两种方法：① 通过在 NS3000S 后台监控系统中，参照本章第二节后台监控系统远动配置的方法，配置完成 frcfg，然后将配置文件 config 和 data 传输至数据通信网关机；② 借助于工具 Xmanager，远程连接数据通信网关机，输入登录用户名（nari）和密码（nari），进入数据通信网关机的系统界面。在该界面下配置 frcfg 即可。由于第一种方法在前文已作讲解，此处重点讲解第二种方法。

1. 通道配置

打开控制台，切换到 ns4000/bin 目录下，输入 frcfg，系统弹出界面如图 3-148 所示。用鼠标右键点击前置系统，可以增加节点数，如图 3-149～图 3-151 所示。

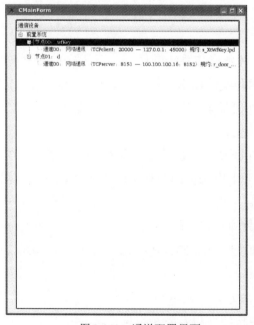

图 3-148　通道配置界面

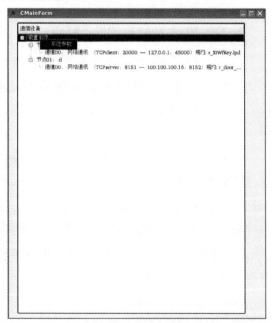

图 3-149　系统参数

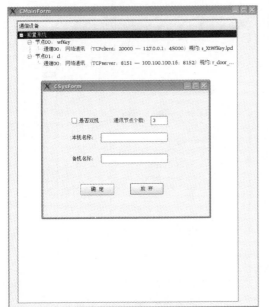

图 3-150　系统参数配置

图 3-151　增加节点

如图 3-151 所示，节点 02 为新添加节点，然后在节点 02 中添加节点名称和通道数，如图 3-152～图 3-154 所示。

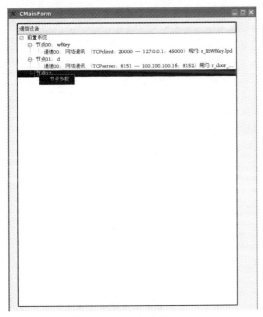

图 3-152　节点参数

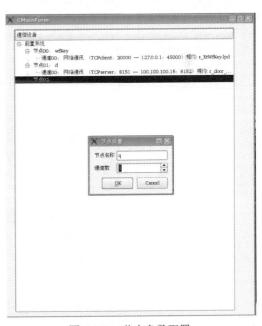

图 3-153　节点参数配置

　　鼠标右键点击新建立的通道，进行通道配置。在通道设置界面，有串口通信和网络通信需要配置。由于目前大多采用调度数据网设备和 104 规约来通信，所以主要讲解网络通信配置，选择"网络通讯"，点击设置，弹出如图 3-155 所示界面。

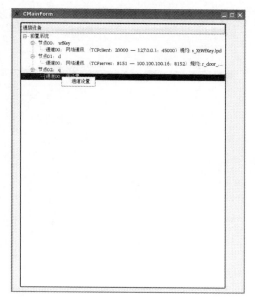
图 3-154　通道参数

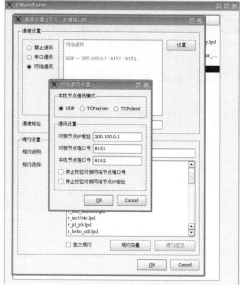
图 3-155　通道参数配置

其中，TCPserver 为接收装置（IP 设置为对侧节点 IP 地址）报文的模式，TCPclient 为发送到装置（IP 设置为对侧节点 IP 地址）报文模式，对侧节点 IP 地址填写主站连接服务器的装置的 IP，对侧和本侧节点端口号 2404，选择"停止校验对侧网络节点端口号"，点击"OK"。

2. 规约设置

对规约设置进行举例，选择一条 s_XtWfKey.lpd，点击规约容量，弹出如图 3-156 所示界面。

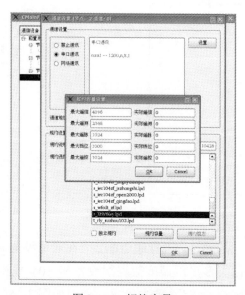
图 3-156　规约容量

添加实际遥信（规定小于最大遥信数）、实际遥测（规定小于最大遥测数）等，如图 3-157 所示。

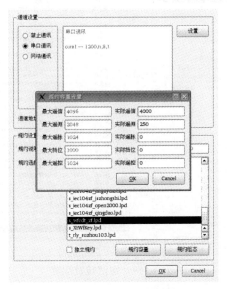

图 3-157　规约容量配置

点击"OK"，点击规约组态，出现如图 3-158 所示界面。即可在遥信、遥测等四遥中选择测点。以遥信为例，如果对遥信的测点名称全部进行导入（见图 3-159），点击确定即可。

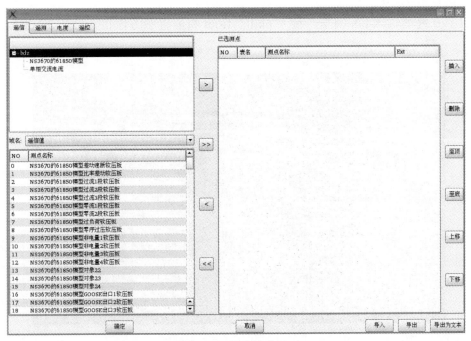

图 3-158　信息转发界面

图 3-159　遥信转发配置

相应的遥测、计度和遥控的配置方法相同，此处不再阐述。

3. 配置文件生效

以上配置步骤完成后，配置文件并没有生效。这时需要对前置服务进程 front 重新运行，操作方法为：

（1）在终端输入 bin 回车，输入 pkill　front 将前置服务停止（见图 3-160）。

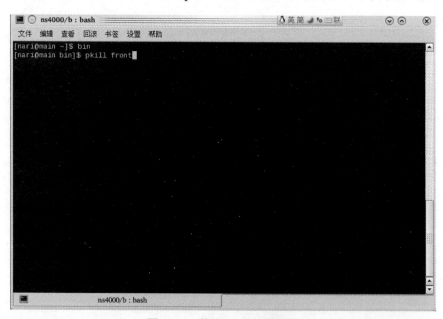

图 3-160　停止 front 前置服务

（2）然后在 bin 路径下输入 front，再次启动前置服务使远动配置生效（见图 3-161）。

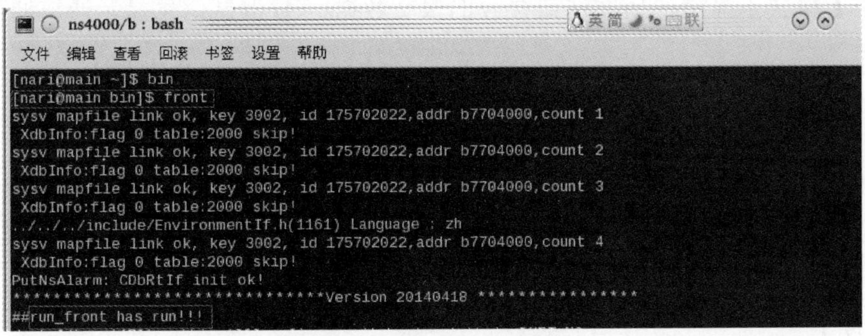

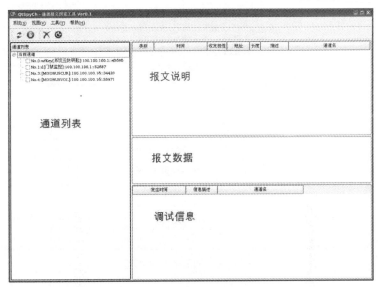

图 3-161　启动 front 前置服务

三、通道报文监视及模拟主站工具

1. 概述

本节是关于 ns3000s 信息一体化平台中通道报文浏览工具 qspych 和 SpyCH 的通道报文监视功能，其中 qspych 为图形化工具，SpyCh 为控制台工具。

2. 图形化工具

用工具 Xmanager 远程连接数据通信网关机，输入登录用户名（nari）和密码（nari），进入数据通信网关机的系统界面。打开控制台，切换到 ns4000/bin 目录下，输入./qspych，启动图形化通道报文浏览工具，界面如图 3-162 所示。

图 3-162　图形化工具界面

主窗口分区域显示：① 通道列表显示当前网内的所有通道；② 报文说明显示通道

列表中激活的通道所发送和接收的报文的说明；③ 报文数据显示选中的报文的数据，在【滚屏】模式下显示最新发送或接收的报文数据；④ 调试信息显示通道通信失败的相关信息。

（1）菜单。

【系统】

【刷新】刷新通道列表。

【停止】停止浏览所有通道。

【退出】退出通道报文浏览工具。

【视图】

【清除】清除报文说明、报文数据、调试信息数据。

【滚屏】报文说明和调试信息区域自动随报文发送和接收向下滚动，报文数据区域显示最近一条报文数据。

（2）工具栏。工具栏按钮按顺序为【刷新】【停止】【清除】【滚屏】。

（3）运行状态。运行状态如图3-163所示，双击通道列表中的通道可激活该通道的报文浏览，激活状态由该通道前的方框显示，空白表示该通道未激活，X表示已激活。

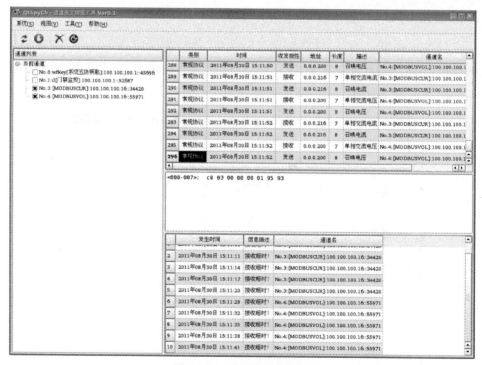

图 3-163　通道的报文浏览

3. 控制台工具

打开控制台，切换到 ns4000/bin 目录下，输入./SpyCh，启动图形化通道报文浏览工具，界面如图 3-164 所示。

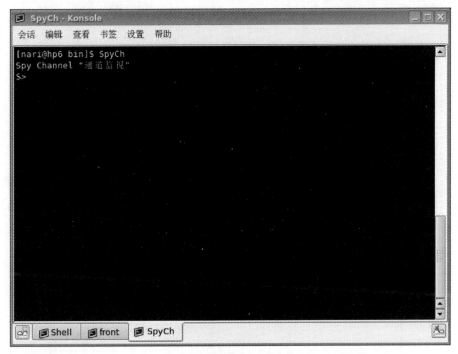

图 3-164　控制台工具启动

4. 模拟主站工具

在调试时可以使用模拟 104 主站软件，用于调试遥控、遥调设值等操作。该软件功能全面，可以很好地模拟主子站之间的联调过程及报文收发状况。

打开模拟主站工具，填写站地址，即组态配置中的通道地址，选择 TCP_CLIENT，规约选择主 104，IP 填写数据通信网关机与模拟主站通信的网卡 IP，端口 2404，填写完成后选择连接下面的启动，即可以启动 104 链路（见图 3-165）。点击查看一测值，可以依次查看遥信、遥测数据（见图 3-166）。

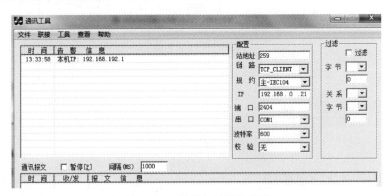

图 3-165　模拟主站软件配置

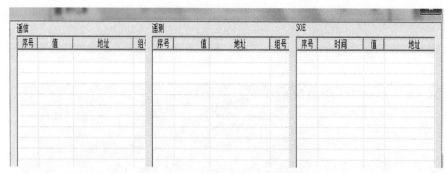

图 3-166　模拟主站遥测、遥信查看

点击文件—登录，输入密码（nari），再点击工具—调试，可以进行遥控功能测试。

输入遥控点号 6001H 开始，即第一个点为 24577，选择合闸或分闸，点击选择—执行进行遥控操作（见图 3-167 和图 3-168）。

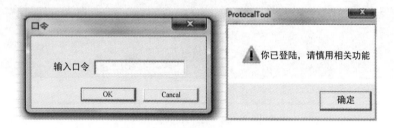

图 3-167　模拟主站遥控试验 1

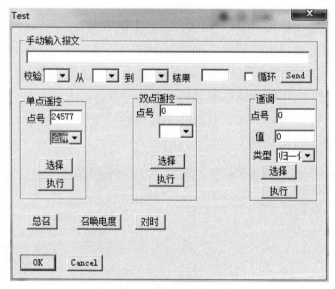

图 3-168　模拟主站遥控试验 2

四、维护要点及注意事项

NSS201A 数据通信网关机采用 Linux 操作系统，并且设计了与 NS3000S 监控软件一致的良好人机交互界面和功能。一方面统一的组态配置保证监控主机与数据通信网管机数据同步的便利，另一方面可以进入 NSS201A 的系统界面，进行图形化的调试工作。

NSS201A 数据通信网关机在维护中要特别注意以下重点环节：

（1）在变电站实际配置中，推荐使用监控主机配置远动组态，然后将 config 和 data 配置文件传输至数据通信网关机的方式来进行远动配置，这样可以保证监控系统与远动系统的数据一致性，更加便于维护。

（2）数据通信网关机的实例号要保证是 1～16 之间唯一的数字，否则实例号冲突会导致站控层通信异常。

（3）在前置配置 frcfg 配置完成后，配置并未生效，需要重启前置服务程序 front。

（4）104 规约文本中对信息转发序号做了规定，遥控点号是从 6001H 开始（十六进制），所以遥控试验中，在模拟主站软件中遥控点号填 24577（十进制），否者遥控试验会失败。

（5）数据通信网关机的数据备份只需将 NS4000 下的 config 和 data 文件夹备份即可。

第八节 工 程 实 践

由于实训室的设备是以单线路间隔方式组屏的，实操系统模拟典型 220kV 变电站，含一条 220kV 出线，调度命名 220kV 泰山变 2017 竞赛线，电流互感器变比：1000/5，测控装置 IP 地址为 100.100.100.25（单网配置），如图 3-169 所示。

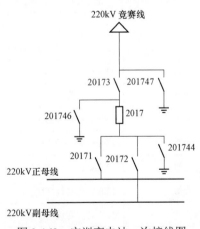

图 3-169　实训变电站一次接线图

表 3-11～表 3-15 为实操系统的二次系统参数，包括装置信息、远动信息、转发参数、虚端子和 VLAN 划分配置。

表 3-11 　　　　　　　　　　装　置　信　息　表

IED 名称	描述	控制块信息	MAC	APPID
CL2017	220kV 竞赛线 2017 测控	CL2017PIGO/LLN0GOgocb1 依次类推不冲突即可	01-0C-CD-01-00-01 …	1001
IL2017	220kV 竞赛线 2017 智能终端	IL2017RPIT/LLN0GOgocb1 依次类推不冲突即可 …	01-0C-CD-01-00-04 …	1004
ML2017	220kV 竞赛线 2017 合并单元	ML2017MUGO/LLN0GOgocb1 依次类推不冲突即可 ML2017MUSV/LLN0MSsmvcb0	01-0C-CD-01-00-08 … 01-0C-CD-04-00-01	1008 … 4001

表 3-12 　　　　　　　　　　远　动　参　数　表

主站 IP 地址	192.168.1.6
厂站 IP 地址	192.168.1.201
104 标准	国标 104
RTU 链路 地址	3
调度端遥信起始地址	01H（01）
调度端遥测起始地址	4001H（16385）
调度端遥控起始地址	6001H（24577）

表 3-13 　　　　　　　　　　转　发　参　数　表

220kV 泰山变遥测信息接入对应表		
信息体地址	报文 ASDU 类型	信息点描述
4001H	带品质描述的短浮点数	220kV 竞赛线 2017 有功功率 P
4002H	带品质描述的短浮点数	220kV 竞赛线 2017 无功功率 Q
4003H	带品质描述的短浮点数	220kV 竞赛线 $2017 I_a$
4004H	带品质描述的短浮点数	220kV 竞赛线 $2017 I_b$
4005H	带品质描述的短浮点数	220kV 竞赛线 $2017 I_c$
4006H	带品质描述的短浮点数	220kV 竞赛线 $2017 U_a$
4007H	带品质描述的短浮点数	220kV 竞赛线 $2017 U_b$
4008H	带品质描述的短浮点数	220kV 竞赛线 $2017 U_c$
4009H	带品质描述的短浮点数	220kV 竞赛线 2017 功率因数
信息体地址	遥信类型	信息点描述
01H	单点遥信	220kV 竞赛线 2017 开关

220kV 泰山变遥测信息接入对应表		
信息体地址	遥信类型	信息点描述
02H	单点遥信	220kV 竞赛线 20171（1G）正母刀闸
03H	单点遥信	220kV 竞赛线 20172（2G）副母刀闸
04H	单点遥信	220kV 竞赛线 20173（3G）线路刀闸
05H	单点遥信	220kV 竞赛线 201744（1GD）开关母线侧接地刀闸
06H	单点遥信	220kV 竞赛线 201746（2GD）开关线路侧接地刀闸
07H	单点遥信	220kV 竞赛线 201747（3GD）线路接地刀闸
220kV 泰山变遥控信息接入对应表		
信息体地址	遥控类型	信息点描述
6001H	普通遥控	220kV 竞赛线 2017 开关遥控
6002H	普通遥控	220kV 竞赛线 20171（1G）正母刀闸遥控
6003H	普通遥控	220kV 竞赛线 20172（2G）副母刀闸遥控
6004H	普通遥控	220kV 竞赛线 20173（3G）线路刀闸遥控

表 3-14 　　　　　　　虚 端 子 连 接 关 系 表

类型	发送端信号名称	方向	接收端信号名称
GOOSE 输入	IL2017：220kV 竞赛线 2017 开关	>>	CL2017：in_断路器位置
GOOSE 输入	IL2017：220kV 竞赛线 20171（1G）正母刀闸	>>	CL2017：in_刀闸 1 位置
GOOSE 输入	IL2017：220kV 竞赛线 20172（2G）副母刀闸	>>	CL2017：in_刀闸 2 位置
GOOSE 输入	IL2017：220kV 竞赛线 20173（3G）线路刀闸	>>	CL2017：in 刀闸 3 位置
GOOSE 输入	IL2017：220kV 竞赛线 201744（1GD）开关母线侧接地刀闸	>>	CL2017：in 刀闸 5 位置
GOOSE 输入	IL2017：220kV 竞赛线 201746（2GD）开关线路侧接地刀闸	>>	CL2017：in_刀闸 6 位置
GOOSE 输入	IL2017：220kV 竞赛线 201747（3GD）线路接地刀闸	>>	CL2017：in_刀闸 7 位置
GOOSE 输入	IL2017：220kV 竞赛线 2017 断路器 A 相	>>	CL2017：in_断路器 A 相位置
GOOSE 输入	IL2017：220kV 竞赛线 2017 断路器 B 相	>>	CL2017：in_断路器 B 相位置
GOOSE 输入	IL2017：220kV 竞赛线 2017 断路器 C 相	>>	CL2017：in_断路器 C 相位置
GOOSE 输入	IL2017：检修开入	>>	CL2017：过程层设备检修 1
GOOSE 输入	IL2017：事故总	>>	CL2017：GOOSE 遥信 9
GOOSE 输入	ML2017：装置检修		CL2017：过程层设备检修 2
SMV 　输入	ML2017：测量 1 电流 A 相	>>	CL2017：A 相电流

类型	发送端信号名称	方向	接收端信号名称
SMV 输入	ML2017：测量 1 电流 B 相	>>	CL2017：B 相电流
SMV 输入	ML2017：测量 1 电流 C 相	>>	CL2017：C 相电流
SMV 输入	ML2017：测量电压 A 相	>>	CL2017：A 相电压
SMV 输入	ML2017：测量电压 B 相	>>	CL2017：B 相电压
SMV 输入	ML2017：测量电压 C 相	>>	CL2017：C 相电压
SMV 输入	ML2017：同期电压	>>	CL2017：同期电压
GOOSE 输入	CL2017：220kV 竞赛线 2017 开关遥控合闸出口	>>	IL2017：断路器控合
GOOSE 输入	CL2017：220kV 竞赛线 2017 开关遥控分闸出口	>>	IL2017：断路器控分
GOOSE 输入	CL2017：220kV 竞赛线 20171（1G）正母刀闸遥控合闸出口	>>	IL2017：刀闸 1 控合
GOOSE 输入	CL2017：220kV 竞赛线 20171（1G）正母刀闸遥控分闸出口	>>	IL2017 刀闸 1 控分
GOOSE 输入	CL2017：220kV 竞赛线 20172（2G）副母刀闸遥控合闸出口	>>	IL2017：刀闸 2 控合
GOOSE 输入	CL2017：220kV 竞赛线 20172（2G）副母刀闸遥控分闸出口	>>	IL2017：刀闸 2 控分
GOOSE 输入	CL2017：220kV 竞赛线 20173（3G）线路刀闸遥控合闸出口	>>	IL2017：刀闸 3 控合
GOOSE 输入	CL2017：220kV 竞赛线 20173（3G）线路刀闸遥控分闸出口	>>	IL2017：刀闸 3 控分

表 3-15　　　　　　　　　　　**交换机 VLAN 信息表**

端口编号	功能描述	缺省 VLAN	VLAN	备注
端口 16	测控组网	1	1,2	交换机 WEB 界面登录配置：
端口 18	合并单元组网	2	2	接口：IP：10.144.64.106
端口 17	智能终端组网	1	1	账号密码：admin/admin

一、SCD 文件配置及导出

按照表 3-11 和表 3-14 来制作该工程项目的 SCD 文件并导出，导出的 SCD 文件用于后台数据库导入并解析。

具体操作步骤如下：

（1）打开组态工具 NARI Configuration Tool，选择新建工程，输入项目名称 220kV TSB（工程项目不能使用汉字，该处使用变电站名称泰山变首字母来表示），点击 "Next"（见图 3-170）。除了之前讲过的空项目创建 SCD 文件，还可以使用"通过 SCL 文件创建"方法，如图 3-171 所示，操作方法如下。

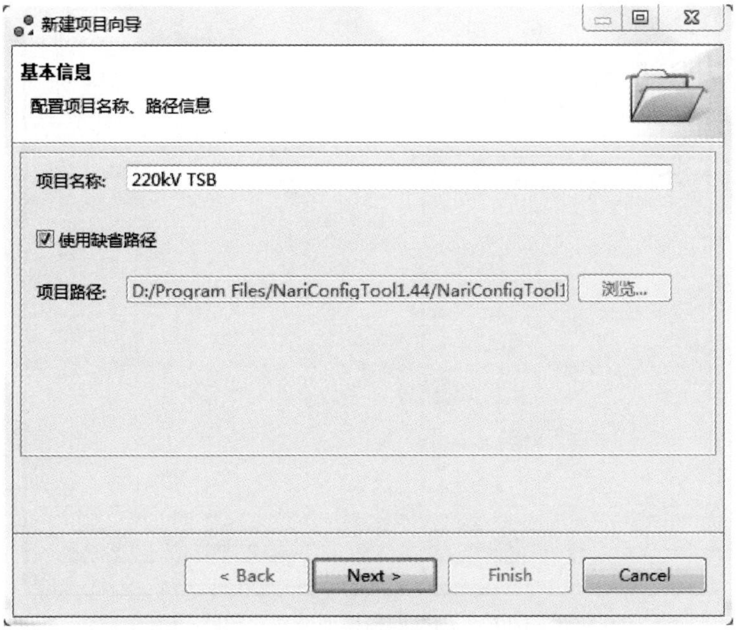

图 3-170　新建工程项目 220kV TSB

图 3-171　通过 SCL 文件创建

　　首先，点击"Next"选择浏览，选中测控装置模型（见图 3-172 和图 3-173），点击完成即成功导入测控模型。

　　导入后双击 IED 下的测控装置，在组态工具右下角修改测控 IED 名及线路名称（见图 3-174）。

　　注意：每次在新增及修改 SCD 文件要点击保存，同步，刷新。

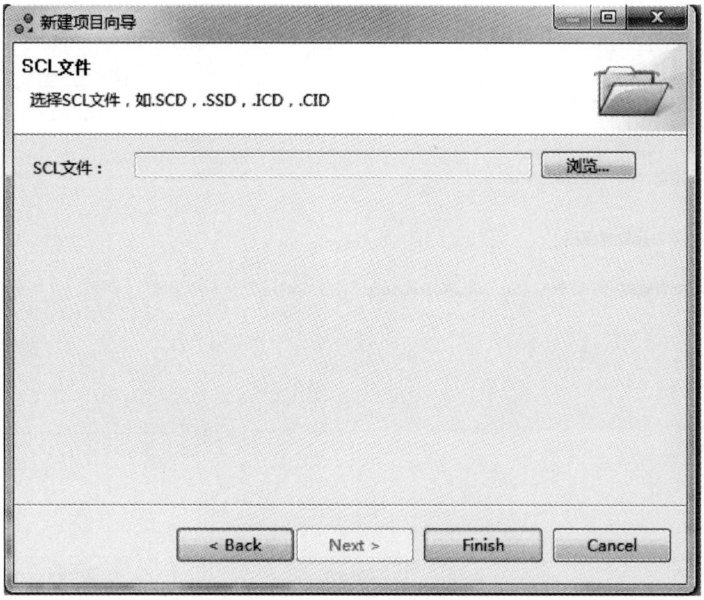

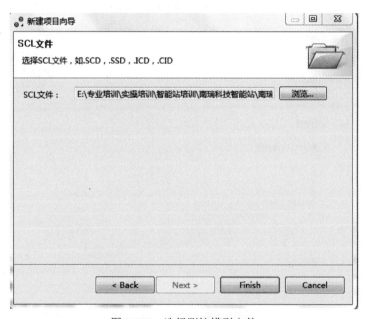

图 3-172　浏览测控模型文件存放路径

图 3-173　选择测控模型文件

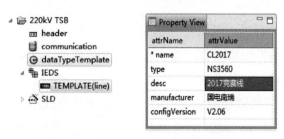

图 3-174　测控模型 IED 名及描述修改

（2）在工程名 220kV TSB 上点击右键选择导入 SCL 文件，选择导入合并单元模型，输入 IED 名称及前缀，选择导入（见图 3-175～图 3-178）。

图 3-175　导入合并单元模型

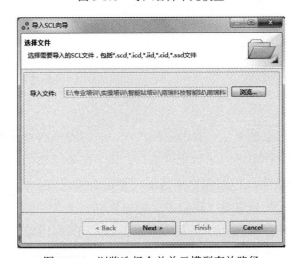

图 3-176　浏览选择合并单元模型存放路径

图 3-177　修改合并单元 IED 名称和模板前缀名称

注意：修改合并单元名称是防止不同厂家模型出现冲突，可以输入不重复的几个数字或字母即可，位数不宜太多。

子网配置默认不选，选择导入，智能终端相同方法导入，智能终端IED名为IL2017（见图3-178）。导入后修改相应的IED名及线路名称，同测控修改方法。

图3-178　模型导入完毕

（3）测控装置修改遥测死区，双击左侧测控，在右侧依次点开模型，在遥测上点右键选择测量参数配置，弹出遥测参数修改窗口，其中需要修改的为最大最小值，零死区和变化死区，最大最小为测控遥测合理范围，超出会置无效。

（4）导入合并单元配置文件，删除多余通道数据。在合并单元装置上点右键，选择导入SV配置文件，选择对应文件导入（见图3-179～图3-184）。

图3-179　双击测控模型

图 3-180　展开测控模型选择 S1 访问点下的 MEAS

ID	LDevice	LN	DOI	FC	desc	SIUnit	multiplier	max	min	db	zeroDb	scaleFactor	offset
0	MEAS	LinMMXU1	TotW	CF	遥测线路测量总有功功率P	W	m	0.549	-0.549	5	5	0	0
1	MEAS	LinMMXU1	TotVAr	CF	遥测线路测量总无功功率Q	VAr	m	0.549	-0.549	5	5	0	0
2	MEAS	LinMMXU1	TotPF	CF	遥测线路测量平均功率因数PF	phi		1.2	-1.2	10	10	0	0
3	MEAS	LinMMXU1	Hz	CF	遥测频率	Hz	M	52	48	10	10	0	0
4	MEAS	LinMMXU1	PPV.phsAB	CF	遥测线路测量线电压线路1_AB线电压	V	k	264	0	5	5	0	0
5	MEAS	LinMMXU1	PPV.phsBC	CF	遥测线路测量线电压线路1_BC线电压	V	k	264	0	5	5	0	0
6	MEAS	LinMMXU1	PPV.phsCA	CF	遥测线路测量线电压线路1_CA线电压	V	k	264	0	5	5	0	0
7	MEAS	LinMMXU1	PhV.phsA	CF	遥测线路测量相电压线路1A相电压	V	k	152.42	0	5	5	0	0
8	MEAS	LinMMXU1	PhV.phsB	CF	遥测线路测量相电压线路1B相电压	V	k	152.42	0	5	5	0	0
9	MEAS	LinMMXU1	PhV.phsC	CF	遥测线路测量相电压线路1C相电压	V	k	152.42	0	5	5	0	0
10	MEAS	LinMMXU1	PhV.neut	CF	遥测线路测量相电压线路1零序电压	V	k	345	0	5	5	0	0
11	MEAS	LinMMXU1	PhV.net	CF	遥测线路测量相电压								
12	MEAS	LinMMXU1	PhV.res	CF	遥测线路测量相电压								
13	MEAS	LinMMXU1	A.phsA	CF	遥测线路测量相电流线路1A相电流	A	k	1200	0	5	5	0	0
14	MEAS	LinMMXU1	A.phsB	CF	遥测线路测量相电流线路1B相电流	A	k	1200	0	5	5	0	0
15	MEAS	LinMMXU1	A.phsC	CF	遥测线路测量相电流线路1C相电流	A	k	1200	0	5	5	0	0
16	MEAS	LinMMXU1	A.neut	CF	遥测线路测量相电流线路1零序电流	A	k	1200	0	5	5	0	0
17	MEAS	LinMMXU1	A.net	CF	遥测线路测量相电流								
18	MEAS	LinMMXU1	A.res	CF	遥测线路测量相电流								
19	MEAS	LinMMXU1	W.phsA	CF	遥测线路测量分相有功功率PA相有功功率P	W	m	1385	-1385	5	5	0	0
20	MEAS	LinMMXU1	W.phsB	CF	遥测线路测量分相有功功率PB相有功功率P	W	m	1385	-1385	5	5	0	0
21	MEAS	LinMMXU1	W.phsC	CF	遥测线路测量分相有功功率PC相有功功率P	W	m	1385	-1385	5	5	0	0
22	MEAS	LinMMXU1	VAr.phsA	CF	遥测线路测量分相无功功率QA相无功功率Q	VAr	m	1385	-1385	5	5	0	0

图 3-181　修改测控模型的遥测参数

图 3-182　选择合并单元模型

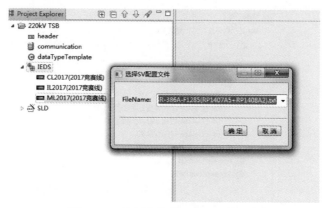

图 3-183　选择合并单元 SV 配置文本

图 3-184　合并单元 SV 配置文本导入成功

在组态工具右侧将模型点开，首先右键点击删除图中的 SMVCB2 控制块。

右键点击 9-2 发送数据集，选择编辑，在弹出的画面中删除多余数据，保留剩余通道在 30 个以内（见图 3-185～图 3-187）。

图 3-185　合并单元删除 SMVCB2 控制块

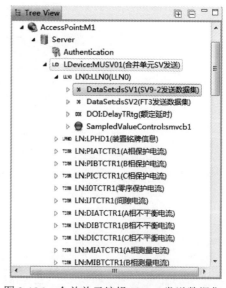

图 3-186　合并单元编辑 SV9-2 发送数据集

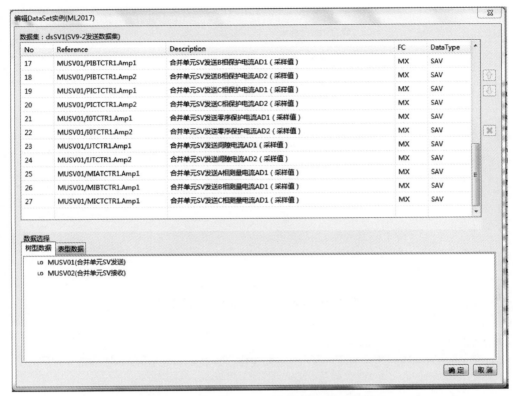

图 3-187　合并单元 SV9-2 发送数据集通道编辑

（5）修改 IP，MAC 等网络配置信息。双击组态工具左侧"communication"，在右侧将网络分类 MMS、GOOSE、SV 并规整（见图 3-188～图 3-193）。

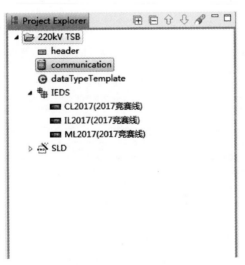

图 3-188　Communication 配置

在菜单栏"视图"中点击"通讯参数配置"，按照表 3-11 装置信息表分别配置 IP 和 GOOSE，SV 的 MAC 地址，配置结果如下：

图 3-189　Communication 网络分类整理

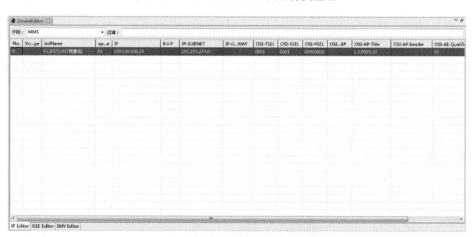

图 3-190　IP 地址分配

No.	Voltage	iedName	apName	ldInst	cbName	MAC-Address	APPID	VLAN-PRIORITY	VLAN-ID	MinTime	MaxTime
0		CL2017(2017竞赛线)	G1	PIGO	gocb1	01-0C-CD-01-00-01	1001	4	000	2	5000
1		CL2017(2017竞赛线)	G1	PIGO	gocb2	01-0C-CD-01-00-02	1002	4	000	2	5000
2		CL2017(2017竞赛线)	G1	PIGO	gocb3	01-0C-CD-01-00-03	1003	4	000	2	5000
3		ML2017(2017竞赛线)	G1	MUGO	gocb1	01-0C-CD-01-00-08	1008	4	000	2	5000
4		ML2017(2017竞赛线)	G1	MUGO	gocb2	01-0C-CD-01-00-09	1009	4	000	2	5000
5		ML2017(2017竞赛线)	G1	MUGO	gocb3	01-0C-CD-01-00-0A	100A	4	000	2	5000
6		IL2017(2017竞赛线)	G1	RPIT	gocb1	01-0C-CD-01-00-04	1004	4	000	2	5000
7		IL2017(2017竞赛线)	G1	RPIT	gocb2	01-0C-CD-01-00-05	1005	4	000	2	5000
8		IL2017(2017竞赛线)	G1	RPIT	gocb3	01-0C-CD-01-00-06	1006	4	000	2	5000
9		IL2017(2017竞赛线)	G1	RPIT	gocb4	01-0C-CD-01-00-07	1007	4	000	2	5000

图 3-191　过程层 GOOSE 地址分配

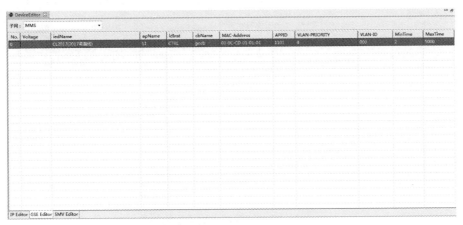

图 3-192 站控层 GOOSE 地址分配

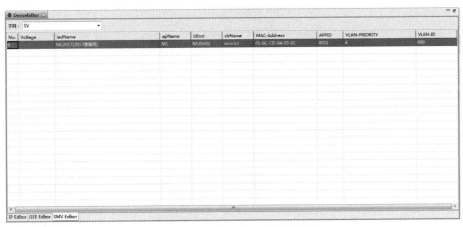

图 3-193 过程层 SV 地址分配

（6）虚端子连接。点击视图下的 inputs 编辑，在弹出的对话框中连接虚端子（见图 3-194～图 3-196）。上半部为接受端，下半部为发送端，依次选择上下两个虚端子，点击右上角建立映射即可。

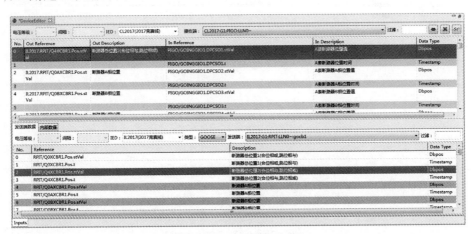

图 3-194 遥信虚端子连接

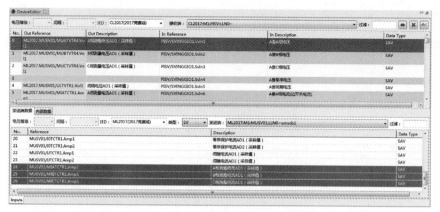

图 3-195　遥测虚端子连接

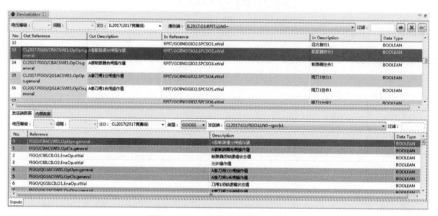

图 3-196　遥控虚端子连接

（7）配置端口等信息。点击工具下的编辑 GOOSE 附属信息。依次点击每个装置即可配置发送及接收端口，其中发送默认配置全发送，接收按需配置（见图 3-197）。

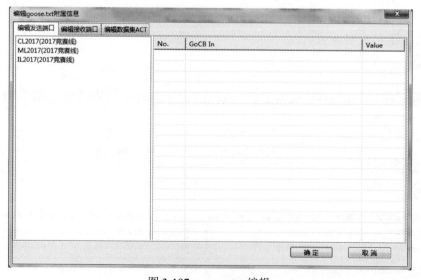

图 3-197　goose.txt 编辑

图 3-198 为测控装置 GOOSE 配置 3 号板全发，3 号板第一口接收。

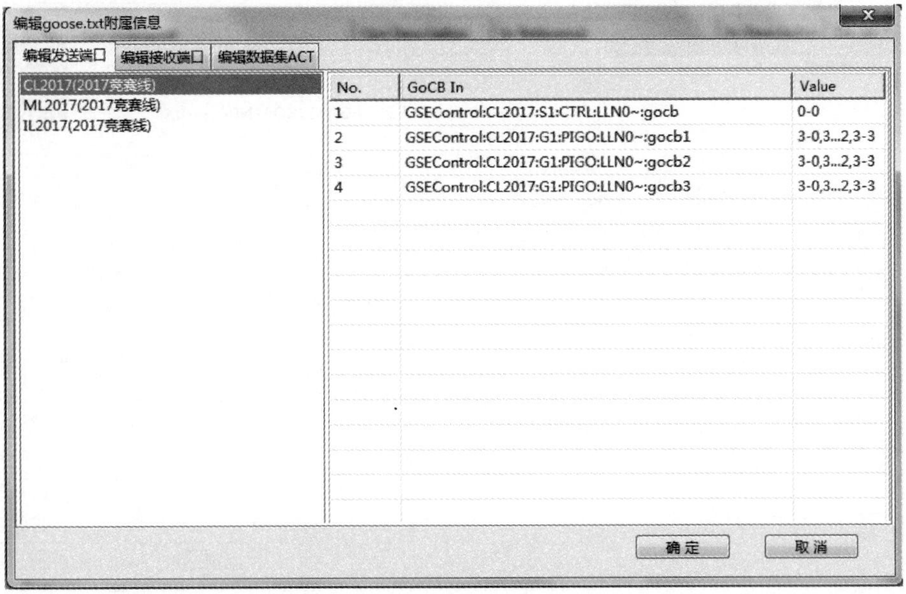

图 3-198　测控 GOOSE 发送光口全发送

注意：由于站控层 GOOSE 没有虚端子连接，S1 节点不需要配置光口发送（见图 3-199）。

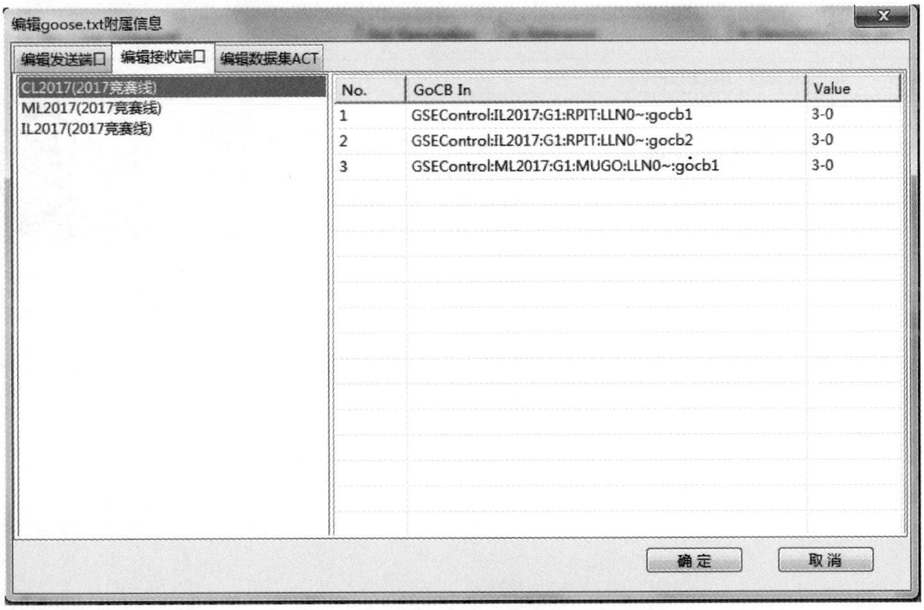

图 3-199　测控 GOOSE 接收光口配置

合并单元 GOOSE 配置 1 号板全发送，未接收 GOOSE，不需要配置，配置如图 3-200 所示。

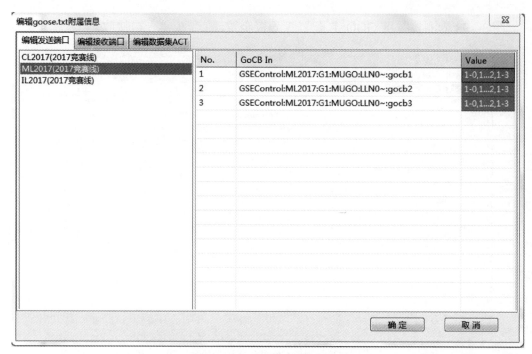

图 3-200　合并单元 GOOSE 发送光口配置

　　智能终端 GOOSE 配置 3 号板全发送，3 号板第一口接收。配置如图 3-201 和图 3-202 所示。

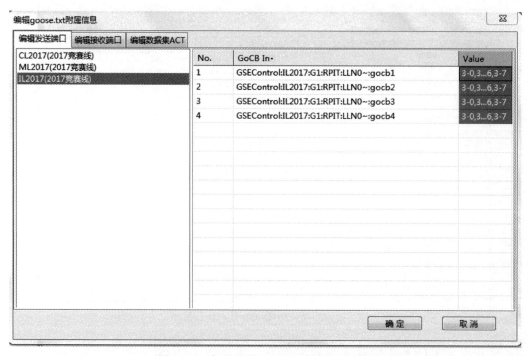

图 3-201　智能终端 GOOSE 发送光口配置

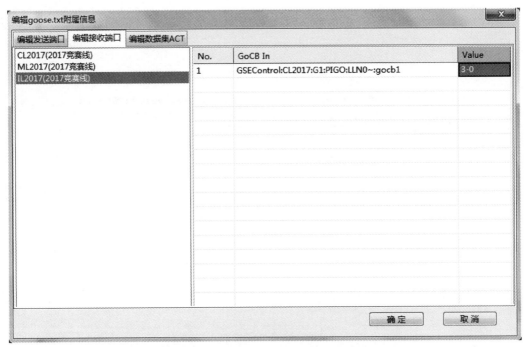

图 3-202 智能终端 GOOSE 接收光口配置

点击工具下的编辑 SV 附属信息，配置 SV 参数及端口。

如图 3-203 所示，在工程配置中，测控选择 1215 板，保护使用，中断数为 7。

No.	板卡类型	使用类型	延时中断数	光口MAC地址0	光口MAC
1	1215	保护使用	7	00-00-00-00-00-00	00-00-00-

图 3-203 测控装置工程配置信息

合并单元导入 SV 配置文本后，其工程配置信息已导入（见图 3-204），不需要修改。

图 3-204　合并单元工程配置信息

如图 3-205 所示，在 SV 输出中，合并单元选择 1285 板，6-0 发送代表所有端口 9-2 全发，组网选择点对点。

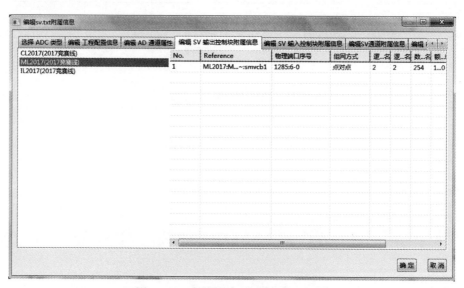

图 3-205　合并单元 SV 输出光口配置

在 SV 输入配置中，测控选择 1215 板，3 号板第一口接收，组网方式选择为组网（见图 3-206）。

图 3-206 测控装置 SV 输入光口配置

在 AD 通道属性中（见图 3-207），不做修改，但是如果不慎修改，会影响合并单元上送报文中的遥测顺序。通道属性与装置参数中变比相关，不做修改。

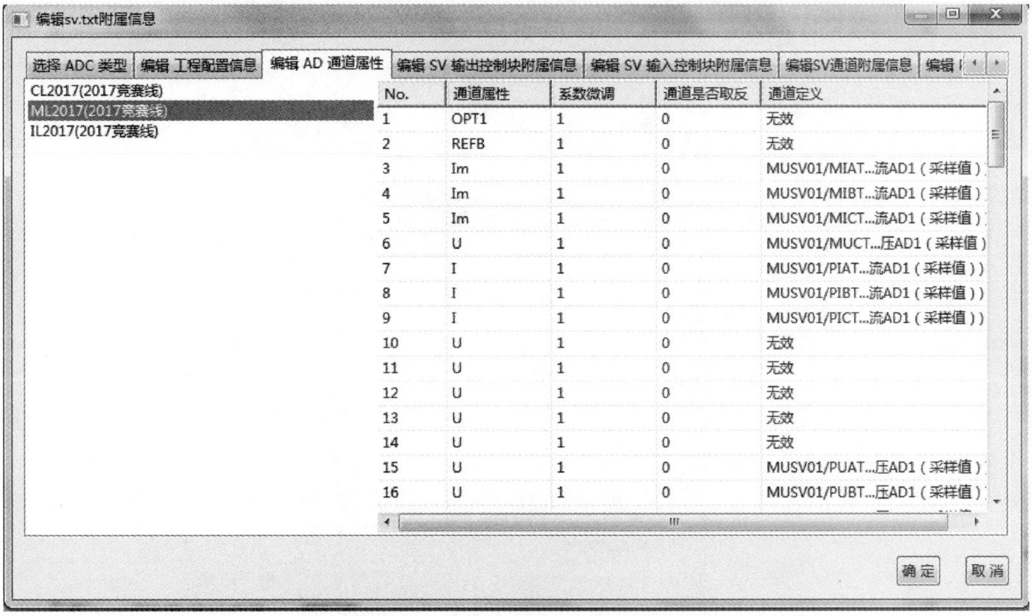

图 3-207 合并单元 AD 通道属性

（8）导出 SCD 及装置配置文件。右键点击 IEDS，选择导出 SCL 文件，导出 SCD 文件，删除空端子，全选 IED，只输出有效模版，确定导出全站 SCD 文件（见图 3-208～图 3-210）。

图 3-208　导出 SCD 文件

图 3-209　导出确认

图 3-210　导出内容选择

　　右键点击 IEDS，选择导出 arp 装置文件，勾选"全选"，点击"选择"，即导出所有装置配置文件（见图 3-211）。

导出的 SCD 及装置配置文件全部在工程目录下的 Export File 文件夹中。

二、装置配置文件下装

选择 debug，在上面点击 connect，填入装置调试 IP，其中测控出厂默认调试 IP 为 198.120.0.103，合并单元 198.120.0.111，智能终端 198.120.0.85 点击 OK 连接。点击向下的箭头 download，选择对应的装置文件下装，其中测控需要下装 cid、GOOSE、SV，智能终端和合并单元不需要下装 cid。

点击 brower 选择测控 cid 文件，输入板卡号 1，点击 add，依次加入 GOOSE 和 SV 文件，板卡号 3，点击 down，然后在装置模拟液晶上点击确定开始下装，下装完成后装置重启生效（见图 3-212～图 3-214）。

图 3-211　导出装置配置文件

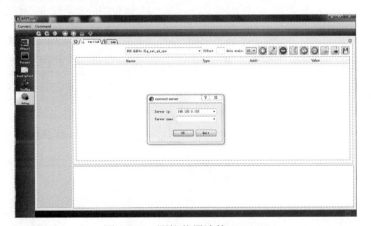

图 3-212　测控装置连接 Connect

图 3-213　测控装置配置文件添加及下装

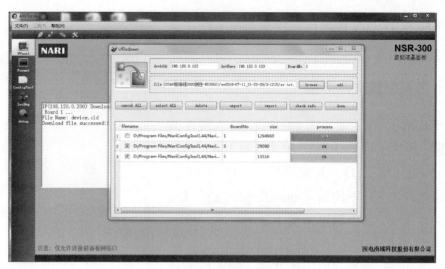

图 3-214 测控装置配置文件下装监视

智能终端和合并单元下装同测控，只是智能终端和合并单元没有液晶，需要用 ARPtool 连接虚拟液晶来点击确定下装。

点击左侧的 Vpanel 即进入虚拟液晶，点击连接即可。连接后如图 3-215 所示。

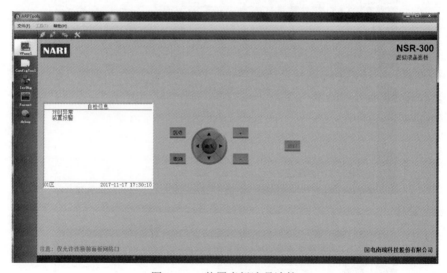

图 3-215 装置虚拟液晶连接

三、后台监控 SCD 文件导入及后台编辑

1. SCD 导入配置

系统组态工具可自动实现 IEC 61850 四遥数据及保护定值的模型解析与数据库生成导入。将 SCD 文件通过 U 盘从调试主机或调试笔记本直接拷贝到 ns4000/config 目录下，或者通过 FTP 工具直接拷贝到 ns4000/config 目录下（见图 3-216～图 3-218）。

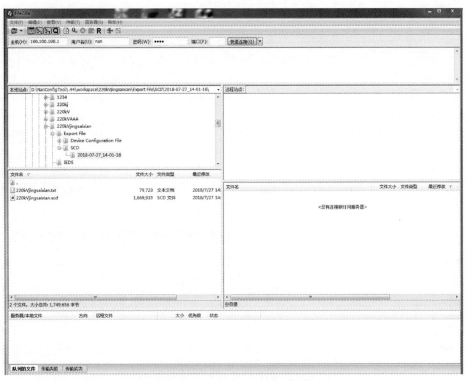

图 3-216　FTP 工具界面

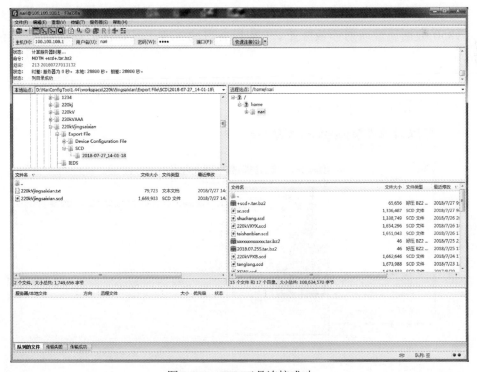

图 3-217　FTP 工具连接成功

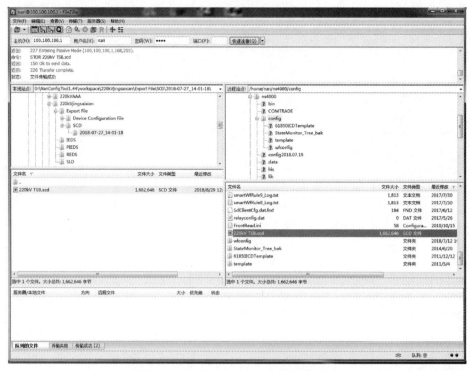

图 3-218　FTP 工具 SCD 文件传输成功

进入"系统组态",点击→菜单栏"工具",进行导库操作,分为 SCL 解析 scd→dat、61850 数据属性映射模板配置、LN 设备自动生成工具、保护规约导入与导出共四步完成。

需要注意的是第一步 SCL 解析,对于测控需要入库的数据集,要选择普通,才可以正常导入数据库(见图 3-219)。

图 3-219　SCD 导入界面

2. 接线图绘制

在控制台上启动，或在终端中键入"～/ns4000/bin/graphide 1"启动。

图形平面：一幅图可以由多个平面组成，多个平面可叠加在一起显示。

图形层次：层次设定不同的显示比例，选择不同层次可选择不同视觉比例。

图形编辑软件提供丰富的绘图工具，可绘制自定义动态图元（见图 3-220）。

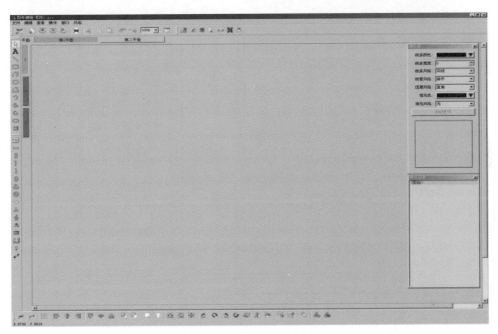

图 3-220　图形绘制界面

绘制的竞赛线 2017 间隔分图如图 3-221 所示。

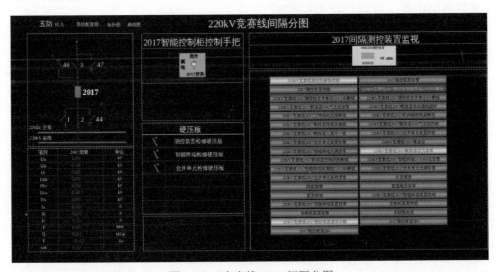

图 3-221　竞赛线 2017 间隔分图

3. 数据库连接

在图形编辑时，双击图元，选择数据库联接（见图 3-222）。最后打开前景数据选择—选标准对话框。可以在标准选择框中选择表、域和记录，某些情况下还会有过滤选项（见图 3-223）。

图 3-222　数据库连接界面

图 3-223　数据库数据筛选界面

如果在标准框中难以寻找对应的值。也可以在系统组态中，使用拖拽工具。点击拖拽工具后。可以直接将系统组态中某个值（如遥信值或者遥测值）左键单击按住，拖动到标准数据框中再放开鼠标即可。

如果是遥信、遥测值，也可以直接将其拖拽到变位图元和动态数据图元上，无需双击图元打开联接框。

如图 3-224 所示，拖拽工具为工具栏右边第三个图标。

图 3-224　数据库拖拽工具图标

4. 遥控功能配置

仔细观察可以发现，NS3000S 组态界面中，量测表中只有遥信表、遥测表，没有遥控表。遥控功能的设置要稍显复杂。

对于具备遥控技术条件的开关和刀闸，需要在一次设备类中的开关表和刀闸表中

填写相应的控制 REF，其中 REF 可以复制遥信表中相应的开关刀闸位置接线端子信息
（见图 3-225 和图 3-226）。

图 3-225　遥信表中接线端子信息

图 3-226　开关表中控制 REF

四、远动配置

在终端输入 bin 回车，输入 frcfg 打开前置配置工具，在前置系统中增加一个通
信节点，输入节点名称 yd1，在节点 00 中输入名称 104，通道数 1，点击确定（见
图 3-227～图 3-229）。

图 3-227　启动前置配置工具 frcfg

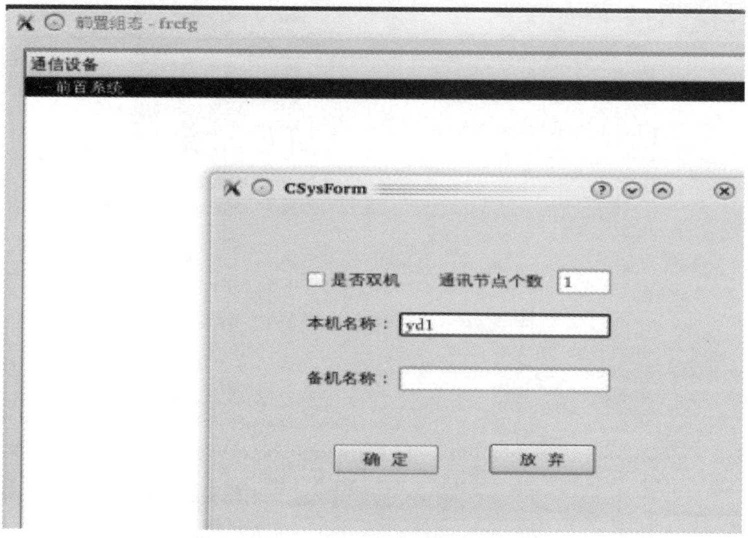

图 3-228　frcfg 增加通信节点

图 3-229　frcfg 配置通信节点参数

　　在图 3-230 frcfg 前置组态中，通信方式选择"网络通讯"，通信规约选择标准 104 规约，通道地址填由主站分配的变电站地址，对应于 104 规约中的公共地址，按照表 3-12 远动参数表要求，填 3。点击"设置"，进入"网络通讯设置"（见图 3-231）。

　　由于站端数据通信网关机与主站前置服务器采用服务器/客户端模式，"本机节点通讯模式"选择"TCPserver"，对侧节点 IP 地址为主站前置服务器 IP，端口号 2404，选择"停止校验对侧网络节点端口号"，点击"OK"。

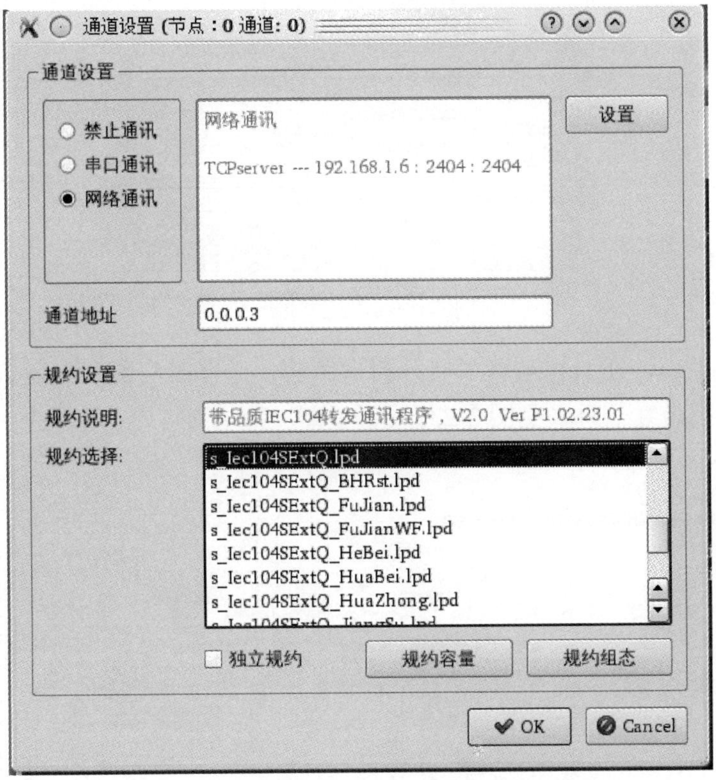

图 3-230　frcfg 前置组态配置

图 3-231　网络通信设置

点击规约容量，按照变电站实际情况填写遥信、遥测、遥控个数，规约容量可以略大于当前转发信息表的转发个数（见图 3-232）。

图 3-232　规约容量配置

点击规约组态，在工程项目下展开树形结构，选择对应的间隔装置，依次制作遥信、遥测及遥控转发信息（见图 3-233）。

图 3-233　规约组态配置

远动组态配置完成后，在终端输入 bin 回车，输入 pkill　front，将前置服务停止，然后再输入 front，启动前置服务使远动配置生效（见图 3-234 和图 3-235）。

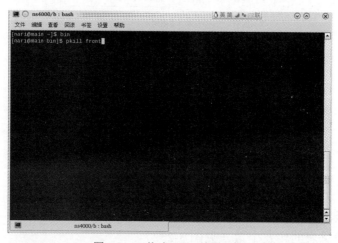

图 3-234　停止 front 前置服务

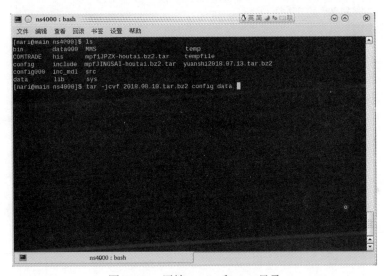

图 3-235 启动 front 前置服务

然后在 ns4000 下，将 config 和 data 文件夹压缩，输入命令 tar -jcvf 2018.08.10. tar.bz2 config data（见图 3-236），其中 .tar.bz2 是压缩文件格式，2018.08.10 是压缩文件名。

图 3-236 压缩 config 和 data 目录

通过命令：

scp 2018.08.10.tar.bz2 100.100.100.21：/home/nari/ns4000

将 2018.08.10.tar.bz2 传输至地址为 100.100.100.21 的数据通信网关机，存放路径是 /home/nari/ns4000。将该压缩文件解压后，远动配置就在数据通信网关机生效了，解压的命令是：

tar -jxvf 2018.08.10.tar.bz2

五、主厂站联调

打开模拟主站工具，填写站地址，选择 TCP_CLIENT，规约选择主 104，IP 填写数据通信网关机与模拟主站通信的网卡 IP，端口 2404，填写完成后选择菜单栏"联接"下面的启动，即可以启动 104 链路（见图 3-237）。

图 3-237　模拟主站软件配置

点击查看—测值，可以依次查看遥信遥测数据（见图 3-238）。

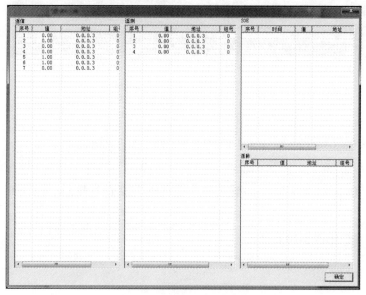

图 3-238　模拟主站测值查看

点击文件—登录，输入密码（nari），再点击工具—调试，可以进行遥控功能测试（见图 3-239 和图 3-240）。

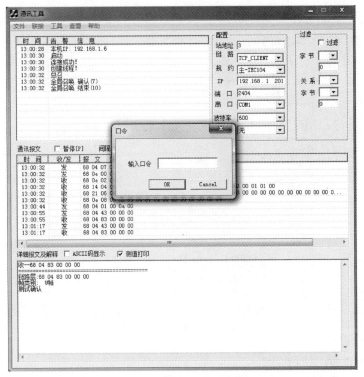

图 3-239 模拟主站遥控登录界面

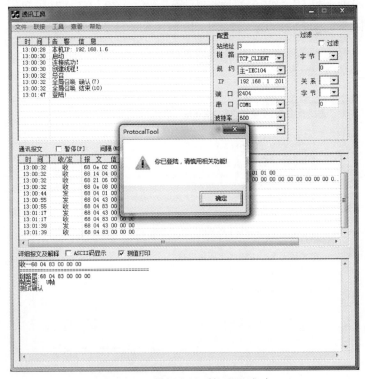

图 3-240 模拟主站遥控登录成功

输入遥控点号 6001H 开始，即第一个点为 24577，选择合闸或分闸，点击选择—执行进行遥控操作（见图 3-241）。

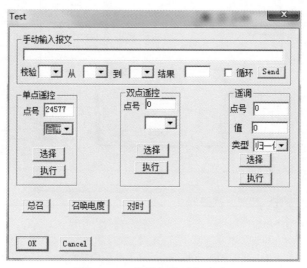

图 3-241　模拟主站遥控试验

六、交换机 VLAN 配置

（1）设置调试主机 IP 与交换机统一网段（见图 3-242），打开浏览器数据交换机 IP 地址后，点击回车，用户名和密码均为 admin（见图 3-243），确定登录。

图 3-242　调试电脑 IP 设置

图 3-243　交换机 Web 登录界面

（2）登录后点击右上角选择中文版（见图 3-244），点击左侧 VLAN 管理，进行 VLAN 配置（见图 3-245）。

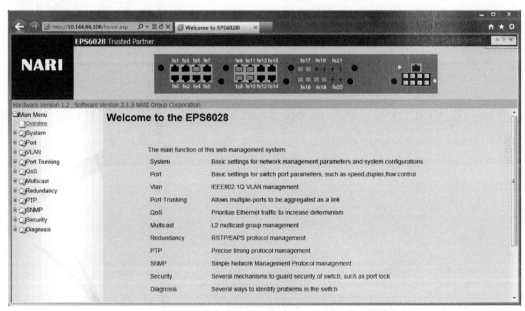

图 3-244　交换机管理主页面

图 3-245　交换机 VLAN 配置树形菜单

（3）点击 VLAN 显示，可以查看当前交换机 VLAN 划分情况（见图 3-246）。

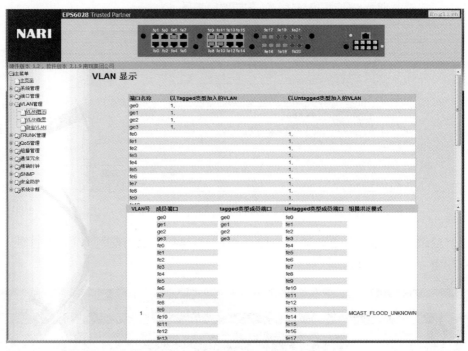

图 3-246　交换机当前 VLAN 配置显示

（4）点击 VLAN 配置，输入 VLAN 号，点击"查看"，可以查看和修改 VLAN 信息，也可以删除该 VLAN，VLAN1 不可删除。端口选择"不属于"，则该端口不属于该 VLAN，untagged 属于该 VLAN，用户连接装置，tagged 属于该 VLAN，用于交换机级联（见图 3-247）。

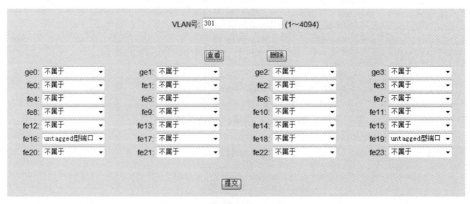

图 3-247　交换机 VLAN1 配置显示

按照表 3-15 交换机 VLAN 信息表配置要求，新建 VLAN2，将 16 口和 18 口选择 untagged 模式，然后点击提交（见图 3-248 和图 3-249）。

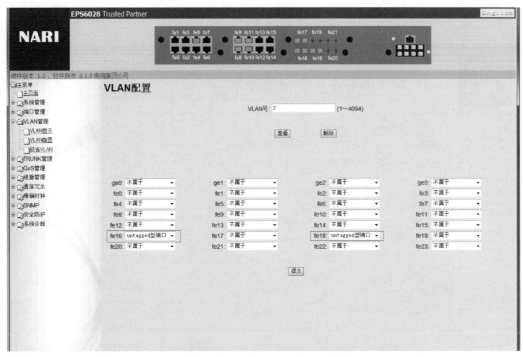

图 3-248　交换机 VLAN2 创建

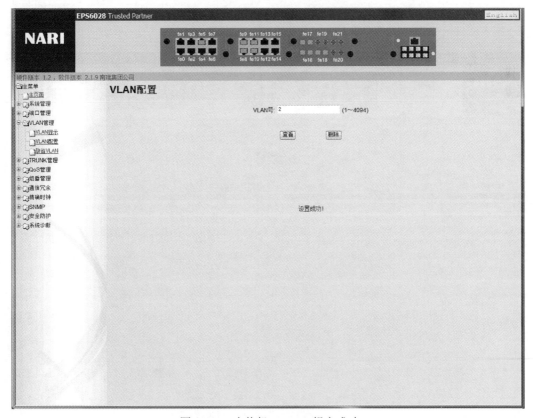

图 3-249　交换机 VLAN2 提交成功

由于按照 VLAN 配置要求，将 18 口从 VLAN1 中排除（见图 3-250 和图 3-251）。

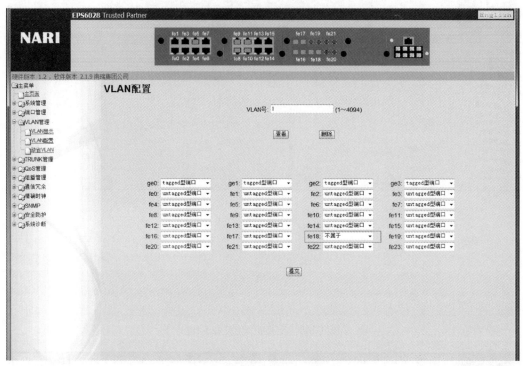

图 3-250　交换机 VLAN1 排除 18 口

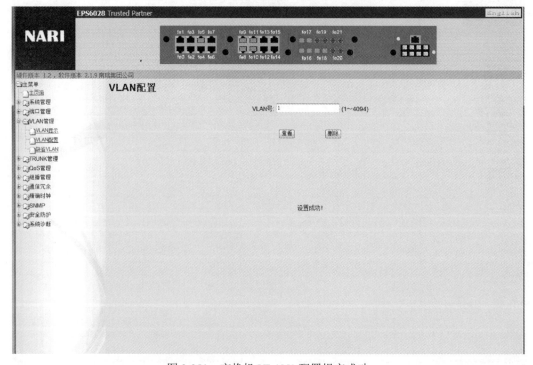

图 3-251　交换机 VLAN1 配置提交成功

（5）点击缺省 VLAN，可以配置各个端口缺省 VLAN。在缺省 VLAN 配置页面中，为端口指定的 PVID 必须是一个已存在的 VLAN，否则操作会不成功（见图 3-252）。按照 VLAN 配置要求，将 18 口的 PVID 设置为 2（见图 3-253）。然后点击"提交"。

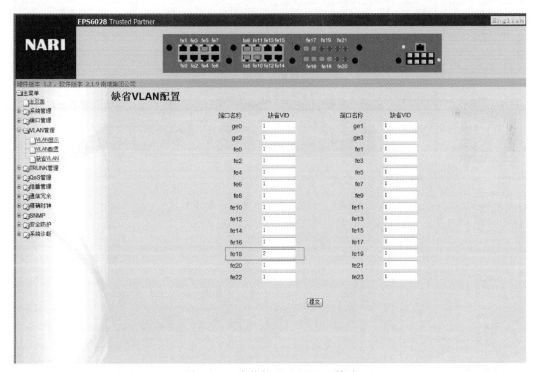

图 3-252　交换机缺省 VLAN 显示

图 3-253　交换机 18 口 PVID 修改

（6）保存配置和重启生效。上述操作完成后，在系统管理—保存配置中，选择保存（见图 3-254）。

保存成功后，在系统管理—重启配置菜单中，点击"重启"，交换机即重启，配置生效（见图 3-255）。

图 3-254　交换机配置更改后保存配置

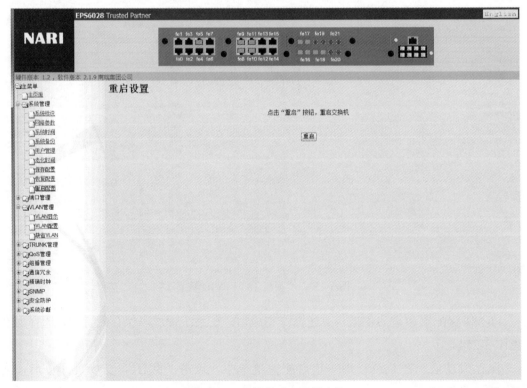

图 3-255　交换机重启配置生效

第九节 常见故障排查思路及处理方法

由于通信规约、网络结构层次等的诸多改变，智能变电站的维护和故障处理方法发生了较大改变，亟待现场技术人员改变作业方法和故障排查思路。

（1）作业工具从使用万用表、钳形电流表测量电缆二次回路和模拟信号扩展到使用红光笔、光功率计及数字信号测试仪检测分析光纤回路和数字信号。

（2）过程层设备的引入增加了站内监控系统通信网络故障的节点，而智能终端、合并单元等设备没有液晶显示，需要借助特定的工具来整定设备参数、读取装置报告，并分析当前设备状态。

（3）突出网络报文记录分析装置、Wireshark 等报文抓取分析软件的使用，掌握 SV、GOOSE、MMS 报文结构及通信类故障处理中的应用。

这里列举了一些智能变电站的常见故障和排查处理方法，以期对读者在实训练习和现场维护中有所帮助。

一、监控主机类

监控主机类故障主要涉及以下两类：

（1）监控主机与测控装置等间隔层装置的通信类故障。

（2）监控主机的遥信、遥测与设备实际不符，遥控不成功等故障。

相应的排查思路和处理方法：

（1）首先在监控主机处采用 ping 的方式测试物理连接，如果 ping 不通，需要检查后台监控机物理网卡是否激活、监控主机和测控装置连接的网线连接是否良好、交换机的端口运行是否正常；如果 ping 操作成功、网络延时正常且无数据丢包，需要检查测控装置 IEDNAME 及 IP 地址与监控主机数据库配置是否一致，监控主机数据库中 sys_setting 配置文件中主机名（例如 main_1）、IP 地址、报告实例号（1-16）等参数配置是否正确。

（2）监控主机的遥信、遥测与设备实际不符，需要检查画面与数据库的关联是否正确（包含关联对象和关联属性），监控主机数据库中遥测参数等设置是否正确，是否对遥测、遥信采取了封锁、置数等措施；遥控不成功，需要检查开关刀闸表中控制 Ref 填写是否有误、设备关联是否正确、是否在设备关联时没有勾选"允许所有操作"、遥控方式选择错误（例如开关刀闸类控制选择了直控模式）。

二、测控装置类

测控装置类故障主要涉及以下几类：

（1）测控装置的 cid 模型文件、goose.txt、sv.txt 等配置文件不正确，导致装置配置下装后装置死机或通信故障。

（2）测控装置 IP 设置有问题，导致与监控主机通信故障。

（3）测控装置中 TA、TV 参数设置错误，导致与设备实际不符。

（4）测控装置同期参数设置错误，导致同期试验结果不合格。

相应的排查思路和处理方法：

（1）打开 NariConfigTool 系统组态工具，仔细检查测控装置 IEDNAME、IP 地址、MAC 地址配置、虚端子连接、goose.txt、sv.txt 等配置文件，务必与设计资料一致，同时注意光口配置要与实际装置尾纤的连接方式保持一致。

（2）修改装置 IP 地址，保证其与监控主机数据库配置一致。

（3）按照设备实际接线修改 TA、TV 参数，保证装置液晶显示测量值与现场设备一致。

（4）按照定值要求修改测控装置的同期参数，注意按照同期侧抽取电压的不同决定是否启用时钟补偿。

三、智能终端类

智能终端类故障主要涉及以下几类：

（1）智能终端的 goose.txt 配置文件不正确，导致装置配置下装后装置死机或通信故障。

（2）智能终端的涉及的遥信、遥控二次回路存在故障。

相应的排查思路和处理方法：

（1）打开 NariConfigTool 系统组态工具，仔细检查智能终端的 MAC 地址配置、虚端子连接、goose.txt 等配置文件，务必与设计资料一致，同时注意光口配置要与实际装置尾纤的连接方式保持一致。

（2）按照厂家图纸，检查遥信、遥控二次回路，排除相应故障。

四、合并单元类

合并单元类故障主要涉及以下几类：

（1）合并单元的 goose.txt、sv.txt 配置文件不正确，导致装置配置下装后装置死机或通信故障。

（2）合并单元的通道配置与外侧模拟量接入不对应。

（3）合并单元中 TA、TV 参数不正确，导致上传至测控装置的遥测不正确。

（4）合并单元装置参数"主 CPU 板 SMV 报文源 MAC 使能"设置错误，导致合并单元采集不正确。

（5）合并单元的涉及的遥测二次回路存在故障。

相应的排查思路和处理方法：

（1）打开 NariConfigTool 系统组态工具，仔细检查合并单元的 MAC 地址配置、虚端子连接、goose.txt、sv.txt 等配置文件，务必与设计资料一致，同时注意光口配置要与实际装置尾纤的连接方式保持一致。

（2）打开 NariConfigTool 系统组态工具，"编辑 sv.txt 附属信息"合并单元通道附属信息修改。

（3）按照设备实际接线修改 TA、TV 参数，使上传至测控装置的测量值正确。

（4）合并单元装置参数 27 行"主 CPU 板 SMV 报文源 MAC 使能"（用来指定 RP1011A/RP1011C 主 CPU 板哪几个口发送 SMV9-2 报文。Bit0 对应 NET1，bit1 对应 NET2，以此类推），初始值 00 可修改为 01、03、05、0F。

（5）按照厂家图纸，检查遥测二次回路，排除相应故障。

五、数据通信网关机类

国电南瑞 NS3000S 监控系统与 NSS201A 数据通信网关机基于统一的信息平台，都采用 Linux 操作系统，图形化的人机界面实现良好的人机交互功能。由于采用统一的信息平台，远动组态的制作可以在后台完成，然后将配置和数据文件同步至数据通信网关机，可以快速完成远动配置。

数据通信网关机类故障主要涉及以下几类：

（1）数据通信网关机的报告实例号设置不合理，或与其他站控层设备存在冲突，导致通信失败。

（2）数据通信网关机的通信节点下未配置任何通道，导致通信异常。

（3）通道参数设置不正确，导致通信异常。

（4）网络通信参数设置不正确，导致通信异常。

（5）规约容量填写数值太小，导致无法上传全部信息。

（6）规约组态配置"三遥"点号顺序不正确，导致主站接收遥信、遥测错误，遥控试验失败。

相应的排查思路和处理方法：

（1）数据通信网关机的报告实例号设置为 1～16 中的 1 个数值，且保持唯一，否则实例号冲突会导致通信异常。

（2）数据通信网关机的通信节点需要配置相应的通道，没有通道配置的空余节点需要删除。

（3）通道参数设置注意 104 规约选择"网络通讯"，101 通信选择"串口通讯"，规约应与主站约定选择同一种规约。

（4）网络通信参数设置中应选择"TCPserver"，对侧节点 IP 地址应是主站前置机的 IP 地址，对侧节点端口号和本机节点端口号应是厂站与主站约定好的端口，推荐 2404 端口。

（5）规约容量填写数值应大于当前转发信息数量，并适当考虑将来可能增加点号数量，但不宜过大。

（6）严格按照转发表点号顺序来设置规约组态，防止点号出错。

六、网络故障类

网络故障类故障主要涉及以下几类：

（1）光纤收发接反，光纤、网线虚接，导致通信故障。

（2）测控装置、合并单元、智能终端配置错误，导致通信故障。

（3）监控主机与测控装置配置不一致，导致通信故障。

（4）交换机 VLAN 划分不合理，导致通信故障。

（5）数据通信网关机与主站配置参数不对应，导致通信故障。

相应的排查思路和处理方法：

（1）根据监控系统网络采用"网采网跳"的通信方式，根据交换机端口指示灯显示是否正常来判断，如果显示灯熄灭，说明存在光纤收发接反，光纤、网线虚接等情况；如果为绿色闪烁，则光纤、网线连接良好。

（2）打开 NariConfigTool 系统组态工具，仔细检查各装置的 MAC 地址配置、虚端子连接、goose.txt、sv.txt 等配置文件，务必与设计资料一致，同时注意光口配置要与实际装置尾纤的连接方式保持一致。

（3）监控主机与测控装置的 IP 地址和 IEDNAME 必须一致，否则通信异常。

（4）依据给定设计资料，合理划分 VLAN。

（5）数据通信网关机侧参数选择"TCPserver"，"对侧节点 IP 地址"需填入主站前置机 IP 地址；主站配置参数选择"TCPclient"，对侧 IP 填入数据通信网关机用于调度通信网口的 IP 地址。

第四章

南瑞继保智能变电站自动化系统

第一节 SCD 文件配置及下装

一、SCD 配置工具简介

SCD 配置工具是用来整合数字化变电站内各个孤立的 IED 为一个完整的变电站自动化系统配置文件的系统性工具。SCD 配置工具可以记录 SCD 文件的历史修改记录，编辑全站一次接线图，映射物理子网结构到 SCD 中，可配置每个 IED 的通信参数、报告控制块、GOOSE 控制块、SMV 控制块、数据集、GOOSE 连线、DOI 描述等。

PCS-SCD 工具是南瑞继保电气有限公司（以下简称南瑞继保公司）主推的智能变电站 SCD 集成工具，主要用于完成智能变电站的 SCD 文件配置以及装置级配置文件导出。

SCD 工具作为智能变电站的系统集成工具，具备以下几项功能：

（1）记录 SCD 文件的历史修改记录；

（2）创建通信子网，进行 IED 子网划分、参数设置（IP、RCB、GOCB、SVCB）；

（3）虚端子连线（Inputs）；

（4）电气接线图编辑；

（5）"四遥"信息的工程实例化（LD 描述、LN 描述、DOI 描述等）；

（6）SCD 文件的 XML 视图展示；

（7）进行 SCD 私有配置信息编辑；

（8）导出工程级装置配置文件。

对于采用 IEC 61850 规约的变电站，生成全站 SCD 文件后，可以直接导入监控主机、数据通信网关机、信息子站等站控层设备，而不需要在每个站控层设备中单独添加装置；对于有过程层网络（GOOSE 或者 SV 网络）的变电站，还需要在 SCD 中配置虚端子连线。全站 SCD 配置完成后，需导出装置实例化配置文件 device.cid，具有过程层的设备还需导出虚端子配置文件 goose.txt，下载到装置中。

二、配置下装工具简介

PCS-PC 软件可以远程进行装置在线状态查看，包括装置信号灯指示、模拟量、状态量显示，自检信息、定值查看修改、报告显示、本地命令、上装波形文件、复归装置信号、给装置对时、重启装置等，还可以下载程序，上装配置、查看变量内存等。在装置面板上能做的事基本都能完成，方便快捷，是 PCS 系列装置调试的必备工具。

1. PCS-PC 连接测控装置

网线连接测控装置前设置以太网 IP 地址，软件界面如图 4-1 所示。

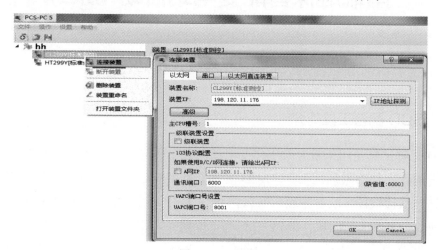

图 4-1　IP 设置

PCS-PC 连接测控装置成功后，主要使用功能为"在线状态查看"和"调试工具"，软件界面和具体功能如图 4-2 所示。

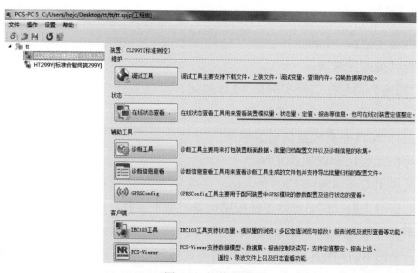

图 4-2　软件界面

PCS-PC 连接测控装置成功后进入"在线状态查看",可查看装置液晶面板一样的配置,软件界面如图 4-3 所示。

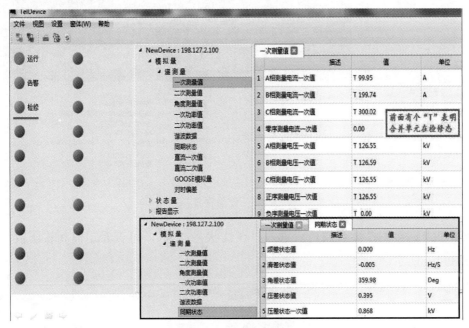

图 4-3　在线状态查看

PCS-PC 连接测控装置成功后进入"在线状态查看",可显示状态值,软件界面如图 4-4 所示。

图 4-4　状态查看

PCS-PC 连接测控装置成功后进入"在线状态查看",可显示报告,软件界面如图 4-5 所示。

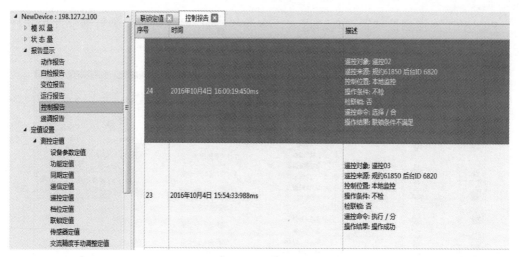

图 4-5　记录查看

PCS-PC 连接测控装置成功后进入"在线状态查看",可查看定值和软压板,软件界面如图 4-6 所示。

NewDevice : 198.127.2.100	设备参数定值 ✕ 功能定值 ✕	
▲ 定值设置		
▲ 测控定值	描述	值
设备参数定值	1 零漂抑制门槛	0.2
功能定值	2 投零序过压报警	0
同期定值	3 零序过压报警门槛	30
遥信定值	4 低电压报警	0
遥控定值	5 低电压报警门槛	10
档位定值	6 CT极性	+
联锁定值	7 测量CT接线方式	0
传感器定值	8 零序电压自产	0
交流精度手动调整定值	9 零序电流自产	0
SV采样定值	10 投PT断线报警	1
▷ 软压板	11 投CT异常报警	0
▷ 装置设置	12 A套位置接点矩阵	0X0
▷ 通信参数		
▷ 本地命令		
▷ 装置信息	1 外间隔退出软压板	0
▷ 调　试	2 出口使能软压板	1
时钟设置	3 检无压软压板	0
▲ 软压板	4 检同期软压板	1
功能软压板	5 检合环软压板	0
GOOSE接收软压板		
SV接收软压板		

图 4-6　定值和软压板查看

PCS-PC 连接测控装置成功后进入"在线状态查看",可修改定值和软压板,软件界面如图 4-7 所示。注意:修改定值、投退软压板、遥控测试操作时,需要密码。

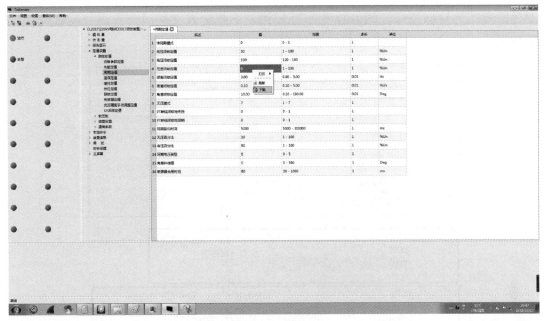

图 4-7 定值下装

PCS-PC 连接测控装置成功后进入"在线状态查看",可使用本地命令进行下载允许和手控操作等,软件界面如图 4-8 所示。

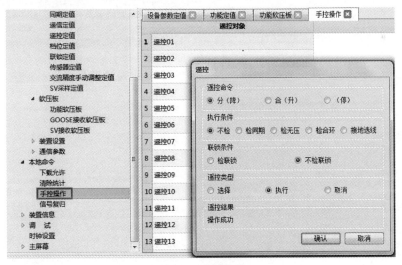

图 4-8 手控操作

PCS-PC 连接测控装置成功后进入"在线状态查看",可进入调试菜单查看通信状态统计和事件选点测试,进入主屏幕菜单查看跳闸/自检/变位信息等,软件界面如图 4-9 所示。

PCS-PC 连接测控装置成功后进入"调试工具",可下载配置文件到测控装置,软件界面如图 4-10 所示。注意:测控装置下载配置文件后缀为 device.cid 和 goose.txt。

文件前缀即为目标槽号，如 B01 为 1 号板槽。下载配置文件时应将测控装置检修压板投入。

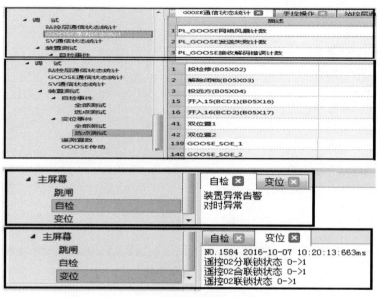

图 4-9　联闭锁信息

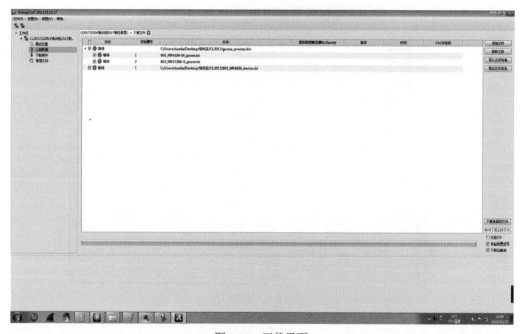

图 4-10　下载界面

2. PCS-PC 连接智能终端、合并单元

串口线连接智能终端（或合并单元）前设置串口端口、波特率等，软件界面如图 4-11 所示。注意：勾选"虚拟液晶"功能可启用虚拟液晶面板显示功能。

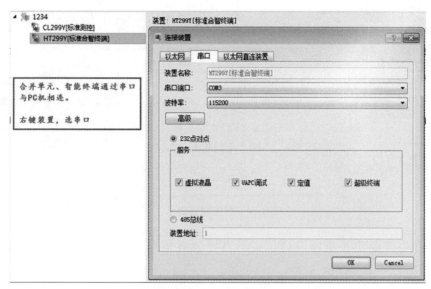

图 4-11　连接参数设置

PCS-PC 连接装置成功后，选串口调试工具 SerialTool，功能如图 4-12 所示。

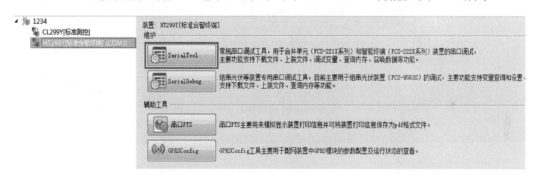

图 4-12　串口配置

进入串口调试工具后，点"LCD"进入装置液晶面板显示。鼠标点击虚拟键盘的"上箭头按钮"，进入主菜单查看状态定值报告，见图 4-13 和图 4-14。

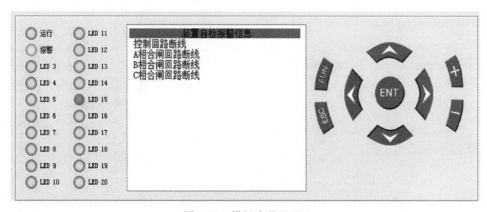

图 4-13　模拟液晶显示 1

图 4-14　模拟液晶显示 2

　　虚拟液晶终端功能是通过调试工具查看装置信息以及修改其定值，如智能终端（PCS-222）、合并单元（PCS-221）等装置，见图 4-15。

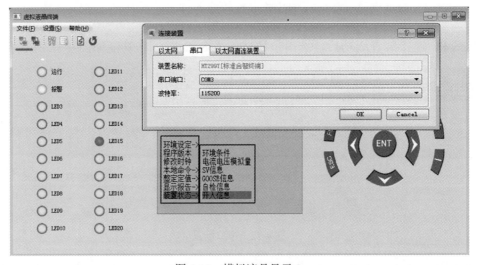

图 4-15　模拟液晶显示 3

　　进入串口调试工具后，点"调试"进入调试界面可进行下载或上装配置文件，下载文件界面如图 4-16 所示。

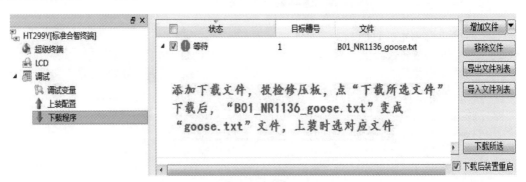

图 4-16　下装程序

三、SCD 制作步骤

1. 通信子网创建

首先创建与实际物理网相对应的逻辑子网。一般站控层一个子网，过程层按电压等级、子网类型分别创建多个子网，如图 4-17 所示。

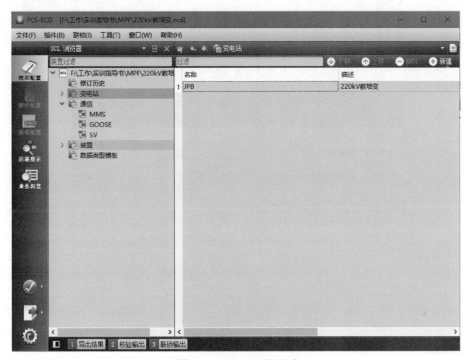

图 4-17 SCD 工具界面

站控层 MMS 子网的类型为"8-MMS"；过程层 GOOSE 独立组网，类型为"IECGOOSE"；过程层 SV 独立组网，类型为"SMV"；过程层 GOOSE 及 SV 共网，类型选择为"IECGOOSE"。

2. 增加装置并导入控制块

增加装置并导入控制块（关注 IEDname，装置中文名称描述）。在左侧 SCL 树，选择"装置"，在中间窗口任意地方点击右键，选择 新建(N)，打开"新建装置向导"窗口，选择本地存在的 ICD 文件，并填写"IED 名称"，然后点击"下一步"按钮。如图 4-18 所示。

在"装置信息"中，装置名称即为装置的 IEDname。命名规则一般为：第一个大写英文字母表示装置类型（C 为测控，I 为终端，M 为单元），第二个大写英文字母表示间隔类型（T 为主变压器，L 为线路，M 为母线），后续数字为电压等级+间隔序号，A/B 套设备，如 PL2201A 表示 220kV 第 1 间隔 A 套线路保护（见图 4-19）。

图 4-18　导入控制块

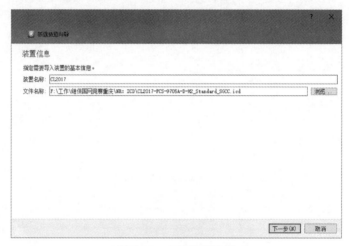

图 4-19　文件路径选择

在"更新通讯信息"中，可通过下拉列表，将新建的 IED 的访问点分配到之前创建的通信子网中。注意"S1"访问点对应站控层 MMS 子网，"G1"访问点对应过程层 GOOSE 子网，"M1"访问点对应过程层 SV 子网，见图 4-20。

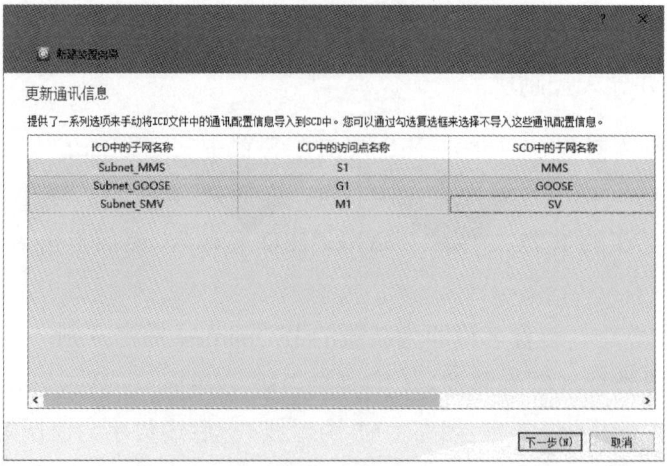

图 4-20　通信创建

3. 配置通信控制块

站控层网络应选择"站控层地址"一栏，配置"IP 地址""子网掩码""网关"等参数，IP 地址全站唯一。过程层网络应选择"GOOSE 控制块地址"或"采样控制块地址"一栏，配置"组播地址""应用标识"等参数，"组播地址""应用标识"全站唯一。

（1）对于 MMS 子网，其通信模型选项中，仅"站控层地址""GOOSE 控制块地址"有效。仅需设置"站控层地址"和"GOOSE 控制块地址"标签中的内容，其中"站控层地址"用于配置站控层通信的 IP 地址和子网掩码；"GOOSE 控制块地址"用于配置间隔层联锁 GOOSE 的组播地址等参数，见图 4-21。

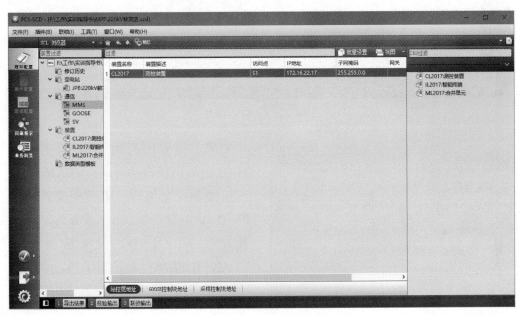

图 4-21　配置通信模块

对于设置 IP 和子网掩码，当装置较多时，可以使用批量设置功能。在 IP-Address 处输入批量设置 IP 的起始 IP 地址，后续 IED 的 IP 将逐个加 1 自动生成；在 IP-Subnet 处输入子网掩码，后续所有 IED 都将使用该子网掩码。

（2）对于 IECGOOSE 子网，其通信模型选项中，仅"GOOSE 控制块地址""采样控制块地址"有效。一般仅需设置 GSE 和 SMV 标签中的内容，其中 GSE 用于配置过程层 GOOSE 的组播地址等参数；SMV 用于配置过程层 SV 的组播地址等参数。GOOSE 和 SMV 不共网时，GSE 标签中可配置 GOOSE 控制块参数，见图 4-22。

对于设置 GOOSE，当装置较多时，可以使用批量设置功能。在"MAC-ADDRESS"处输入批量设置组播地址的起始组播 MAC 地址（GOOSE 组播地址一般从 01-0C-CD-01-00-01 开始），后续 IED 的组播 MAC 地址将逐个加 1 自动生成；在 APPID 处输入起始应用 ID（对应 GOOSE 组播地址一般从 1001 开始），后续 IED 的 APPID 值将逐个加 1 自

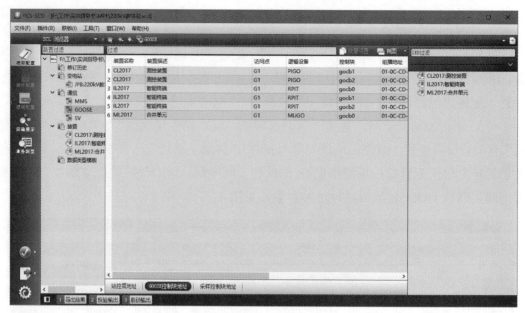

图 4-22　GOOSE 配置

图 4-23　设置 MAC 和 APPID

动生成，推荐的起始 APPID 值由组播 MAC 的后两段拼接而成；VLAN-ID 处，应按如下原则填写：若使用交换机设置 PVID，此处使用默认值（推荐）；若使用装置设置 VLAN-ID，此处应按分配的 VLAN-ID 值填写，见图 4-23。

（3）对于 SMV 子网，其通信模型选项中，仅"GOOSE 控制块地址""采样控制块地址"有效，对过程层子网无效。因此一般仅需设置 GSE 和 SMV 标签中的内容，其中 GSE 用于配置过程层 GOOSE 的组播地址等参数；SMV 用于配置过程层 SV 的组播地址等参数。GOOSE 和 SMV 不共网时，SMV 标签中可配置 SMV 控制块参数，见图 4-24。

对于设置 SMV，当装置较多时，可以使用批量设置功能。在"MAC-ADDRESS"处输入批量设置组播地址的起始组播 MAC 地址（SMV 组播地址一般从 01-0C-CD-04-00-01 开始），后续 IED 的组播 MAC 地址将逐个加 1 自动生成；在 APPID 处输入起始应用 ID（对应 SMV 组播地址一般从 4001 开始），后续 IED 的 APPID 值将逐个加 1 自动生成，推荐的起始 APPID 值由组播 MAC 的后两段拼接而成；VLAN-ID 处，应按如下原则填写：若使用交换机设置 PVID，此处使用默认值（推荐）；若使用装置设置 VLAN ID，

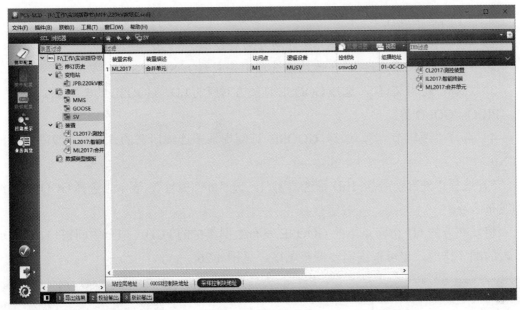

图 4-24　SMV 配置

此处应按分配的 VLAN ID 值填写，见图 4-25。

4. 虚端子连线

（1）GOOSE 连线。在智能变电站中，GOOSE
连线可理解为传统变电站中开关量及温度采集
等模拟量的硬电缆接线，采集装置将其采集的
各种信号（位置信号、机构信号、故障信号）
以 GOOSE 数据集的形式，通过 GOOSE 组播
技术向外发布，接收方根据需要，进行信息订
阅，这种数据间的订阅关系，就是通过 GOOSE
连线的方式来体现。

图 4-25　MAC 及 APPID 设置

在配置 GOOSE 连线时，有几项连线原则需要遵循：

1）对于订阅方，GOOSE 连线必须先添加外部信号，再加内部信号。

2）对于订阅方，允许重复添加外部信号，但非首选方式。

3）对于订阅方，一个内部信号只能连接一个外部信号，即同一内部信号不能重复
添加。

4）Q/GDW 1396—2012《IEC 61850 工程继电保护应用模型》中规定 GOOSE 连线
仅限连至数据 DA 一级。

在遵循上面原则的情况下，可以进行正常的 GOOSE 连线，当连线异常时，订阅信
息的字体以灰色斜体字显示。

虚端子的连接过程如下：

1）选择"装置"，选择 GOOSE 订阅方的 IED。

2）选择"虚端子连接"，在该功能选项中完成 GOOSE 及 SV 连线。

3）选择"逻辑装置"，选择 GOOSE 订阅方对应的 LD，GOOSE 的典型 LD 名称为：PI、PIGO、GOLD 等。

4）选择"逻辑节点"，选择 GOOSE 订阅虚端子连线所在的 LN，一般固定选择LLN0。

5）选择"外部信号"，IED 筛选器窗口，选"外部信号"，表示先选择 GOOSE 连线的发布信号。

将发布方的 G1 访问点下的 GOOSE 发布数据集中的 FCDA 拖至中间窗口，按虚端子表的顺序排放，也可根据需要调整顺序，见图 4-26。

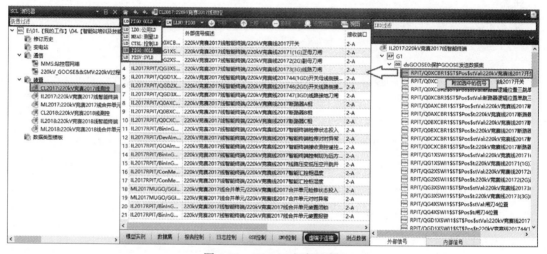

图 4-26　GOOSE 订阅配置

效率提升小技巧：可通过"Ctrl"键，批量选中多个 GOOSE 发送信号，通过右键"附加选中信号"功能，进行批量添加；通过拖动发布方数据集的名称，实现整个数据集信息全部添加，然后再将不用的信息删除。

6）连接内部虚端子。当外部信号选择完毕，就需要完成内部信号的连接，以完成订阅信息的内部采集。

在订阅装置中，在 G1 访问点下依次按照 LN→FC→DO→DA 顺序，找到相应的DA，将其拖至中间窗口中相应的外部信号所在的行并释放，即完成外部信号与内部信号的连接，也即完成一个 GOOSE 连线。

如图 4-27 所示，虚端子连线表示的含义就是：测控作为订阅方，接收智能终端发布的位置信号等。

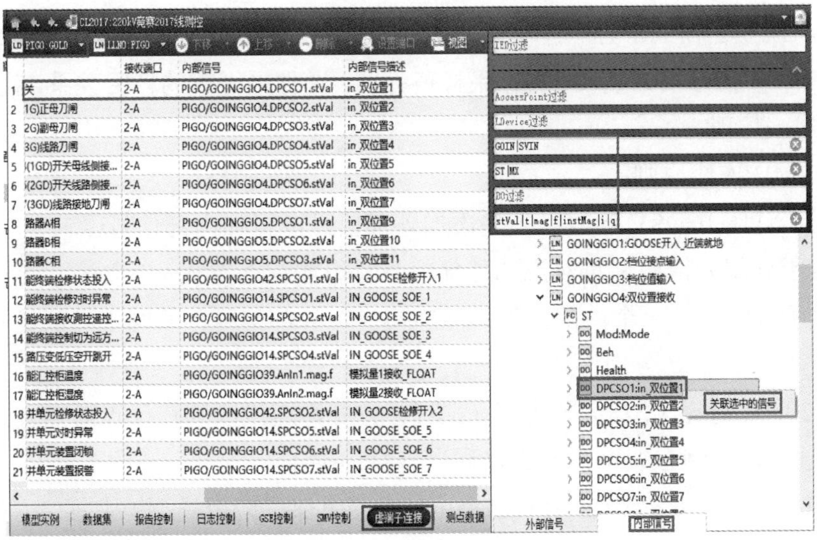

图 4-27　GOOSE 内部信号

效率提升小技巧：在 Inputs 中选中一行作为起始行，在内部信号中找到对应数据结构的信号，点击右键，通过"关联选中的信号"功能，实现从被选信号开始的顺序自动关联；GOOSE 连线完成后，在 Inputs 窗口，批量选中多个需要生成 T 连线的信号，并通过右键"生成 T 连线"功能，实现自动生成 T 连线，如图 4-28 所示。

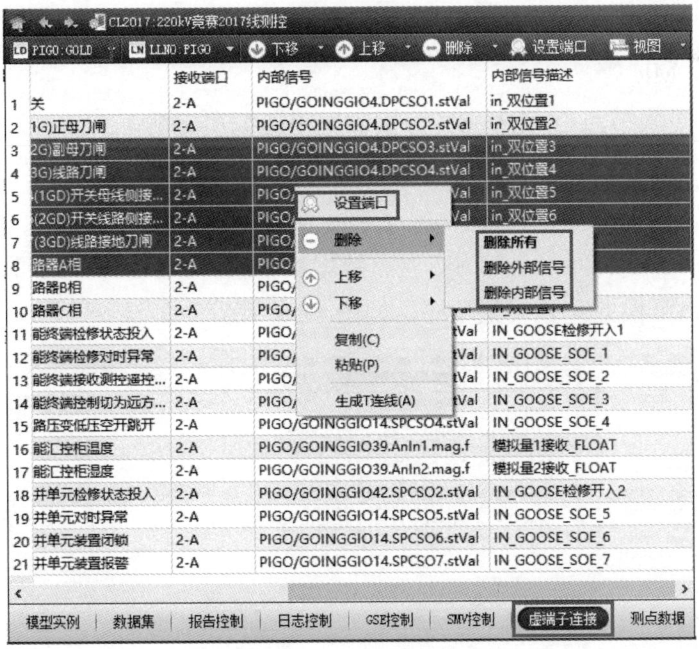

图 4-28　T 连线自动生成

（2）SMV 连线。在智能变电站中（采用了 9-2 帧、FT3 帧），SMV 连线的作用类同于 GOOSE 连线，主要用于实时模拟量的传输，合并单元将其采集到的电压、电流进行同步后，以 9-2 帧或 FT3 帧，将电压、电流以数据集的形式，通过组播或点对点方式向外发布，接收方根据需要，进行采样值订阅，这种采样值的订阅关系，就是通过 SV 连线的方式来体现。

配置 SMV 连线原则：

1）对于订阅方，SV 连线必须先添加外部信号，再加内部信号；

2）对于订阅方，允许重复添加外部信号，但非首选方式；

3）对于订阅方，一个内部信号只能连接一个外部信号，即同一内部信号不能重复添加；

4）9-2 的点对点（P2P）与组网（NET）方式，连线区别在于点对点方式需要连通道延时虚端子，组网方式不需要连接通道延时虚端子；

5）Q/GDW 1396—2012《IEC 61850 工程继电保护应用模型》中规定 SV 连线应连至数据 DO 一级。

在遵循上面原则的情况下，进行正常 SV 连线。当连线异常时，订阅信息的字体以灰色斜体字显示。

虚端子的连接过程如下：

1）选择"装置"，选择 SV 订阅方的 IED。

2）选择"虚端子连接"，在该功能选项中完成 GOOSE 及 SV 连线。

3）选择"逻辑装置"，选择 SV 订阅方对应的 LD，SV 的典型 LD 名称为：PI、PISV、GOLD、MU 等。

4）选择"逻辑节点"，选择 SV 订阅虚端子连线所在的 LN，一般固定选择 LLN0。

5）选择"外部信号"，IED 筛选器窗口，选"外部信号"，表示先选择 SV 连线的发布信号。

将发布方的 M1 访问点下的 SV 发布数据集中的 FCD 拖至中间窗口，按虚端子表的顺序排放，也可根据需要调整顺序，如图 4-29 所示。

图 4-29　SV 订阅配置

效率提升小技巧：可通过"Ctrl"键，批量选中多个 SV 发送信号，通过右键"附加选中信号"功能，进行批量添加；可通过拖动发布方数据集的名称，实现整个数据集信息全部添加，然后再将不用的信息删除。

6）连接内部虚端子。当外部信号选择完毕，就需要完成内部信号的连接，以完成订阅信息的内部采集。

在订阅装置中，在 M1 访问点下依次按照 LN→FC→DO 顺序，找到相应的 DO，将其拖至中间窗口中相应的外部信号所在的行并释放，即完成外部信号与内部信号的连接，也即完成一个 SV 连线。

如图 4-30 所示，虚端子连线表示的含义就是：测控作为订阅方，接收间隔合并单元发布的 SV 信号。

效率提升小技巧：在 Inputs 中选中一行作为起始行，在内部信号中找到对应数据结构的信号，点击右键，通过"关联选中的信号"功能，实现从被选信号开始的顺序自动关联。

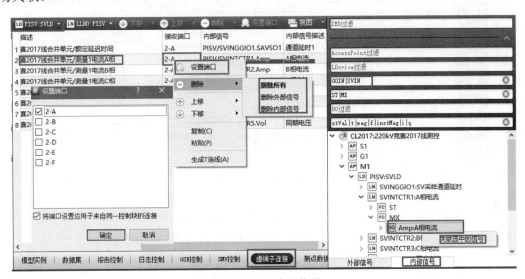

图 4-30　SV 内部信号

5. 光口配置

由于智能变电站同时存在点对点 SV 与组网 SV 两种方式，为避免组播数据的无序发送，并降低网络负载，因此引入配置"插件"功能，实现数据与光口的关联配置，使得组播数据可按需收发。

配置"插件"功能，是基于板卡的控制块配置，操作步骤如图 4-31 所示。

（1）添加插件。SCL 工具默认不带"插件"内容，需自行添加，如图 4-31 所示，添加"插

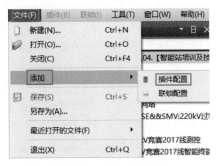

图 4-31　添加"插件"

件"后，将在 SCD 文件同目录下自动生成与 SCD 文件同名的扩展名为.bcg 的插件配

置信息文件，与 SCD 文件配套使用。

（2）配置插件。当 SCD 中 GOOSE 及 SMV 的控制块、连线配置完毕后，可通过点击工具栏中"工具"→"板卡配置"，打开板卡配置界面。

1）添加 IED。在"插件"窗口，通过右键"新建插件配置"选项，添加待配 IED。

2）添加插件。以 IED 为单位，将待选插件拖至中间窗口释放，完成插件添加。

3）配置控制块。如图 4-32 所示，根据全站信息流走向，将发送、接收控制块按插件进行分配，将相应的控制块按照类别，拖至需要发送或接收的插件中。

注意：控制块可按类别拖放，例如：直接拖动待选控制块中的标题［Goose TX］，至相关插件中的［Goose TX］并释放，可实现控制块批量添加，然后再将不对应的控制块删除。

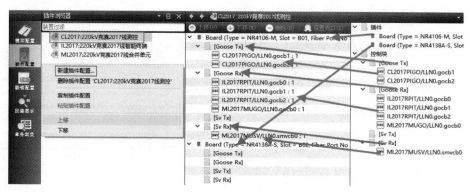

图 4-32　配置插件

4）配置光口。对于已分配好插件的控制块，直接双击，可弹出图 4-33 所示的"设置光口"窗口，里面填写该控制块需要从插件发送或接受的光口号，光口号从 1 开始编号，多光口时，光口号间以英文逗号隔开，如不填接收光口号，则无法导出 GOOSE 配置，如图 4-33 所示。

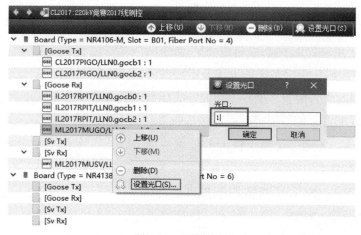

图 4-33　配置光口

（3）保存配置。当所有控制块的端口号配置完毕，点击"文件"→"保存"按钮进行保存，保存后生成的文件为一个独立的 XML 格式文件，该文件位于 SCD 文件同级目录下，文件名称与 SCD 文件同名，扩展名为.bcg。在 SCL 工具导出某 IED 的 GOOSE 配置时，GOOSE 配置文件中将包含 bcg 文件中配置的光口信息，如图 4-34 所示的 GOOSE 配置文件中的端口信息。

```
[GoCB1] #220kV竞赛2017线智能终端
Addr = 01-0C-CD-01-00-03
Appid = 1003
GoCBRef = IL2017RPIT/LLN0$GO$gocb0
AppID = IL2017RPIT/LLN0.gocb0
DatSet = IL2017RPIT/LLN0$dsGOOSE0
ConfRev = 1
numDatSetEntries = 46
FiberChNo = 1
```

图 4-34 GOOSE 配置中的光口信息

6. 对测控装置单独进行描述名同步

在左侧 SCL 浏览器中选择"装置"下的装置，右边窗口选择"描述同步"，点击右上角"同步信号描述"可以实现从过程层到站控层同步信号描述或从站控层到过程层同步信号描述。

若需要增加测控装置联闭锁配置，可在 SCD 配置工具中右键批量生成联锁配置文件（名称为 lock.bin），下装配置时选中对应文件即可。对于光口配置，除采用 bcg 配置文件进行配置外，还可采用新版本 SCD 配置工具在虚端子连线界面接收端的窗口中进行配置，如"1A"表示第一块板的第一口，"1B"表示第一块板的第二口，"2A"表示第二块板的第一口，以此类推。需注意两点：①采用 bcg 配置文件的方法优先级高于在 SCD 配置工具的方法；②通过 SCD 配置工具配置只能对接收端口进行配置，发送端口默认配置为所有端口均发送。

7. 导出配置文件

当虚端子配置完毕后，可对 SCD 文件进行 SCL 校验，包括 Schema 校验和语义校验，如图 4-35 所示，导出 SCD 配置文件前先进行校验，无报错后再导出。

图 4-35 语法校验

（1）Schema 校验。Schema 校验主要用来检查 SCD 文件的结构是否与 Schema 模板一致，如字符长度、数据长度等，校验的结果分为告警和错误两种，其中错误类，必须进行处理；告警类，则多数情况下可忽略。

（2）语义校验。语义校验主要用于检查 SCD 中的配置内容是否满足已有规定，例如：数据引用是否正确、虚端子连线的数据类型是否匹配等，校验的结果分为告警和错误两种，其中错误类，必须进行处理；告警类，不影响使用，多数情况下可忽略。

（3）导出下装文件。在 SCD 文件配置完成后，需从 SCD 文件中导出相关装置的配置文件并下装，使得装置可以按照配置好的虚端子进行数据交换，南瑞继保 PCS 装置一般需要导出的装置级配置有 CID 及 GOOSE 两种。

如图 4-36 所示，点击"SCL 导出"按钮，可选择需要导出的文件种类，最常用的是选择"批量导出 CID 和 Uapc-Goose 文件"。

图 4-36　SCL 导出

如图 4-37 所示，进入"批量导出 CID 和 Uapc-Goose 文件"窗口后，需要指定导出配置的存放目录，以及选择导出哪些装置的配置，最后点击"导出"按钮完成配置导出。

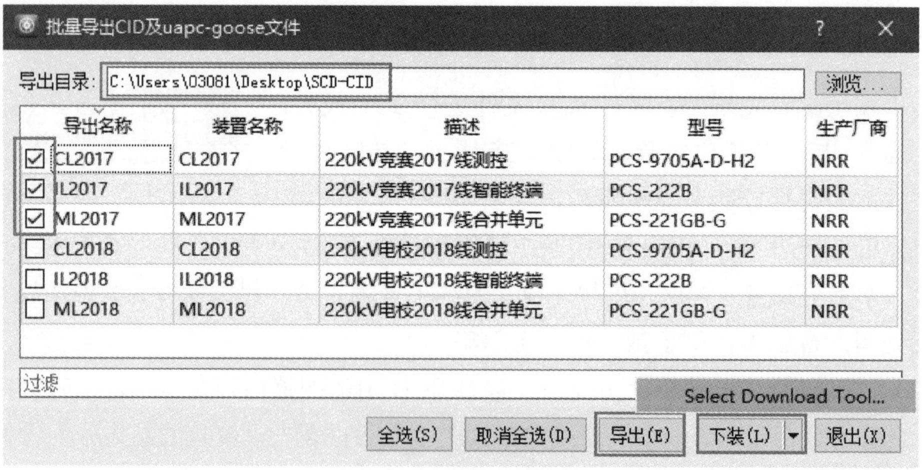

图 4-37　批量导出配置

通过图 4-38"下装"按钮旁的"▼"按钮，可实现下载工具 PCS-PC 与 SCD 工具的关联；通过点击"下装"按钮，实现直接启动下载工具 PCS-PC，并自动加载已选择导出配置的所有 IED。

图 4-38　关联下载工具 PCS-PC

四、维护要点及注意事项

1. 光口配置问题

老版本 PCS-SCD 系统集成软件采用外置*.bcg 文件进行发送、接收数据的光口配置，新版本 PCS-SCD 文件将光口配置整合在 SCD 虚端子配置之中，在此可进行简洁的配置，如图 4-39 所示，其中 2-A 表示第二块板卡的第 1 个光口，B-F 分别表示第 2~第 6 口。

图 4-39　虚端子处的端口配置文件

现场存在某些模型文件打开无法配置端口的情况，该情况为导入的 ICD 文件缺少关于板件的私有配置，通常在 ICD 文件的 Private 部分。比如之前配置好的 SCD 中，对应私有信息如图 4-40 所示，Type 为板件类型，Slot 表示对应哪个插槽，Fiber 表示有几个光口，例如 NR4138A 板件在 PCS-SCD 中的关口配置图如图 4-39 所示，B02 对应为 2 号板件，6 光口对应为 A-F，此时在虚端子配置界面进行简单配置就可以指定其发送和接收的端口了。

```
<IED name="CL2017" desc="测控装置" type="PCS-9705A-D-H2" manufacturer="NRR" configVersion="3.00.007">
  <Private type="NR_Board">Type:NR4106-M,Slot:B01,Fiber:4</Private>
  <Private type="NR_Board">Type:NR4138A-S,Slot:B02,Fiber:6</Private>
  <Private type="NR_Lock">NR4106;1,NR4106;1</Private>
  <Private type="NR_MainCpu">Type:NR4106,Slot:B01</Private>
```

图 4-40　SCD 文件中板件配置部分

2. 过程层信号至站控层信号映射

南瑞继保 PCS 系统测控装置过程层信息（PISV、PIGO）一般通过内部的短地址完成至站控层的映射，其映射通常是在 ICD 文件的 Private 部分，如图 4-41 所示，其中 NR_VARMAP 均为过程层至站控层地址的映射关系，其中 in 为过程层信号的短地址，out 为站控层对应信号的短地址。

```
<IED name="TEMPLATE" desc="标准装置" type="PCS-9705A-D-H2" manufacturer="NRR" configVersion="3.00.007">
  <Private type="NR_Board">Type:NR4106-M,Slot:B01,Fiber:4</Private>
  <Private type="NR_Board">Type:NR4138A-S,Slot:B02,Fiber:6</Private>
  <Private type="NR_Lock">NR4106;1,NR4106;1</Private>
  <Private type="NR_MainCpu">Type:NR4106,Slot:B01</Private>
  <Private type="TPLInfo">version:2.10G,revision:1.06G,tool:PCS-Explorer_1.1.2,cidRuleVersion:1.1.2</Private>
  <Private type="NR_VARMAP">out:B01.DPOS.DPOS1;in:B01.DPOS.in_POS1</Private>
  <Private type="NR_VARMAP">out:B01.DPOS.DPOS2;in:B01.DPOS.in_POS2</Private>
  <Private type="NR_VARMAP">out:B01.DPOS.DPOS3;in:B01.DPOS.in_POS3</Private>
  <Private type="NR_VARMAP">out:B01.DPOS.DPOS4;in:B01.DPOS.in_POS4</Private>
```

图 4-41　ICD 文件中的映射关系

第二节　监　控　主　机

PCS9700 监控主机系统是南瑞继保公司基于 RCS9700 监控主机系统升级推出的新一代智能变电站计算机监控系统，该系统全面支持 IEC 60870-5-103、IEC 61850 等国际标准，能够满足常规变电站、数字化变电站及电厂对监控主机的需求。PCS9700 基于 QT 和 ACE 库开发，支持在 Unix、Linux 和 Windows 操作系统运行，实时组态库（RTDB）采用文件系统，历史数据库（HDB）采用 mysql（Windows、Linux 操作系统）和 Oracle（Unix 操作系统）商用数据库。目前南瑞继保变电站监控主机普遍使用 Redhat 版本 Linux 操作系统和 mysql 数据库的典型部署方案，考虑到变电站监控主机正逐步由 Unix 操作系统更换为 Linux 操作系统，本文将重点介绍 Windows 和 Linux 操作系统的相关操作和命令。

一、基本操作

1. 主目录及文件结构介绍

PCS9700 监控系统 Windows 默认安装目录为 D：\pcs9700\，Linux 默认安装目录为 /users/ems/pcs9700 目录，包括 dbsec（物理库）、dbsectest（逻辑库）、deployment（系统

运行程序及相关配置文件）和 fservice（文件服务器）、log（记录文件）5 个目录。

其中 Deployment 目录结构如图 4-42 所示，bin 目录存放运行程序，etc 存放程序配置文件，pic 目录存放绘制的图形文件（主接线图及间隔分图一般存放在 pic 下的 scada目录）。

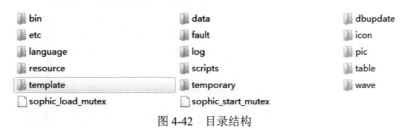

图 4-42　目录结构

2. 服务进程启动与停止

PCS9700 监控主机程序运行基于 sophic 服务，启动监控主机控制台之前应确认 sophic 服务是否正常启动。sophic 服务进程查看方式：Windows 操作系统可采用桌面"PCS9700 常用工具"目录下 ProcessXP 程序或者通过任务管理器查看是否存在 sophic_start 进程，Linux 操作系统采用命令行终端输入 ps –ef|grep pcs9700 命令查看是否存在 sophic_start 进程。

备注：ps–ef 为列出所有进程，管道操作符"│"表示将左边命令的输出作为右边命令的输入，grep 为 Linux 操作系统的查找命令。

PCS9700 监控主机 sophic 服务进程的关闭方法：Windows 系统在命令行输入 sophic_stop 停止服务，Linux 系统在 EMS 用户下命令终端输入 sophic_stop 停止服务，接下来的界面输入 y，进程就会逐步退出。一般情况下要求电脑关机或重启前要先将 Sophic 服务停止。当 sophic_stop 命令无效时，在 Windows 下可通过资源管理器右键"结束进程"来关闭"sophic_start"进程。Linux 下必须在命令行下用 su 命令登入超级用户，然后在 root 用户用执行下边命令：ps –ef|grep pcs9700 查看是否所有进程，而后"Kill -9"方式关闭 sophic_start 进程。

sophic 服务的启动方法：Windows 系统直接在命令行输入 sophic_start 启动服务，Linux 在 EMS 用户下命令终端输入 sophic_start 启动服务。

关于程序自启动配置：Windows 下 sophic 服务通常通过 bin 目录下 pcsrun.bat 实现自启动，更改文件名和删除该文件可取消自启动；Linux 下一般通过 crontab 脚本实现自启动。

3. 系统控制台及常用操作

（1）系统控制台启动与退出。

1）控制台启动：Windows 系统可在桌面运行 PCS-9700 监控主机控制台图标 pcscon

启动，Linux 和 Windows 可直接在终端或者命令行下输入 pcscon 启动控制台。在弹出界面输入登录名、密码（默认密码 1）和有效时间（0 分钟表示登录不手动退出就一直保持登录状态），见图 4-43。

图 4-43　登录及控制台界面

点击"开始"—"控制台设置"，设置"在线启动画面"，一般设置为主接线图，这样控制台启动时默认就进入主接线图。设置自启动程序页面可以对需要自启动的程序组件进行配置，见图 4-44。

图 4-44　显示配置

2）退出控制台：点击"开始"→"退出控制台"→"确认"即可退出控制台。

（2）运行画面。点击控制台 或者命令行输入 online 命令可进入运行监视画面（见图 4-45），鼠标悬停到相应设备上面将显示设备的名称和状态。点击左侧"画面"图框中各图形可实现运行监视主画面和各监视分图的快速切换。点击"工具"→"选项"可设置运行监视画面的基本参数。点击"文件"→"编辑画面"在弹出窗口输入密码，即可快速切换至"图形组态"进行图形编辑。

（3）实时告警监视。点击控制台 ，或者运行 alarm_mmi，即可进入告警监视程序（见图 4-46），告警程序只能启动一个。点击全部确认可确认所有告警，点击"历史

图 4-45　运行监视画面

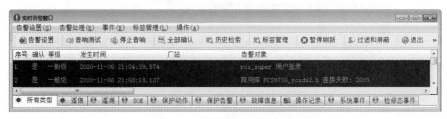

图 4-46　实时告警监视界面

检索"可快速切换至历史告警查询,最下行可根据分类进行告警查询,最上边菜单"告警设置"可对报警窗字体颜色等基本参数进行设置。点击"全部确认"可清除全站所有告警。

（4）一体化五防功能。点击控制台 图标可打开一体化五防功能模块查看（见图 4-47）,南瑞继保 PCS97000 具备一体化五防功能,可在数据库组态工具中启用该功能,同时需对遥控测点进行五防规则配置。当进行遥控操作时,首先在监控主机内部判断该规则是否符合要求,符合则允许遥控,不符合要求时闭锁遥控。

图 4-47　实时告警监视界面

因一体化五防主机未采集现场地桩的信息，以及根据变电运维人员使用习惯，目前重庆地区均采用外置智能五防主机进行全站的五防管理，监控主机需配置通信参数与外部五防主机通信，具体配置方法如图 4-48 所示，勾选"遥控要求五防校验"，设置五防校验参数。

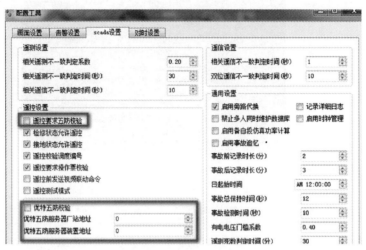

图 4-48　五防功能设置

（5）报表查询功能。点击控制台 ▣ 图标，打开报表功能模块，如图 4-49 所示，一体化五防模块、报表查询均依赖于外部数据库，应确保数据库安装正确。数据库未安装或者安装不正确将无法正常打开对应模块。

图 4-49　报表查看界面

开启数据库组态遥测量的周期采样功能即可开启间隔报表功能，如图 4-50 所示。

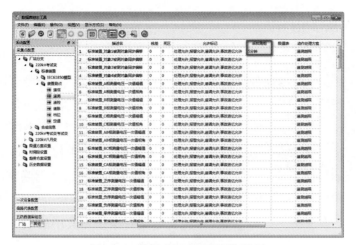

图 4-50　数据库组态采样周期设置

同时需在报表编辑功能模块设置数据关联："开始"→"维护程序"→"报表编辑"设置相应的数据关联，操作类似 Excel 选择对应数据源即可，具体界面如图 4-51 所示。

图 4-51　报表编辑界面

（6）历史告警查询。点击控制栏"告警查询" ，或者运行 hisalrm 进入历史告警查询程序，如图 4-52 所示，可以设置不同检索条件进行查询，比如按时间、按间隔、按二次装置、按关键字，历史告警查询功能是日后进行事故跳闸分析最重要的工具。

图 4-52　历史告警查询界面

4. 开始菜单及常用操作

图 4-53　开始菜单简介

开始菜单如图 4-53 所示，其"系统运行"菜单含有"图形浏览""告警窗口"和"五防系统"，其功能已在控制栏部分介绍；"应用功能"菜单含有"事故追忆""报表浏览""信息检索"和"保护管理"，其中保护管理功能主要为监控主机高级应用，实现定值召唤修改等应用，本书不再展开。此部分重点介绍维护工具和调试工具，在后文对维护工具中的图形组态和数据库组态进行详细介绍。

（1）用户管理。在"开始"菜单点击"维护程序"→"用户管理"或者在命令行输入 priv_manager 进入用户管理程序，在"修改密码"界面可以直接修改用户的密码，如图 4-54 所示，在检查界面输入密码可进行用户权限配置。

图 4-54　用户管理登录

双击用户，再点击绿色加号按钮可新增用户，填写新增用户名、密码，确认密码即可完成账号新增。然后双击新增账号，再双击角色界面（见图 4-55），给新增账号赋予

图 4-55　用户角色设置

318

对应权限。新增账户默认为启用状态，需禁用账号要在用户信息界面关闭启用状态；若需对用户限定在哪台机器使用，可在节点界面限定，选择可以使用的节点，默认新增用户为所有节点可用。

（2）系统设置。在"开始"菜单点击"维护程序"→"系统设置"或者命令行输入configmain 命令，可进入系统参数设置，系统设置包括画面设置、告警设置和 scada 设置、对时设置 4 个界面。

"画面设置"如图 4-56 所示，一般对"是否本地监护"选择"是"；对"主接线禁止遥控"选择"是"；对"启用拓扑"选择"是"，其余保持默认。

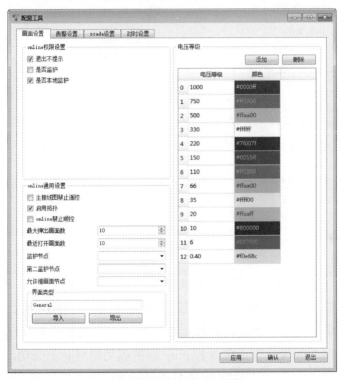

图 4-56　系统配置画面设置

"告警设置"如图 4-57 所示，默认启用语音告警功能、启用音响告警功能、存历史库，其余根据需要勾选。

图 4-57　系统配置告警设置

"SCADA 设置"如图 4-58 所示，主要检查遥控设置和五防校验设置，其他为默认。

图 4-58　系统配置 SCADA 设置

"对时设置"如图 4-59 所示，智能变电站一般选择 SNTP 网络对时，勾选"接收 SNTP 对时"，并设置站内 GPS 主机的站控层 IP 地址为主时钟 IP 地址，双网填写 2 个，单网填写 1 个。填写完毕可点击测试按钮进行测试，测试前可采用 ping 命令测试 GPS 主机与监控主机物理连接是否正常。若 ping 测试成功但对时不成功，可尝试 Telnet 访问 GPS 主机 123 端口，并检查 GPS 主机是否开启 SNTP 对时功能。当对时成功后，在控制台最下面所显示的时间后面会有一个 S 标记。

图 4-59　系统配置对时设置

（3）调试工具。在"开始"菜单点击"调试工具"→"报文监视"，可进行报文监视（见图 4-60），能够实现 103 报文和五防等串口规约的监视。

图 4-60　调试工具报文监视

在"开始"菜单点击"调试工具"→"系统集成控制台"，可打开 sophic 应用配置和节点配置，一般在新增节点时需进行配置，日常维护较少使用到，见图 4-61。

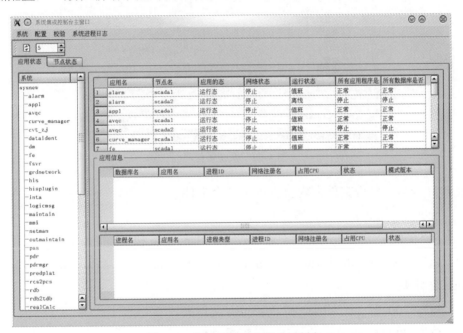

图 4-61　调试工具系统集成控制台

"开始"菜单点击"调试工具"→"IEC61850 通讯监视"可打开 61850 报文监视窗口（见图 4-62），此工具在智能变电站排查 61850 通信故障时较为常用。

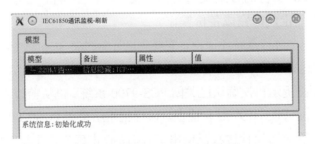

图 4-62　调试工具 61850 通讯监视

5. 系统备份与还原

（1）系统备份。通过在终端窗口输入 backup 命令，运行"备份还原工具"。

在"备份还原工具"中，选择"备份工具"，在接下来的界面选择要备份的目录（一般默认即可），点击确定以后，会在/users/ems/PCS9700_backup 目录下产生以当前备份时间命名的文件夹，需要备份的文件可以自定义（一般默认即可）。图 4-63 为系统备份界面。

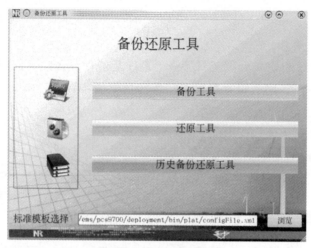

图 4-63　系统备份界面

备份完毕后，备份文件夹内包含以下几个文件：

backup_version　　　版本信息

PCS9700　　　deployment 下除 bin、etc、language 和 dbupdate 之外的其他文件夹

PCS9700.bin　deployment 下 bin、etc/i18n、etc/ i18n – zh、table\WEB-INF 和 language 文件夹

PCS9700.db　　　dbsec 和 dbsectest 文件夹

PCS9700.etc　deployment 下 etc 配置文件

PCS9700.fs　　　fservice 文件夹

PCS9700.update　　　deployment 下 update 文件夹，对运行没有影响

sophicDir.txt 备份的目录说明文档，安装时需要备份完成后，会显示"备份成功"提示窗，点击确定，即完成备份操作。

（2）系统还原。在进行系统还原前，需要先运行 sophic_stop 命令，将监控主机应用软件的所有进程退出运行。然后在终端窗口，输入 backup 命令，运行"备份还原工具"，选择"还原工具"，根据提示再次确认已关闭 PCS-9700 系统。确认监控主机应用软件是否已关闭，可通过命令 ps –ef|grep 9700 来检查，确保检索结果无 PCS9700 相关字样。

在确定监控主机应用软件进程已退出运行后，点击确定，进入"还原工具"界面（见图 4-64），通过浏览来选择要还原的文件夹，接着选定还原的方式（不带节点信息还原，

见图 4-65），最后点击"下一步"开始还原。"带节点信息还原"现场机器恢复时完整的数据还原；"不带节点信息还原"一般用在笔记本和现场服务器之间互相导数据；"自定义还原"可以任意选择需还原的内容。

图 4-64　系统还原界面 1

图 4-65　系统还原界面 2

二、图形组态

PCS-9700 监控主机可以通过先画图再填库的方式建立系统，同时也支持传统的先做库后关联的配置方式，推荐使用先画图再填库的方式。

1. 图形编辑界面

点击"开始"菜单"维护程序"→"图形组态"，或在命令行输入 drawgraph，在弹出图形组态工具登录界面，输入用户名和密码，即可开启图形画面编辑界面，如图 4-66 所示。其中左侧为画面及分图切换选择区域，中间为图形绘制区域，右侧为图元、设备选择区域。最右侧区域的"设备"标签列出了当前逻辑库所有设备对象,"设备列表"列出了当前画面的设备对象,同时可在"设备列表"标签中对间隔进行改名或删除空间隔。

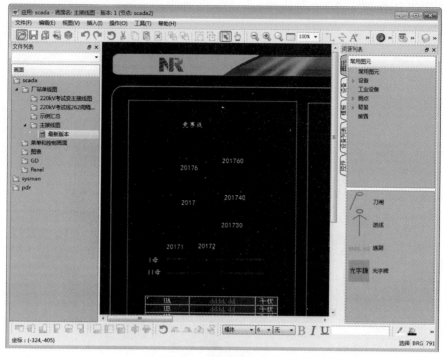

图 4-66　图形编辑界面

2. 制作主接线图

(1)新建画面。

方法一:点击主菜单"文件 → 新建",然后点击"保存"按钮,在弹出界面输入画面名称,选择应用 scada,类型为厂站单线图,两次确定后即可保存成功(见图 4-67)。

方法二:在图形编辑界面左侧"画面 →scada→ 厂站单线图"上直接点击右键,选择"增加画面",输入画面名和厂站名,完成新画面文件的创建,然后选择保存(见图 4-68)。

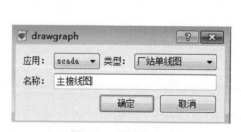

图 4-67　图形保存画面

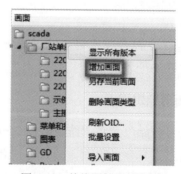

图 4-68　单线图新增示意图

方法三：在厂站单线图右键，点击"导入画面"，
选择导入文件，可导入本地硬盘其他厂站绘制画面，
导入后在对话框中输入画面名称即可。导入画面继承
了原画面的所有属性，需对画面的属性进行设置和更
改，取消或勾选填库属性，变电站名称等均需做修改
（见图 4-69）。

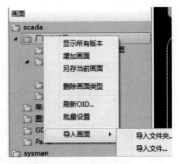

图 4-69　导入其他厂站示意图

图形保存成功后，在空白画面上点击右键设置画面
属性，设置大小为 1920×1080 分辨率，检查"填库"属
性是否勾选，一般一个变电站只能有一张图叫主接线图，只有主接线图勾选填库属性。
新建间隔分图时，注意更改画面名和填库属性，其他选项不选（见图 4-70）。

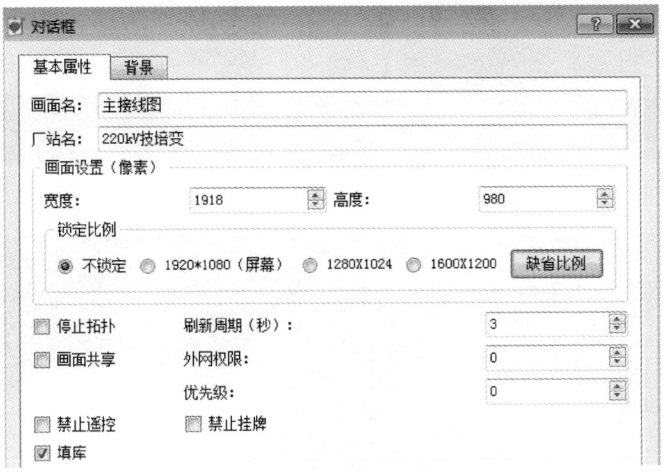

图 4-70　画面属性设置界面

（2）间隔新增。从图元区选择设备，选择对应的
一次设备，然后将图元拖到绘图区，在自动弹出的界
面中设置设备的属性，包括设备名和电压等级，其余
暂时不填（见图 4-71）。

添加完成所有一次设备后，用连接线工具 把
各设备连接起来，然后框选所有设备，右键选择"加
入间隔"，即可把设备加入对应间隔。如果间隔在列表
中没有，则需先增加间隔；间隔在列表中已有，则直
接添加（见图 4-72）。

（3）间隔复制。选中画好的整个间隔，然后复制、
粘贴。粘贴后间隔名会丢弃，其他属性都保留，此时
框选需要替换的所有设备，点击右键"字符串替换"，

图 4-71　设备属性定义

在弹出对话框可设置需要替换的字符即可，替换完成后，再重复加入新间隔操作（见图 4-73）。

图 4-72　一次设备加入间隔

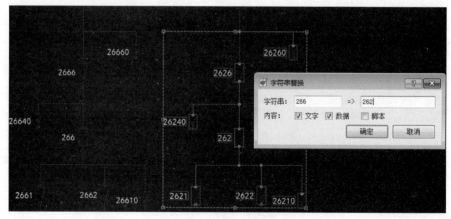

图 4-73　间隔字符串替换

（4）保存与发布。

方法一：点击"保存"按钮，或者使用 Ctrl+s 保存，具有填库属性的画面要求所有设备唯一存在，若有重复的一次设备将无法保存成功，可根据告警信息消除相应错误即可。保存成功后，将会在画面名下生成"画面草稿"，右键点击画面名"发布草稿"。

方法二：直接点击"保存并发布"按钮，弹出窗口发布成功即可。

在画面名下点击右键可设置是否显示历史版本，一般只显示画面的最新版本。

（5）图形填库。点击图形编辑界面左上的 🗄 "填库"按钮，PCS9700 可根据一次设备图形自动生成实时组态库一次设备配置信息。

注意：主接线图必须全部加入间隔后才能填库成功，请及时根据告警信息修改图形确保填库成功。根据导入的 SCD 文件生成二次采集点配置，然后设置一次设备和二次设备关联就可以快速完成监控主机的制作（见图 4-74）。

图 4-74　图形填库生成的一次
设备配置

3. 制作间隔分图

（1）新增间隔分图。参照制作主接线图新建画面，输入画面名和厂站名，厂站名必须和主接线图厂站名一致，若不一致将造成一次设备无法获得 OID，一般第一张间隔分图采用此方法。首先把该间隔的开关、刀闸、连接线等在主接线图中进行框选，然后复制拷贝至新建的画面，然后再根据新页面大小进行整体缩放（见图 4-75）。

绘制完成主接线后，可通过右键菜单"插入 → 自动生成列表"，新增遥测、遥信或光字牌表，在弹出画面中可按住 Ctrl 键进行多个对象选择，添加至右侧列表后，点击确认即可完成添加（见图 4-76）。

遥测和遥信生成好之后，智能站还可以生成压板列表，然后可根据实际需要添加把手、光敏点等其他图元，实现间隔分图与主接线图的链接和跳转功能，具体可参见监控系统说明书。光敏点目前除了调用画面之外还可以调用命令、本图确认、遥控等。间隔分图画面完成后点击保存，然后再进行发布草稿。

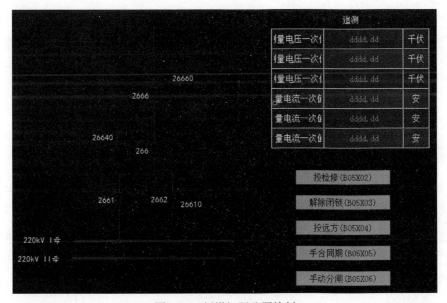

图 4-75　新增间隔分图绘制

图 4-76　自动生成光字牌界面

图 4-77　另存画面

（2）复制间隔分图。变电站完成第一个间隔分图绘制后，后续间隔可采用复制间隔分图的方式进行绘制。打开绘制好的间隔分图，在"厂站单线图"右键点击，选择另存当前画面（见图 4-77），输入新画面名，当前画面所有属性都将导入新画面。

在新间隔分图上，把相应的一次设备关联为新间隔的一次设备，其他图元关联为新间隔的测点信息，然后重新生成遥测遥信光字牌，最后保存发布就可以了。在此过程同样可使用字符串替代功能，可提高操作效率。

三、数据库组态

1. 数据库组态工具

点击"开始"菜单"维护程序"→"数据库组态"，或者命令行运行 pcsdbdef 命令，可进入数据库组态工具，默认进入浏览态，需点击 "解锁"按钮🔒，可从"浏览态"进入🔓"编辑态"，如图 4-78 所示。最常用的功能为采集点配置、一次设备配置和五防数据库配置，五防数据库具体讲解可参见 PCS9700 使用手册，重点介绍采集点配置和一次设备配置。

图 4-78　数据库组态界面

2. 采集点配置

（1）新建厂站。在"厂站分支"右键点击"新建厂站"，在新增厂站名上点击右键"导入 SCD 文件"可完成二次设备及信息的导入。当在主接线图上，进行填库操作时，会自动在数据库中生成对应的厂站，此时可直接进行第二步"导入 SCD 文件"（见图 4-79）。

图 4-79　新增厂站及导入 SCD

在弹出对话框选择制作好的 SCD 文件，然后采用默认选项，只勾选"导入二次系统"，清除"SCD 中未定义装置从数据中删除"勾选（见图 4-80），该选项会把监控系统数据库组态中存在而 SCD 文件中没有的装置删掉，在运行变电站维护严禁勾选该选项。

接下来选择需要导入的装置（见图 4-81），对于初次创建数据库，可以选择所有装置；如果是改扩建项目，只更新某个装置，则只勾选对应装置，其他装置不选。已投运变电站建议均采用更新装置的方式进行导入，防止监控数据库已修改部分被 SCD 导入覆盖还原。

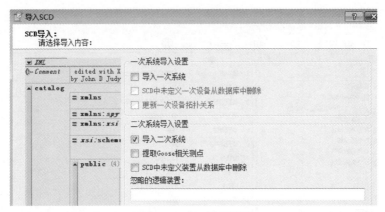

图 4-80　SCD 导入设置

图 4-81　选择导入的 IED 装置

（2）设置遥信属性。SCD 导入完成后，双击对应间隔，然后点击遥信可切换至遥信属性设置页面，在首列标题点击右键，可对显示列进行配置，如图 4-82 所示。

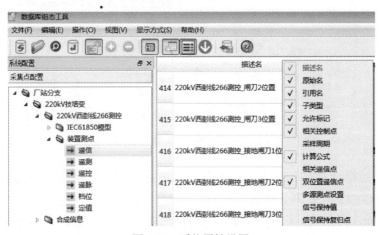

图 4-82　遥信属性设置

第一步：根据实际信息名称修改遥信描述名称，满足值班人员和信息规范要求。

第二步：检查允许标记设置，"处理允许"的选项是否设置正确。

第三步：检查相关控制点的设置，此处设置关联遥控对象，设置成功后"允许标记"中的"遥控允许"会自动选择。

第四步：检查子类型，主要有断路器、隔离开关、事故总等类型，选择正确后可根据遥信子类型，自动关联动作处理方案。

第五步：检查双位置遥信点设置，常规站采用单点上送时需选取，智能站智能终端上送的位置信号默认为单点双位，此处可不选。

第六步：检查相关一次设备列，若一次设备正确设置了遥信关联，此处可查看关联的一次设备。

（3）设置遥测属性。双击对应间隔，然后点击遥测可切换至遥测属性设置页面，在首列标题点击右键，可对显示列进行配置，如图4-83所示。

图4-83　遥测属性设置

第一步：检查修改描述名，满足值班人员和信息规范要求。

第二步：检查允许标记设置，"处理允许"的选项是否设置正确。

第三步：检查单位、系数、校正值、残差、死区，61850智能站系数填1，校正值均为0，残差和死区均为0，保持默认值。

第四步：检查子类型，主要有功、无功、电压、电流、定值区号等类型，选择正确后可根据遥测子类型，自动关联动作处理方案。

第五步：检查采样周期，设置遥测量自动存历史库的时间，建议一般选择15min。

第六步：检查限值表，需要设置越限报警的在此处设置。

（4）设置遥控属性。双击对应间隔，然后点击遥控可切换至遥控属性设置页面，在首列标题点击右键，可对显示列进行配置，如图4-84所示。

图4-84　遥控属性设置

第一步：检查修改描述名，满足值班人员和信息规范要求。

第二步：检查允许标记设置，"处理允许"的选项是否设置正确。

第三步：检查调度编号，此处填写为遥控输入编号确认时对应的判别编号。

第四步：检查控制点类型，有状态遥控、数值遥控等，一般开关等遥控均选择状态遥控。

第五步：检查合规则，分规则，该选项为使用内置一体化五防时的闭锁规则设置，一般留空。

第六步：检查控制类型，一般选择加强选择型控制。

第七步：检查相关状态，在遥信设置了相关控制点后，此处会自动呈现。

3. 一次设备配置

开关、刀闸等一次设备需要和采集点进行关联设置，进入一次设备配置，双击对应一次设备，图4-85以266间隔为例，选择跳闸判别点，在弹出的遥信点选择界面进行二次测点的关联，选中对应的二次装置、对应遥信点，然后选择"确定"即可，可以选多个测点，默认以第一个测点作为跳闸判别点（见图4-85）。

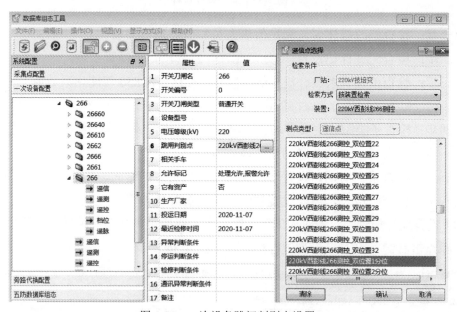

图4-85　一次设备跳闸判别点设置

4. 计算公式

计算公式在"采集点配置"界面，对应厂站的"合成信息"虚装置配置，在生成厂站的时候会自动生成该装置，双击遥信，在计算公式域双击即可对公式进行编辑（见图4-86）。

图 4-86　计算公式

在公式编辑页面，选择检索方式为"按装置"，选择对应间隔遥信值，再选择需要引用的具体遥信点双击加入编辑区，然后加入逻辑运算符号，最后完成公式编辑（见图4-87）。

图 4-87　公式编辑计算界面

四、维护要点及注意事项

1. 通信方案

采集点界面，双击变电站，双击通信方案，配置对应装置的通信方案，具体要求如图 4-88 所示。

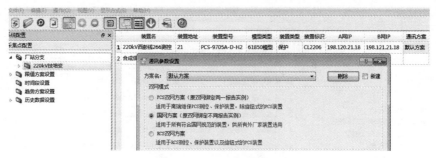

图 4-88　通信方案配置

2. 报告实例号

智能变电站 61850 通信，报告实例号为基本参数，一般厂家默认提供 16 个报告实例号，当站控层设备的报告实例号冲突会造成 61850 通信异常。现场应保证站控层设备数据通信网关机、监控主机、数据服务器、操作员工作站、网络报文分析、保护信息子站、综合应用服务器使用不同的报告实例号，并且不超过最多 16 个的数目限制。

在 PCS 安装目录 deployment\etc\fe\inst.ini 为报告实例号的配置文件，修改报告实例号后需要重启 deployment\bin\fe\fe_61850\fe_server61850 进程，才能按照新的实例号进行通信。

3. 报告控制块设置

在数据库组态界面，点击最上边菜单的"操作"，选择"报告控制块设置"，可更改 61850 全局的报告控制块设置（见图 4-89）。"报告控制块"优化可减少现场交换机网络报文流量，当 SCD 导入完成后，可在默认选项的基础上去掉 "品质发生变化""数据引用"等选项。BRCB 和 URCB 标签页的内容必须分别点"应用"才能各自生效。另外 BRCB 和 URCB 中的实例号为预留功能，实际实例号设置以 inst.ini 文件为准。

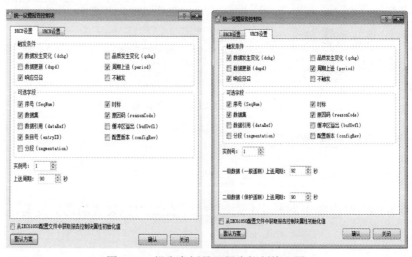

图 4-89　报告实例号及报告控制块配置

4. 同期模式

点击数据库组态界面最上边菜单的"操作"，选择"控制点 check 属性"，可配置同期合闸方式（见图 4-90）。同期模式 BVstring8 为南瑞继保专用方式，BVstring2 为 61850 标准方式。一般选择以下方案（控制点的 check 位为 BVstring2），由于新的规范不再使用 BVstring8，新规范要求同期合闸和强制合闸用模型不同的控制点来实现，该设置仅对测控装置老模型文件适用。

图 4-90　控制点同期模式配置

5. 测点导入

导入 SCD 文件，应勾选"合智装置不导入"，不导入过程层设备。智能变电站测点的描述导入可选择 SCD 文件模型中 DOI 的 Du 或者 Desc 字段， 通常导入 Desc 字段即可。

6. 网卡状态查看

用 ifconfig –a 查看网卡和所有配置，图中 UP BROADCAST RUNNING 表示网卡处于激活状态。使用 ethtool –p eth1（网卡名）命令可以点亮对应的网卡灯，可快速排查故障（见图 4-91）。

图 4-91　网络连接状态查看

7. 密码获取

忘记密码时可以通过 get_password 程序获取。而有时用户密码正确但仍然报用户名或密码错误，这是由于多次输入密码不对后锁定了，需要运行 plat 下面的 unlock_all_user 程序解锁。

第三节 测 控 装 置

PCS9705A/B/C 系列测控装置基于南瑞继保 UAPC 平台开发，全面支持 61850 规约和南瑞继保 103 规约，具备完善的间隔层联锁功能，采用 16 位高精度 AD 转换器，对时误差小于 1ms,具有完善的事件报告处理功能（可保存最新 64 次动作报告、1024 次变位报告、1024 次自检报告、1024 次运行报告、1024 次操作报告）。该装置既可接收合并单元发送的数字采样信息，也可配置传统交流采样板，广泛应用于智能变电站及常规变电站间隔层数据和信号的测量与控制。该系列装置主要区别为交流输入路数不同和同期功能不同，如图 4-92 所示，其中 9705A 多应用于单间隔测控，9705B 多应用于母线测控，9705C 多应用于 3/2 接线和主变压器双分支低压侧测控。

模块类型 \ 装置型号	PCS-9705A	PCS-9705B	PCS-9705C
交流模拟量输入(AC)	5PT/4CT	13PT	8PT/7CT
直流模拟量输入(AI)	16(Max*)	16(Max*)	16(Max*)
直流模拟量输出(AO)	4(Max*)	4(Max*)	4(Max*)
开关量开入(BI)	120(Max*)	120(Max*)	120(Max*)
开关量输出(BO)	80(Max*)	80(Max*)	80(Max*)
同期功能（25）	1	0	2

图 4-92 测控装置各型号区别

以实训室为例，采用的 PCS9705A-D-H2 装置为整层 4U 机箱，A 表示是单间隔测控，D 表示智能站测控，H2 表示装置机箱机构，该装置支持 SV 数字采样（IEC 61850-9-2 和 IEC 60044-8），同时支持 GOOSE 发布/订阅（IEC 61850-8-1）、常规光耦遥信采集、常规遥控节点输出。

一、装置简介

PCS9705 系列测控装置采用基于母板的总线设计,可根据现场需要选取 NR4xxx 系列智能插件进行灵活配置，具体配置要求如图 4-93 所示。为方便描述，下文用 B01 表示母板（motherboard）插槽（Slot）1，其他以此类推。B01 一般为 CPU 插件，B02 为过程层 SV/GOOOSE 采样值处理 DSP 插件，B03-B04 保留为常规交流采样插件，B05-

B09 为开关量输入（BI）插件，B10 为直流输出（AO）插件，B11 为直流输入（AI）插件，B12-B18 为开关量输出（BO）插件，B19 为外接人机接口（HMI）插件（选配），B20 为电源（PWR）插件。

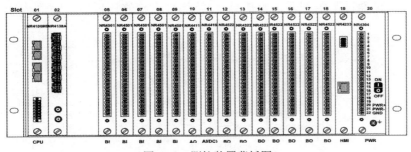

图 4-93　测控装置背板图

PCS9705 系列装置插件型号命名格式均为 NR4abc（de）格式，其中 a 表示插件大类，bc 表示插件型号的编号，无特殊含义。典型代码如：

a=1：带 DSP 处理芯片类（NR4106MB 为管理插件，NR4138A 为过程层 DSP 插件）；

a=3：电源类（NR4304BK）；

a=5：开关量输入输出类（NR4501A 为遥信采集，NR4522B 为空节点输出）。

在插件型号最后还定义一位或两位可选的英文字母组合用于细分硬件，不同的字母表示该类插件的不同硬件配置（如：接口类型、内存大小）。实训设备采用 B01_NR4106MB、B02_NR4138、B05_NR4501、B06_NR4501、B20_NR4304 的典型配置。

1. 前置面板简介

（1）装置前面板（MMI 接口）LCD 液晶显示器用于观察、监视、分析和整定定值，测量值和报警等信息。当有变位报告和报警信息时，相应的报文就会在液晶上显示出来（见图 4-94）。

当测控装置的遥测或遥信数据相应品质位为 1 时，在液晶面板左上角上，会显示相应的品质位标志。S 表示数据被取代，O 表示数据溢出，M 表示 SV 采样数据无同步标志，L 表示断链，T 表示对侧处于检修状态，I 表示数据无效。

S	2010-05-02 07:08:00	
A相测量电流有效值		0.0000 A
B相测量电流有效值		0.0000 A
C相测量电流有效值		0.0000 A
AB相测量电压有效值		0.00 V
BC相测量电压有效值		0.00 V
CA相测量电压有效值		0.00 V
同期测量电压有效值		0.00V
测量频率		50.000Hz
同期频率		50.000 Hz

图 4-94　测控装置液晶面板显示

（2）面板（见图 4-95）左侧共有 20 个 LED 指示灯，分为两列（从上到下编号依次为 LED01～LED20），前三个固定为"运行""报警""检修"指示灯，其余为备用。"运行灯"装置正常运行时处于点亮状态，软硬件故障时灯灭；"告警灯"发生报警信号时灯被点亮，可通过菜单查看报警信息；"检修灯"检修压板投入时"检修灯"亮。

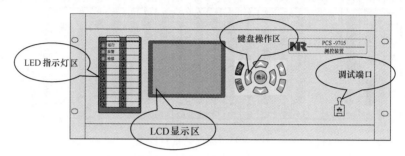

图 4-95　测控装置前面板

（3）常用操作按键。

1）◄/►：水平方向移动菜单；

2）▲/▼：上下方向移动菜单；

3）＋/－：修改数值、翻页键；

4）确定：选择或修改数据后写入键；

5）取消：取消操作、退出界面键；

6）操作密码：＋◄▲－确定；

7）清除报告：主画面按"＋－＋－确定"。

（4）调试端口。装置前面板调试端口为 RJ45 复用通信接口，它可以用作 RS-232 通信串口和双绞线以太网接口。使用南瑞继保的专用的电缆可实现调试电脑串口和网口两种方式访问装置。装置面板调试口的 IP 地址与后网口的 A 网 IP 相同，如需要通过前调试口连接装置，需先设置 A 网 IP 地址和子网掩码。

2. 背板各插件简介

（1）CPU 插件（NR4106 插件）具有 2 路 100BaseT 以太网接口、2 路 RS-485 外部通信接口（或 4 个 100BaseT 以太网接口，通过不同的模块进行功能选择）、PPS/IRIG-B 差分对时接口和 RS-232 打印机接口。NR4106M 系列不同后缀板件的接口差异如表 4-1 所示。

表 4-1　　　　　　　　　　　　NR4106M 系列不同后缀板件接口差异

插件 ID	内存	接口	物理层	备注
NR4106MA	128M DDR2	2 RJ45 网口	双绞线	不带滤波
NR4106MB	128M DDR2	4RJ45 网口	双绞线	不带滤波

插件 ID	内存	接口	物理层	备注
NR4106MC	128M DDR2	2 光纤网口	光纤 ST	不带滤波
NR4106MF	128M DDR2	4 RJ45 网口	双绞线	带一阶低通滤波
NR4106MG	128M DDR2	2 光纤网口+2RJ45 网口	光纤 ST + 双绞线	带一阶低通滤波

（2）开关量 BI 输入插件（NR4501 插件）采用光耦隔离，负责电信号开关量采集，光耦有高压和低压之分，其细分型号 A/E/G/H 为 DC220V/110V 通用、D/F 为 DC48V/24V 通用，使用时需要严格区分电压等级，防止烧毁插件。NR4501 提供 20 路光电隔离的开关量输入和 1 路光耦电压监视输入。为防止外部干扰串入，每一路开入信号都采用了硬件滤波和软件防抖的处理，保证了信号采集的可靠性。

（3）SV/GOOSE 插件（NR4138 插件）具有 6 路百兆 LC 光纤以太网（最多 8 路）及其他外设组成。插件支持 GOOSE 功能、IEC 61850-9-2 规约，支持 IRIG-B 光纤对时输入。完成从合并单元接收数据、发送 GOOSE 命令给智能操作箱等功能。GOOSE 发送功能和 GOOSE 接收功能需要通过配置发送插件和接收插件来完成。该插件支持过程层组网、点对点两种采样、跳闸模式。

（4）直流 AI（DC）插件（NR4410 插件）用于输入外部变送器送来的直流模拟信号，如温度变送器、压力变送器等。NR4410 提供了 8 路直流输入接口，不提供开入信号。标配的 NR4410C 插件，可采集 0～250V、0～5V 和 0～20mA/4～20mA 三种类型的直流信号，现场可通过板上三组跳线来选择具体的采集模式。插件采集类型跳线说明如表 4-2 所示。

表 4-2   插件采集类型跳线说明

信号输入范围	Sn	JPn-1	JPn-2
0～20mA/4～20mA DC	ON	OFF	ON
0～5V DC	OFF	OFF	ON
0～250V DC	OFF	ON	OFF

（5）开关量输出（BO）插件（NR4522 插件）为标准的跳闸用开关量输出插件，以空节点形式输出，细分为 A/B 型号，分别用于出口和联锁输出。

NR4522A 插件可以提供 11 路跳闸开出接点，用于传统回路跳闸，每路接点可以单独控制，并经过启动正电源闭锁。

NR4522B 插件可以提供 11 路常开接点开出接点，用于可逻辑编程的联闭锁输出，每路接点可以单独控制，不经过启动正电源闭锁。

通过工具软件可以将每个跳闸输出配置成实际有具体定义的跳闸输出接点。插件的端子定义见装置说明书。第 11 路作为前 10 的动作信号输出接点，即前 10 路任一路接点闭合，第 11 路接点均会闭合。

（6）电源插件（NR4304 插件）包含一个输入和输出隔离的 DC/DC 或 AC/DC 转换插件。其输入电压支持 DC220/110V、AC220/110V，输出直流电压为+5V，分别为装置其他插件提供电源。细分型号 A 型带磁保持节点输出，B 型带非磁保持节点输出，HK 型不带电源开关。电源插件还输出"装置闭锁""装置异常"信号接点，以及 8 对出口接点，用于跳、合闸出口和远方信号输出等。

二、定值及参数设置

1. 数据查看

（1）模拟量查看。该子菜单主要用于实时显示电流、电压采样值、相角、功率、谐波数据以及同期状态。

注意：智能变电站合并单元发送的值均为一次值（浮点数），面板显示的二次值为根据测控装置设定的变比把一次值折算为二次值，当二次值不对时需要在定值设置中去更改电流互感器和电压互感器的变比。

（2）状态量查看：状态量显示用于查看各输入接点、输出接点、 GOOSE 输入、分接头档位、在线五防使能状态和联锁状态、自检修信息和软压板状态。在进行遥控操作不成功时，可通过查看联锁状态可确定该操作是否被测控装置的间隔层五防闭锁。

（3）报告显示功能菜单可查看装置的运行记录，包括动作报告、自检报告、变位报告、运行报告、控制报告、遥调报告。

（4）装置信息菜单可查看装置的版本信息和板卡信息。

2. 定值设置

（1）装置参数定值。设置电源板电压（默认 3）和电子盘使能（默认 1），电子盘使能后修改参数和程序升级会对设置进行备份，方便紧急情况恢复。

（2）设备参数定值。TA、母线 TV、线路（同期）TV 一、二次变比均在此菜单设置，具体项可参见装置说明书，同期功能的判别是用二次值进行比较，所以同期功能不成功时需检查设备参数设置中一、二次变比设置。

（3）功能定值。"零漂抑制门槛值"可设定遥测零值死区的大小。"TA 极性"设置，智能变电站通常不在合并单元输出进行 TA 极性的设置，合并单元输入采用反抽正极性接线，输出一次值默认均为正极性；对于 500 kV 3/2 接线需要中开关 TA 反极性的线路测控，需要在测控装置设置"TA 极性"为 1（0 表示正极性，1 表示反极性），把中开关合并单元的输入值反向（旋转 180°）。母线 TV 测控需要"零序电压告警"功能时，可通过此菜单设置。需要测控装置同期使能输出，可通过此菜单设置。对于 10kV 只存在 A、C 两相 TA 的情况，可通过设置"TA 接线方式"为 1，即可通过自产方式计算得到 B 相电流。

（4）公用通信参数定值。

1）设置装置 IP 地址和子网掩码，多网卡的使能也在此设置；测控装置不对外通信，默认网关不设置。

2）对时方式默认设为 0（0：硬对时；1：软对时；2：扩展板对时；3：无对时）。

3）遥测变化量死区在此设置，默认值 0.2%（最小步长 0.01%）。

（5）61850 通信参数定值。IED 名称是读取下装的 CID 文件相关信息，是监控主机和数据通信网关机建立 61850 通信需要验证的关键信息。当测控装置 61850 通信不能建立时，应检查测控装置的 IED 名称是否和 SCD 文件一致。如果检修报文不能正确上送，需检查检修"品质变化上送使能"控制字是否设置为 1。

（6）同期定值。

1）准同期模式：主要用于区分检同期的典型应用场合。当该定值为 1 时，无论角差闭锁定值设置为多少，检同期角差小于 1°时方能检同期合闸成功；当该定值为 0 时，检同期角差小于角差闭锁定值时能检同期合闸成功。在电厂使用时，该定值必须投入；变电站该定值一般设置为 1。

2）同期复归时间：该定值为同期过程捕捉同期点的最长时间，默认为 5000ms。如果该时间改短，有可能造成不能捕捉到同期点，同期失败。

3）角差补偿值：默认采用母线 A 相和线路 TV A 相进行比较，当线路 TV（同期电压）为 B、C 相 TV 时，需要通过整定该值对采集到的相量进行角度旋转。

4）无压模式：一般设为 7，即任意一侧无压。

5）同期合闸时间：该值为断路器接收到合闸脉冲到合上断路器的时间，其他厂家又称为同期合闸导前时间，该值一般取断路器的机械特性实测时间值（断路器出厂报告有该值），500kV 开关典型时间为 40～60ms，220kV 开关和 110kV 开关典型时间为 80～120ms。

6）同期电压类型：可取 A、B、C 和 AB、BC、CA 相，根据现场实际选取，该值选取相间电压时，在设备参数定值中要将同期电压的二次值同步更改为 100V。该参数和角差补偿值配合进行设置，需要旋转角度时选用一个进行设置即可。

7）TV 断线闭锁检无压和 TV 断线闭锁检同期：该值为南瑞继保独有，判定母线 TV 断线时，是否闭锁检同期和检无压，默认定值为 1。

（7）SV 采样定值。

1）SV9-2 接收模式，0 为组网模式，1 为点对点模式，2 为组网+点对点模式。测控装置和合并单元一般采用组网模式，默认选 0，组网模式需要有精确对时；而点对点模式中，需要在虚端子连接中配置"额定通道延时"参数。该参数设置不对可能造成测控遥测采集错误。

2）扩展板同步方式，0 表示同步方式为背板 PPS；2 表示同步方式为外接 PPS；3 表示同步方式为 IRIG-B 对时。

3）GPS 采样同步使能，0 表示扩展板采样不判断 GPS 同步；1 表示扩展板采样根据 GPS 同步脉冲调整。非扩展板对时条件下，该定值不可以投入。

（8）遥信定值与遥控定值。遥信定值可设置遥信开入防抖时间，默认值 20ms。遥控定值可设置出口持续的脉冲时间，默认 5000ms。由于智能变电站外部一次设备信号的采集和遥控功能均由智能终端实现，测控装置的相关设置仅对接入装置的硬接点起作用。"出口使能软压板"：1 表示遥控成功后 GOOSE 正常出口；0 表示遥控成功后仅返回遥控成功报文，GOOSE 不出口。"检无压软压板""检同期软压板""检合环软压板"："检同期软压板"跟"检合环软压板"不能同时投入，所有压板不投为"不检方式"。检同期和检无压软压板可同时投入。

（9）档位定值。档位编码：方式 0 表示常规遥信接入，该方式档位为遥信；方式 1 表示 BCD 码接入；方式 2 表示步进方式，15～24 位为个位，表示 0～9，25～27 为进位分别表示个位有效，十位有效和二十有效，第 15 位表示最低位，第 27 位为最高位。3 表示变压器分接头以单接点方式输入。其中 15～40 位分别接入相应的输入，变压器以单节点方式接入时，最多能表示 26 档，第 15 位接入最低档，第 40 位接入最高档。4 和 5 用于分相变压器的档位采集，更多具体用法参见装置说明书。

（10）变送器定值。变送器类型为 0：变送器输出为 0～5V DC；1：变送器输出为 0～20mA/4～20mA DC；2：变送器输出为 0～250V D；3：变送器输出为 0～48V DC。更多定值参见装置说明书。

（11）闭锁定值。"硬件闭锁定值"用于闭锁板接点启动，当遥控需要使用硬件闭锁，或者需要使用闭锁板接点做可编程逻辑时，该定值均需要投入。目前除华东部分地区外，其他地区都未将闭锁板硬接点串入操作控制回路，该控制字投入/退出对操作回路均无影响。

3. 同期功能

同期检测功能可以实现对第一组遥控接点（断路器）的遥控合闸或手控合闸，同期检测功能可以选择不检、检无压、检同期、检合环四种方式。

检合环软压板投入后，如果检同期也投入，装置延迟 1s 报警，并闭锁检同期；待检同期或者检无压软压板退出后，延迟 1s 返回。

检同期合闸具有角差闭锁、频差闭锁、压差闭锁、滑差闭锁功能，检合环合闸具有角差闭锁、压差闭锁功能。测量侧和同期侧的相角差 $\Delta\delta$ 每 0.833ms 测量一次，同时根据频差 Δf，频差加速度 df/dt 以及开关动作时间 T_{dq} 算出断路器在合闸瞬间的相角差，确保断路器在合闸瞬间的相角差满足整定值 δ_{zd}。为避免差频系统合闸时引起大的系统冲击，检同期合闸的角差闭锁定值固定为 1°。

遥控同期合闸后，在同期复归时间内，程序将在每个采样中断中进行同期判别，直到检同期成功或同期复归时间到；对于手合同期，程序在检测到手合同期开入状态由"分"至"合"变化时进行同期判别，若在同期复归时间内条件满足则检同期成功，否则超时退出。

当装置的"远方/就地"开入为"1"，通过远方遥控执行检同期或检无压时，功能软压板中的检同期软压板、检无压软压板参数无效，装置是否执行检同期或检无压由发出远方遥控命令的 SCADA 系统决定。

如果远方遥控选择"一般遥控"或者装置的"远方/就地"开入为"0"，通过就地遥控来执行时，检同期软压板、检无压软压板及检合环软压板参数有效，装置是否执行检同期、检无压或者检合环由这 3 个参数决定。"手合同期"来执行检同期或检无压时，合闸检同期软压板、合闸检无压软压板参数有效，装置是否执行检同期或检无压由这 2 个参数决定。

遥控（包括液晶手控）合闸和同期手合（间隔层、过程层）成功产生独立的信号，同期手合（间隔层、过程层）执行成功仅从电源板出口（数字化装置对应 GOOSE 出口数据集中遥控 01 手合出口、遥控 02 手合出口为 1），其他合闸操作（遥控、液晶手控）执行成功仅从 NR4522 板出口（数字化装置对应 GOOSE 出口数据集中遥控 01 合闸出口、遥控 02 合闸出口为 1）。

三、配置文件生成及下装

下装文件至测控装置首先应在测控装置液晶面板"本地命令"设置"下载允许"，现场调试可通过 PCS-PC 调试工具的虚拟液晶工具连接测控装置，通过虚拟液晶完成该操作。

1. 测控装置 IP 设置

在液晶菜单："通信参数"→"公用通信参数"中，根据集成商 SCD 文件中分配的 IP 地址，分别设置 A、B 网 IP，必要时还需设置 C、D 网 IP（A 网固定投入，B、C、D 网可选是否投入）。四个网段的 IP 地址均需设置网段不同，子机地址一致（改完装置无需重启），以避免网段冲突带来通信问题。

2. 测控装置配置文件生成

在 PCS-SCD 工具中打开对应的 SCD 文件，点击导出按钮，批量导出 CID 和 Upac-Goose 文件（见图 4-96）。

图 4-96 PCS-SCD 导出配置文件界面

在弹出界面选择对应 IED 装置，然后确定导出（见图 4-97）。

图 4-97 导出配置文件 IED 选择界面

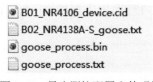

图 4-98 导出测控配置文件明细

SCD 导出测控装置需下载文件明细如图 4-98 所示，B01_NR4106-M_goose.txt 是 CPU 板卡联锁 GOOSE 站控层联锁配置文件，B01_NR4106_device.cid 为实例化的测控装置配置文件，B02_NR4138A-S_goose.txt 文件是 DSP 板卡过程层 GOOSE、SV 使用的配置文件，goose_process.bin 文件是对装置所有 GOOSE 配置文件的一个打包，goose_process.txt 文件记录了 goose process.bin 中每个 GOOSE 配置与板卡号的对应关系。现场根据联闭锁功能是否启用，选择是否配置联锁信息、生成 CPU 板卡联锁 GOOSE 站控层联锁配置文件和下装配置文件到测控装置。本次示例未配置联锁信息，故未生成 CPU 板卡联锁GOOSE 站控层联锁配置文件 B01_NR4106-M_goose.txt。

3. 测控装置配置文件下装

在 PCS-PC 调试工具中，添加 B01_device.cid、B01_goose_process.bin 文件，可快速下载测控装置所需的各类配置。若无对应的 goose_process.txt，需手动设置下装*-S_goose.txt 到 DSP 插件（2 号插件）和*_device.cid 到 CPU 板（1 号插件），下装文件板卡号错误，装置过程层通信将不会正常。

闭锁文件的下装：SCD 文件工具菜单"联锁"→生成联锁文件，可生成下装文件 lock.bin,lock.ibk,lock.ick,lock.txt，对于现场装置将 lock.ick 和 lock.txt 下装到 CPU 插件即可（1号插件）。

装置连接完成后，打开"调试工具"，并在"下载程序"功能下，添加需要下载到装置里的配置文件，添加完毕，点击"下载选择的文件"按钮，开始下载配置，配置下载完毕，装置将自动重启。对于新装置首次下载需下装*_devic.cid文件和*-S_goose.txt,对于后续未更换装置模型，只更新虚端子连线的装置，只需要下装*-S_goose.txt。对于变电站运行设备，在下装配置前应首先上装配置，做好数据备份后，再进行文件下装，以便新配置出现问题后及时恢复设备运行（见图4-99）。

图4-99　连接装置及下装界面

四、维护要点及注意事项

1. 通道延时

测控装置采用网络方式采集合并单元SV报文，理论上不需要通道延时进行判定。南瑞继保PCS系列装置程序做了优化，对于组网采样时，无论是否连通道延时，都不影响正常使用。但需注意老版本程序连了通道延时，则会引起装置报警。

2. SV通道数配置

SV有通道数配置应大于模型数据的最大值，建议配置为"30以上"，小于内部模型通道数后装置面板报"SV文本配置错"。

3. SV控制块压板

SV控制块压板应投入，不投入时测控遥测值可以正常显示，但同期合闸不能实现，可以理解为，品质位不对，同期相关功能闭锁。要使用同期功能时，该压板必须投入。

4. SV死区配置

SV有死区配置，分为变化死区和零值死区。零值死区在设备参数中配置，变化死区在装置通用中配置，死区配置对电压无影响，对电流值上送产生影响。

第四节 智 能 终 端

一、装置简介

PCS-222B 智能终端适用于 220kV 及以上需双重化配置工程现场，装置具有一组分相跳闸回路和一组分相合闸回路，以及 4 把隔离开关、4 把接地刀闸的分合出口，支持基于 IEC 61850 的 GOOSE 通信协议，具有最多 15 个独立的光纤 GOOSE 口，满足 GOOSE 点对点直跳的需求。

PCS-222B 智能终端具有以下功能：断路器操作功能；一套分相的断路器跳闸回路，一套分相的断路器合闸回路；支持保护的分相跳闸、三跳、重合闸等 GOOSE 命令；支持测控的遥控分合等 GOOSE 报文命令；具有电流保持功能；具有压力监视及闭锁功能；具有跳合闸回路监视功能；各种位置和状态信号的合成功能；开入开出功能；配置有 80 路开入，39 路开出，还可以根据需要灵活增加；可以完成开关、隔离开关、接地刀闸的控制和信号采集；支持联锁命令输出。

组成装置的插件有：电源插件（NR1301）、主 DSP 插件（NR1136E、NR1136A）、开入插件（NR1504A）、开出板（NR1521A），操作回路插件（NR1528A），电流保持插件（NR1528A、NR1528B），模拟量采集插件（NR1410B）。

DSP 插件一方面负责 GOOSE 通信，另一方面完成动作逻辑，开放出口继电器的正电源；用电脑通过串口线与智能终端相联进行调试，开入插件负责采集断路器、刀闸等一次设备的开关量信息，然后交由 DSP 插件发送给保护和测控装置；开出插件驱动隔离开关、接地刀闸分合控制的出口继电器；操作回路插件驱动断路器跳合闸出口继电器，并监视跳合闸回路完好性；电流保持插件完成断路器跳合闸电流自保持功能。

二、定值及参数设置

PCS-222B 智能终端为过程层设备，装置上没有液晶显示。需通过电脑串口线与合并单元相联，使用 PCS-PC 调试工具进行调试。

1. 检查软件版本

使用 PCS-PC 调试工具，连接 LCD 虚拟液晶（见图 4-100）。按"▲"键可进入主菜单，通过"▲""▼""确认"和"取消"键操作，选择"主菜单"→"装置信息"→"程序版本"菜单，查看并记录装置的程序版本号、校验码、时间，其版本应符合现场要求，如图 4-101 所示。

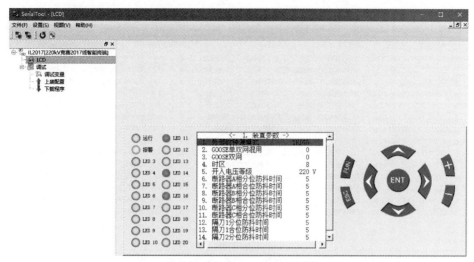

图 4-100 虚拟液晶操作界面

2. 检查虚端子连线

用 PCS-SCD 打开 SCD 文件,在虚端子连线菜单检查装置虚端子连线与设计图纸一致,如图 4-102 所示。

注意:GOOSE 配置中单点信号应与单点信号对应,双点信号与双点信号对应,GOOSE 连线配置到 DA 级。

3. 检查 GOOSE 光口配置

通过 PCS-SCD 工具打开 SCD 文件,核实装置订阅链路,如图 4-103 所示。

装置接收 GOOSE 数据集:仅从 1 号插件端口 1 接收 CL2017(竞赛线线测控装置)来的 GOOSE 数据块(CL2017PIGO/LLN0.gocb2)。

装置发送 GOOSE 数据集:从 1 号插件光口 1 发送 3 个 GOOSE 数据块(IL2017 ARPIT/LLN0.gocb0、IL2017ARPIT/LLN0.gocb1、IL2017ARPIT/ LLN0.gocb2)。

检查装置尾纤接线与 SCD 文件中的光口配置一致。同时检查光纤无断裂,光缆、光纤盒固定可靠、无松动,尾纤弯绕半径符合标准。

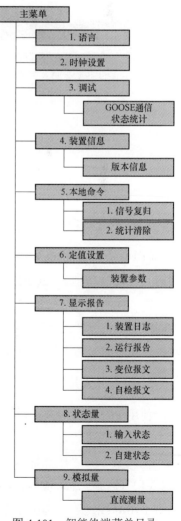

图 4-101 智能终端菜单目录

图 4-102　终端装置 GOOSE 连线

图 4-103　GOOSE 光口配置

4. 检查光口功率及灵敏度

（1）用光纤跳线连接智能终端和光功率计，允许有 0.5dB 的接触损耗，测量智能终端的光发射功率值为-20dBm～-14dBm。

（2）配置测控与智能终端的 GOOSE 链路，智能终端无 GOOSE 断链，将光衰耗计串入回路中，调节衰耗计的衰耗值直到装置恰好发出 GOOSE 断链时，通过光功率计测试此时经衰耗后的光功率值，为-14dBm～-30dBm。

5. 检查开入量

使用 PCS-PC 调试工具，连接 LCD 虚拟液晶。在主画面状态下，按 "▲" 键可进入主菜单，通过 "▲" "▼" "确认" 和 "取消" 键操作，选择 "主菜单" → "状态量" → "输入量" → "接点输入" 菜单，查看智能终端开入。

（1）硬接点开入检验。将＋110V 端子（以开入回路电源为 220V 为例）逐个与待测端子用导线短连，虚拟液晶显示相应开入应显示 "1"。

（2）GOOSE 开入检验。GOOSE 开入来自于测控装置的开出，通过观察本装置的开入量变位来进行检验。

（3）GOOSE 检修机制检查。分别模拟装置外部 GOOSE 开入是否带检修位、装置是否投检修等情况，检查装置动作情况。

外部开入 GOOSE 和保护装置检修状态一致，开入量应正确识别外部开入量的变化；外部开入 GOOSE 和保护装置检修状态不一致，开入量记忆之前的开关位置信息，其他信息清 0。

三、配置文件生成及下装

按照第四章第一节"SCD 文件配置及下装工具"中"SCD 制作步骤"导出智能终端配置文件即可。

按照第四章第一节"SCD 文件配置及下装工具"中"配置下装工具简介"下装智能终端配置文件到合并单元即可。

四、维护要点及注意事项

1. 单双网混用

智能终端处的单双网混用一般是从智能终端接收的角度来看，一个数据集通过不同的口接收两次才叫双网，而不是站内组网是双网，通常整定为单网。

2. 断路器遥控回路独立使能

整定为 0 时，断路器遥控和手合手跳都直接驱动跳闸合闸继电器，通过保护跳合闸回路出口；整定为 1 时，断路器遥控和手合手跳无法驱动跳闸合闸继电器，需要用备用 1 遥控的节点重动直接接到跳合闸保持回路。现在出厂的标配为：断路器遥控采用备用 1 遥控，将备用 1 遥控输出节点接到手合手跳开入上，所以该值应整为 0，注意拉虚端子应拉到备用 1 遥控而不是断路器遥控。

3. 模拟量的描述及精度范围

注意外部接线接在模拟量第几组，插件上的跳线是否整定正确（默认跳成 4～20mA 方式），没有用到的模拟量精度范围建议设成 0，输出值为 0 便于一眼识别是否使用。

第五节 合 并 单 元

一、装置简介

PCS-221GB-G 型号合并单元适用于各电压等级数字化变电站常规互感器采样,装置一般采取就地安装方式,通过交流电缆就地采样信号,然后通过 IEC 61850-9-2 协议发送给保护、测控或者计量装置。

PCS-221GB-G 合并单元主要具有以下功能:

(1)最大采集三组三相保护电流,二组三相测量电流,二组三相保护电压,一组三相测量电压。

(2)通过通道可配置的扩展 IEC 60044-8 或者 IEC 61850-9-2 协议接收母线合并单元三相电压信号,实现母线电压切换功能。

(3)采集母线隔离开关位置信号(GOOSE 或常规开入)。

(4)接收光 PPS、光纤 IRIG-B 码、IEEE 1588 同步对时信号。

(5)支持 DL/T 860.92 组网或点对点 IEC 61850-9-2 协议,输出 7 路。

(6)支持 GOOSE 输出功能。

PCS-221GB-G 装置采用模块化的硬件设计思想,按照功能来对硬件进行模块化分类,同时采用了背插式机箱结构。这样的设计有利于硬件的维修和更换。

组成装置的插件有:电源插件(NR1301S-A)、主 DSP 插件(NR1136E)、采样插件(NR1157C)、交流输入插件(NR1407-6I1U-1A40-A 或者 NR1407-6I1U-5A40-A,NR1407-6I-1A40-A 或者 NR1407-6I-1A40-A,NR1401-3I8U-1A02-A 或者 NR1401-3I8U-5A02-A)、开入开出插件(NR1525A)。

二、定值及参数设置

PCS-221GB-G 合并单元为过程层设备,没有液晶显示面板,需通过串口线与调试电脑相联,使用 PCS-PC 调试工具进行调试。

1. 检查软件版本

使用 PCS-PC 调试工具,连接 LCD 虚拟液晶(见图 4-104)。按"▲"键可进入主菜单,通过"▲""▼""确认"和"取消"键操作,选择"主菜单"→"程序版本"菜单,查看并记录装置的程序版本号、校验码、时间,其版本应符合现场要求(见图 4-105)。

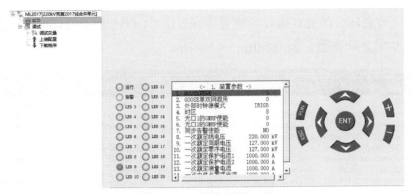

图 4-104　虚拟液晶操作界面

2. 检查虚端子连线

用 PCS-SCD 打开 SCD 文件，在虚端子连线菜单检查装置虚端子连线与设计图纸一致，如图 4-106 和图 4-107 所示。

注意：GOOSE 配置中单点信号应与单点信号对应，双点信号与双点信号对应，GOOSE 连线配置到 DA 级。SV 连线配置到 DO 级。

3. 检查 GOOSE 光口配置

通过 PCS-SCD 工具打开 SCD 文件，如图 4-108 所示。

装置发送 SV 数据集：ML2017MUSV/LLNO.smvob0 从 1 号插件端口 1 发送 SV 数据。

装置发送 GOOSE 数据集：ML2017MUGO/LLNO.gocb0 从 1 号插件端口 1 发送 GOOSE 数据。

检查装置尾纤接线与 SCD 文件中的配置一致。同时检查光纤无断裂，光缆、光纤盒固定可靠、无松动，尾纤弯绕半径符合标准。

4. 检查光口功率及灵敏度

（1）用光纤跳线连接合并单元装置和光功率计，允许有 0.5dB 的接触损耗，测量合并单元装置的光发射功率值，为 −20dBm～−14dBm。

（2）配置测控装置与合并单元装置间的 GOOSE 链路，装置无 GOOSE 断链，将光衰耗计串

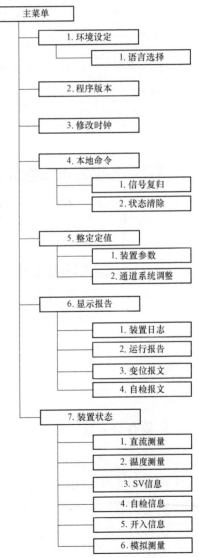

图 4-105　合并单元菜单目录

入回路中，调节衰耗计的衰耗值直到装置恰好发出 GOOSE 断链时，通过光功率计测试此时经衰耗后的光功率值，为–14dBm～–30dBm。

	外部信号	外部信号描述	接收端口	内部信号	内部信号描述
1	I8MM02AMUSV/LLN0.DelayTRtg	220kV母线合并单元/额定延时_9-2		MUSV/SVINGGIO1.SAVSO1	B01_额定延时_9-2
2	I8MM02AMUSV/TVTR1.Vol	220kV母线合并单元/母线1A相保护电压1_9-2		MUSV/SVINTVTR16.Vol	B01_1母保护电压A相1_9-2
3	I8MM02AMUSV/TVTR1.VolChB	220kV母线合并单元/母线1A相保护电压2_9-2		MUSV/SVINTVTR16.VolChB	B01_1母保护电压A相2_9-2
4	I8MM02AMUSV/TVTR2.Vol	220kV母线合并单元/母线1B相保护电压1_9-2		MUSV/SVINTVTR17.Vol	B01_1母保护电压B相1_9-2
5	I8MM02AMUSV/TVTR2.VolChB	220kV母线合并单元/母线1B相保护电压2_9-2		MUSV/SVINTVTR17.VolChB	B01_1母保护电压B相2_9-2
6	I8MM02AMUSV/TVTR3.Vol	220kV母线合并单元/母线1C相保护电压1_9-2		MUSV/SVINTVTR18.Vol	B01_1母保护电压C相1_9-2
7	I8MM02AMUSV/TVTR3.VolChB	220kV母线合并单元/母线1C相保护电压2_9-2		MUSV/SVINTVTR18.VolChB	B01_1母保护电压C相2_9-2
8	I8MM02AMUSV/TVTR4.Vol	220kV母线合并单元/母线2A相保护电压1_9-2		MUSV/SVINTVTR19.Vol	B01_2母保护电压A相1_9-2
9	I8MM02AMUSV/TVTR4.VolChB	220kV母线合并单元/母线2A相保护电压2_9-2		MUSV/SVINTVTR19.VolChB	B01_2母保护电压A相2_9-2
10	I8MM02AMUSV/TVTR5.Vol	220kV母线合并单元/母线2B相保护电压1_9-2		MUSV/SVINTVTR20.Vol	B01_2母保护电压B相1_9-2
11	I8MM02AMUSV/TVTR5.VolChB	220kV母线合并单元/母线2B相保护电压2_9-2		MUSV/SVINTVTR20.VolChB	B01_2母保护电压B相2_9-2
12	I8MM02AMUSV/TVTR6.Vol	220kV母线合并单元/母线2C相保护电压1_9-2		MUSV/SVINTVTR21.Vol	B01_2母保护电压C相1_9-2
13	I8MM02AMUSV/TVTR6.VolChB	220kV母线合并单元/母线2C相保护电压2_9-2		MUSV/SVINTVTR21.VolChB	B01_2母保护电压C相2_9-2
14	I8MM02AMUSV/TVTR10.Vol	220kV母线合并单元/母线1零序电压1_9-2		MUSV/SVINTVTR28.Vol	B01_1母零序电压1_9-2
15	I8MM02AMUSV/TVTR10.VolChB	220kV母线合并单元/母线1零序电压2_9-2		MUSV/SVINTVTR28.VolChB	B01_1母零序电压2_9-2
16	I8MM02AMUSV/TVTR11.Vol	220kV母线合并单元/母线2零序电压1_9-2		MUSV/SVINTVTR29.Vol	B01_2母零序电压1_9-2
17	I8MM02AMUSV/TVTR11.VolChB	220kV母线合并单元/母线2零序电压2_9-2		MUSV/SVINTVTR29.VolChB	B01_2母零序电压2_9-2
18	I8MM02AMUSV/TVTR13.Vol	220kV母线合并单元/母线1A相测量电压_9-2		MUSV/SVINTVTR22.Vol	B01_1母测量电压A相_9-2
19	I8MM02AMUSV/TVTR14.Vol	220kV母线合并单元/母线1B相测量电压_9-2		MUSV/SVINTVTR23.Vol	B01_1母测量电压B相_9-2
20	I8MM02AMUSV/TVTR15.Vol	220kV母线合并单元/母线1C相测量电压_9-2		MUSV/SVINTVTR24.Vol	B01_1母测量电压C相_9-2
21	I8MM02AMUSV/TVTR16.Vol	220kV母线合并单元/母线2A相测量电压_9-2		MUSV/SVINTVTR25.Vol	B01_2母测量电压A相_9-2
22	I8MM02AMUSV/TVTR17.Vol	220kV母线合并单元/母线2B相测量电压_9-2		MUSV/SVINTVTR26.Vol	B01_2母测量电压B相_9-2
23	I8MM02AMUSV/TVTR18.Vol	220kV母线合并单元/母线2C相测量电压_9-2		MUSV/SVINTVTR27.Vol	B01_2母测量电压C相_9-2

图 4-106　单元装置 SV 连线

	外部信号	外部信号描述	接收端口	内部信号	内部信号描述
1	I3IL04ARPIT/QG1XSWI1.Pos.stVal	220kV竞赛2017线智能终端/闸刀1位置		MUGO/GOINGGIO1.DPCSO1.stVal	1母刀闸位置
2	I3IL04ARPIT/QG2XSWI1.Pos.stVal	220kV竞赛2017线智能终端/闸刀2位置		MUGO/GOINGGIO1.DPCSO2.stVal	2母刀闸位置

图 4-107　单元装置 GOOSE 连线

图 4-108　GOOSE 光口配置

5. 检查开入量

使用 PCS-PC 调试工具，连接 LCD 虚拟液晶。在主画面状态下，按"▲"键可进入主菜单（见图 4-105），通过"▲""▼""确认"和"取消"键操作，选择"主菜单"→"装置状态"→"开入信息"菜单，查看开入状态。

试验前，请把"装置参数"中"开关位置开入选择"定值设置为"2"，即 Cable（电缆）方式。

（1）硬接点开入检验。将＋110V 端子（以开入回路电源为 220V 为例）逐个与待测端子用导线短接，面板显示相应开入应显示"1"。

（2）GOOSE 开入检验。GOOSE 开入来自其他智能终端的开出（包括断路器母线 1 隔离刀闸位置、断路器母线 2 隔离刀闸位置），通过观察本装置的开入量变位来进行检验。

使用 PCS-PC 调试工具，连接 LCD 虚拟液晶。在主画面状态下，按"▲"键可进入主菜单，通过"▲""▼""确认"和"取消"键操作，选择"主菜单"→"装置状态"→"开入信息"菜单，查看保护开入。

试验前，请把"装置参数"中"母线刀闸开入类型"定值设置为"1"，即 GOOSE 方式。

（3）GOOSE 检修机制检查。分别模拟装置外部 GOOSE 开入是否带检修位、装置是否投检修等情况，检查装置动作情况。

外部开入 GOOSE 和保护装置检修状态一致，开入量应正确识别外部开入量的变化；外部开入 GOOSE 和保护装置检修状态不一致，开入量记忆之前的刀闸位置信息，其他信息清零。

6. 精度校验

将高精度继保试验仪与装置连接，同时装置与测试仪可靠接地，用试验仪输出不同百分比的模拟量值。

使用 PCS-PC 调试工具，连接 LCD 虚拟液晶。按"▲"键可进入主菜单，通过"▲""▼""确认"和"取消"键操作，选择"主菜单"→"装置状态"→"模拟测量"菜单，查看并记录保护装置采样，最后计算采样值精度，应满足相关规范要求。

三、配置文件生成及下装

按照第四章第一节"SCD 文件配置及下装工具"中"三 SCD 制作步骤"导出合并单元配置文件即可。

按照第四章第一节"SCD 文件配置及下装工具"中"二配置下装工具简介"下装合并单元配置文件到合并单元即可。

四、维护要点及注意事项

1. 系统定值

保护电压一次按线电压整定，二次按相电压整定，例如 220/57.735；同期电压按相电压整定，例如 127/57.735；零序电压变比为相电压/100V，例如 127/100。

2. 功能定值

（1）母联间隔。母联合并单元投 Yes，此时 I 母电压作为保护电压输出，II 母电压某相作为同期电压输出（取决于定值"同期电压相序"）。此时需要注意，如果采用 9-2 级联，二母的电压作为同期电压，是从零序电压通道发送出去的，保护虚端子同期电压实际要拉到零序电压上，而采用 4-8 级联时，则是通过同期电压通道发送出去（老版本装置）。选母联间隔时母线刀闸开入类型肯定为 No。

（2）三相电压选择。对于线路测控，装置向外发送的三相电压是来自背板交流头，同期电压来自母线合并单元级联；对于母线来说，装置向外发送的三相电压来自母线合并单元级联，同期电压来自背板交流头。

（3）同期电压相序。同期电压来自 TV 合并单元级联时，选择哪一相作为同期电压。

（4）母线刀闸开入类型（同时返回输出电压为 0，动作输出 I 母电压）。No 表示不接收刀闸位置开入，电压不切换，向外发送的保护电压为 I 母电压；GOOSE 选项表示通过 GOOSE 接收母线刀闸双点位置开入；Cable 表示通过电缆接入母线刀闸双点位置。

3. 级联相关定值

（1）RX1 接收使能：采用 4-8 级联时投 Yes。

（2）母线 MU 通道数：和母线合并单元设置一致，22 或 33。

（3）母线 MU 接收波特率：和母线合并单元设置一致，南瑞继保公司设备默认10Mbit/s，其他厂家设备请咨询设备厂商具体参数。

（4）级联规约：根据实际情况选择"No、9-2、4-8"。

4. 信号灯异常处理

（1）SV 接收状态指示灯异常：检查 SV 级联光纤连接是否正常，是否有出现断线、脱落现象，如发现光纤连接问题，更换备用光纤。

（2）GOOSE 接收状态指示灯异常：检查 GOOSE 通信光纤连接是否正常，是否有出现断线、脱落现象，如发现光纤连接问题，更换备用光纤。

（3）TV 电压切换异常：确认现场刀闸位置是否正确，检查报文中隔离开关位置是否存在 00 或 11 等无效状态。

（4）对时指示灯异常：检查对时装置是否运行正常，对时光纤连接是否正常，是否出现断线、脱落现象，如发现光纤连接问题，更换备用光纤。

（5）检修灯异常：确认现场是否需要处于检修状态，对于与现场运行状态不一致的应确认影响。

第六节 网 络 组 建

一、物理网络搭建

以实训室为例，设备配置及网络连接可配置如图 4-109 所示。

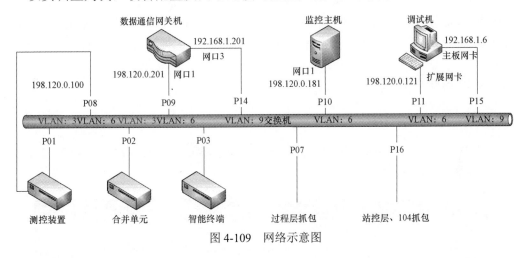

图 4-109　网络示意图

南瑞继保实训系统由 1 面屏柜组成，设备包括数据通信网关机 1 台、测控装置 1 台、交换机 1 台（站控层 6 口、过程层 6 口、数据网 4 口）、智能终端 1 台、合并单元 1 台、模拟断路器及模拟刀闸。相关的遥信回路、遥控回路电缆接入对应间隔智能终端。配置 2 台工作站，一台作为调试工作站及模拟主站，一台作为监控主机，共计 2 台显示器。

如图 4-109 所示，测控装置通过一对尾纤连接交换机端口 1 口用于测控 GOOSE 与 SV 通信；合并单元通过一对尾纤连接交换机 2 口用于合并单元 GOOSE 和合并单元 SV 通信（合并单元需配置 GOOSE 与 SV 共网传输）；智能终端通过一对尾纤连接交换机 3 口用于智能终端 GOOSE 通信；测控装置通过一根网线连接交换机 8 口用于测控装置与站控层装置（监控主机和数据通信网关机）通信；数据通信网关机通过一根网线连接交换机 9 口用于数据通信网关机与站内装置（测控装置）通信，通过一根网线连接交换机 14 口用于数据通信网关机与调试机模拟主站通信；监控主机通过一根网线连接交换机 10 口用于监控主机与站内装置（测控装置）通信；调试工作站通过一根网线连接交换机 11 口用于站内调试，通过一根网线连接交换机 15 口用于模拟主站通信。

二、交换机简介

PCS-9882BD-D 过程层工业以太网交换机提供 16 个 SFP 百兆端口和 2 个 SFP 千兆端口，可根据需要选择百兆无源电、光 SFP 模块实现百兆、十兆自适应接口，也可选择千兆无源电、光 SFP 模块实现千兆接口。选择不同类型的 SFP 模块，需要通过 Web、CLI 等方式更改交换机端口配置与实际插入模块对应。

PCS-9882BD-D 过程层工业以太网交换机的功能有：以太网交换、流量控制、QoS 控制、VLAN 技术、环网技术、组播管理、端口安全、文件管理等功能。

三、交换机配置

1. 远程登录

首选 Web 登录方式，以 IE 浏览器登录交换机后管理口 IP：192.168.0.82（255.255.255.0），如图 4-110 所示。

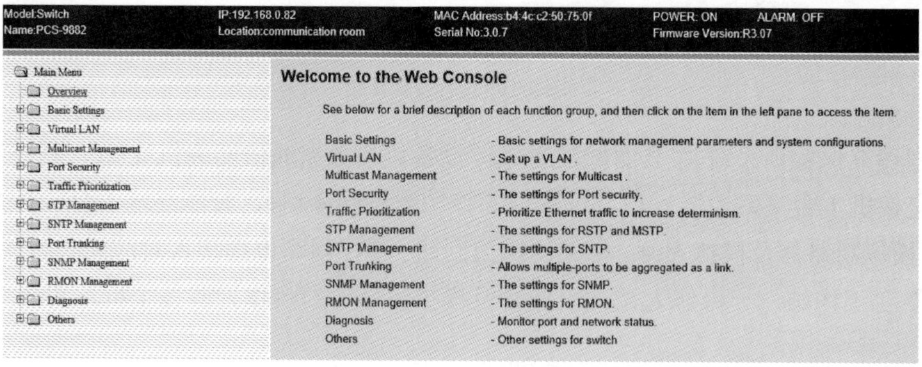

图 4-110 远程登录

2. 参数配置

交换机端口采用可热插拔的 SFP 模块，每个端口类型应根据所配置的模块种类，对应选择 RJ45 或 FIBER，并设置合适的参数，如图 4-111 所示。

Port：各网口的端口号，1～16 对应 16 个百兆端口，G1～G2 对应 2 个千兆端口。

Enable：可以选择工作端口和禁止工作端口，勾选复选框，则设置端口为工作端口。反之，设置端口为禁止工作端口。

Mode：端口工作在光口或电口模式选择。

RJ45：电口模式。

Fiber：光口模式。

AutoNeg：端口是否为自动协商工作模式选择。ON：自动协商工作模式；OFF：强制工作模式。

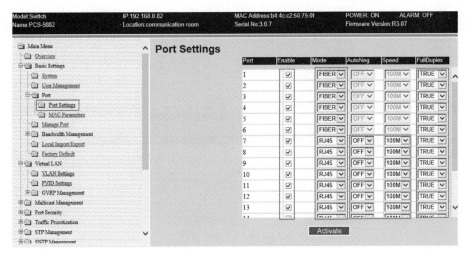

图 4-111　端口设置

Speed：端口速率设置，在 AutoNeg 为 ON 的情况下不需要设置，OFF 情况下用于设置端口强制工作速率[10Mbit/s、100Mbit/s 或 1000Mbit/s（仅千兆端口包含此选项）]。

FullDuplex：是否全双工模式。在 AutoNeg 为 on 的情况下不需要设置，OFF 情况下用于设置端口工作模式：TRUE 为全双工模式工作；FALSE 为半双工模式工作。

3. VLAN 配置

交换机用于过程层时，要进行 VLAN 配置，VLAN（Virtual Local Area Network，虚拟局域网）主要为了解决交换机在进行局域网互连时无法限制广播的问题。这种技术可以把一个 LAN 划分成多个逻辑上的 LAN。每个 VLAN 是一个广播域，VLAN 内的主机间通信就和在一个 LAN 内一样，而 VLAN 间则不能直接互通，这样，广播报文被限制在一个 VLAN 内。

VLAN 配置由图 4-112 和图 4-113 所示两步完成。

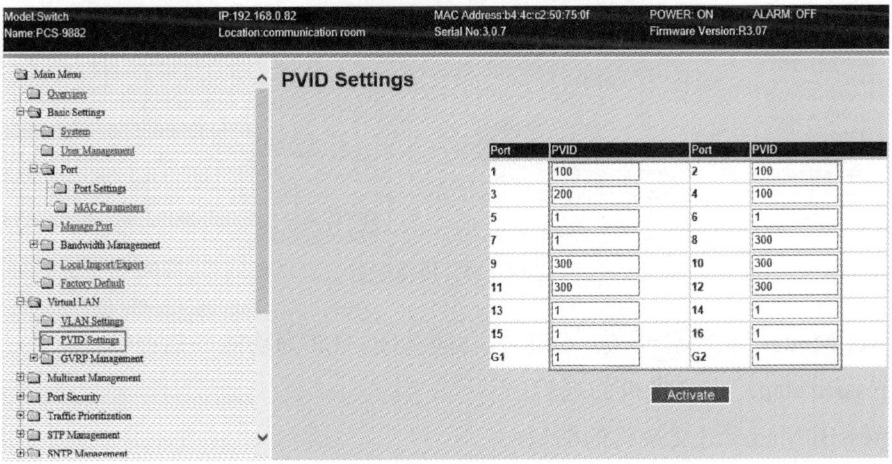

图 4-112　PVID 设置

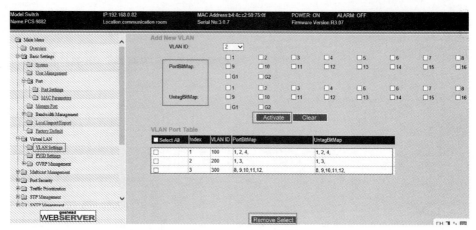

图 4-113　VLAN 设置

PVID 用来决定进入端口的不带标签报文在交换机内转发的默认 VLAN。例如：某端口 PVID 设置为 2，则进入该端口的不带标签报文将在交换机的 VLAN2 中进行传播，该设置不会影响进入端口的带标签报文。

4. 镜像配置

交换机用于站控层时，需要进行镜像配置，以实现第三方软件对点对点 TCP/IP 通信过程的监视。

端口镜像（Port Mirroring）是能把交换机一个或多个端口的数据镜像到一个或多个端口的方法。配置方法如图 4-114 所示。

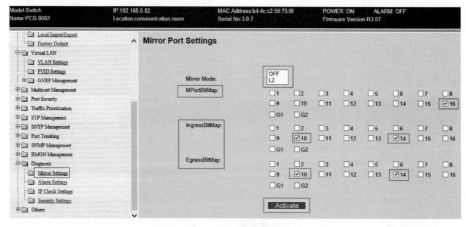

图 4-114　镜像配置

Mirror Mode：功能总开关，OFF 为功能关闭，L2 为功能开启；

EgressBitMap：出交换机的端口；

IngressBitMap：进交换机的端口；

MPortBitMap：镜像端口，镜像端口可以有多个。

图 4-114 的目的是将 10、14 口进出交换机的数据镜像到 16 口，镜像口可以选择多个，此时多个镜像口的数据完全一样。

注意：后管理口 IP 地址的 VLAN 应与端口实际所在的 VLAN 相匹配，否则后管理 IP 将无法进行远程连接，如图 4-115 所示。

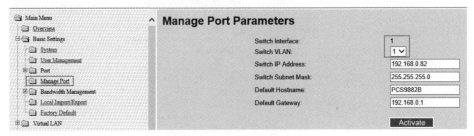

图 4-115　管理 IP 的 VLAN

镜像端口可以选择多个端口，此时多个端口上的镜像数据流是一样的。

四、维护要点及注意事项

（1）用 IE 浏览器登录交换机，PC 机 IP 地址设置同一网段，如图 4-116 所示。

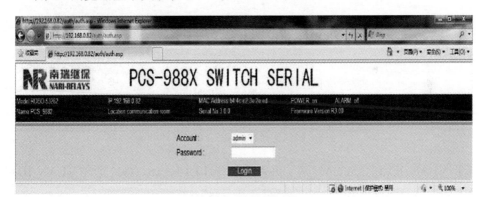

图 4-116　交换机登录界面

（2）进入 PCS9882VLAN 配置主界面，如图 4-117 所示。

进入 VLAN 设置界面"VLAN Settings"，如图 4-118 所示，其中，部分设置项解释如下。

VLAN ID：当前设置 VLAN 的 ID 号，取值范围 1～300，VLAN ID＝1 的 VLAN 为默认设置，不需要更改。

PortBitMap：当前 Vlan ID 包含的端口，复选，可以全部选中，不能不选。

UntagBitMap：当前 Vlan ID 包含端口中的无标签端口，根据实际情况设置，PortBitMap 中未选中的端口不需要设置。

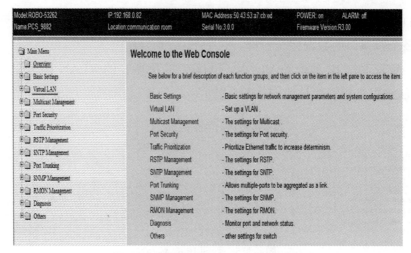

图 4-117　PCS9882VLAN 配置主界面

图 4-118　VLAN 设置界面"VLAN Settings"

　　基于 VLAN ID 划分 VLAN 表显示界面：端口 14、16、G1 允许 VLAN ID=11 的数据帧通过，如图 4-119 所示。

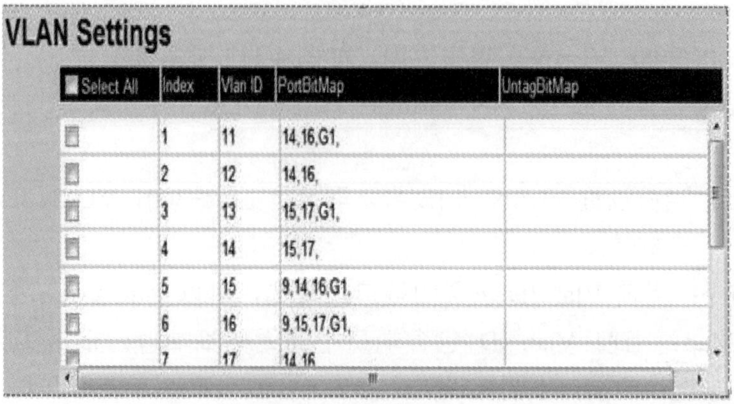

图 4-119　基于 VLAN ID 划分 VLAN 表显示界面

基于交换机端口划分 VLAN 表显示界面：端口 2 允许 VLAN ID＝23、24、25、26 的数据帧通过，如图 4-120 所示。

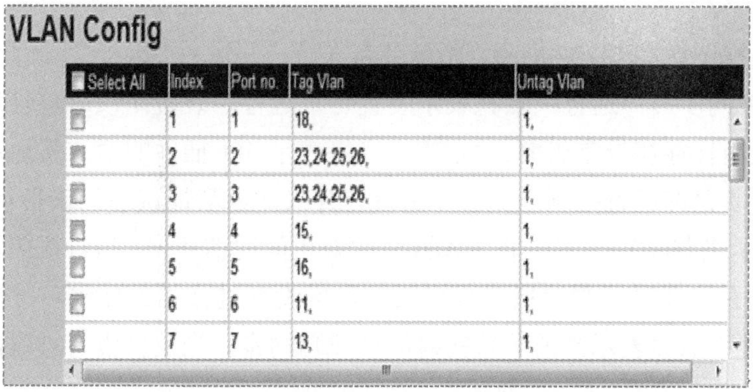

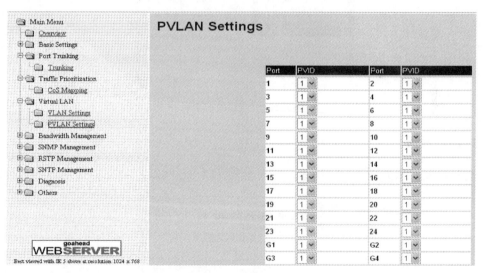

图 4-120　基于交换机端口划分 VLAN 表显示界面

（3）设置 PVLAN 之前需要首先设置好 VLAN，如图 4-121 所示。删除 VLAN 之前需要先设置所有的 PVID 不属于将要删除的 VLAN ID，然后再删除 VLAN，否则会出现异常情况。

图 4-121　设置 VLAN

第七节　数据通信网关机

PCS-9799C 数据通信网关机基于南瑞继保 UAPC 硬件平台，采用嵌入式 Linux 操作系统和 mysql 数据库，支持 104、61850、CDT、MODBUS、101、103、DNP 等规约，广泛应用于智能变电站。

一、装置简介

1. 面板指示灯

装置正面视图如图 4-122 所示，指示灯有 5 个，分别为"运行""报警""远方""对机正常""时钟同步"。"运行"点亮表示装置正常运行，装置闭锁时该灯熄灭。"报警"点亮表示装置运行存在异常告警。"远方"点亮表示 IO 插件的远方就地端子有开入为远方状态，当前允许远方控制操作，如果没有开入即为就地状态，该指示灯熄灭。"对机正常"亮表示当前配置为双机冗余模式下的双机间通信正常，当对机闭锁或者双机之间的通信信号丢失超时，则该指示灯熄灭，现场没有进行相关配线，该灯应为熄灭状态。"时钟同步"点亮表示当前装置的时间被成功同步，当装置没有被时间同步，该指示灯则熄灭。

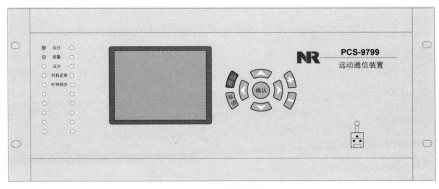

图 4-122　液晶面板菜单

2. 液晶面板

液晶面板显示如图 4-123 所示，第 1 竖排为 1～6 网口，第二竖排为 7～12 网口。

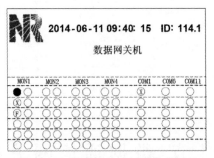

图 4-123　数据通信网关机液晶面板

○—口未用；●—网口占用，该网口下至少有一个链接正常；Ⓕ—网口占用，网线被拔出；

⊗—网口占用，该网口下所有链接都断

液晶面板常用菜单如图 4-124 所示。

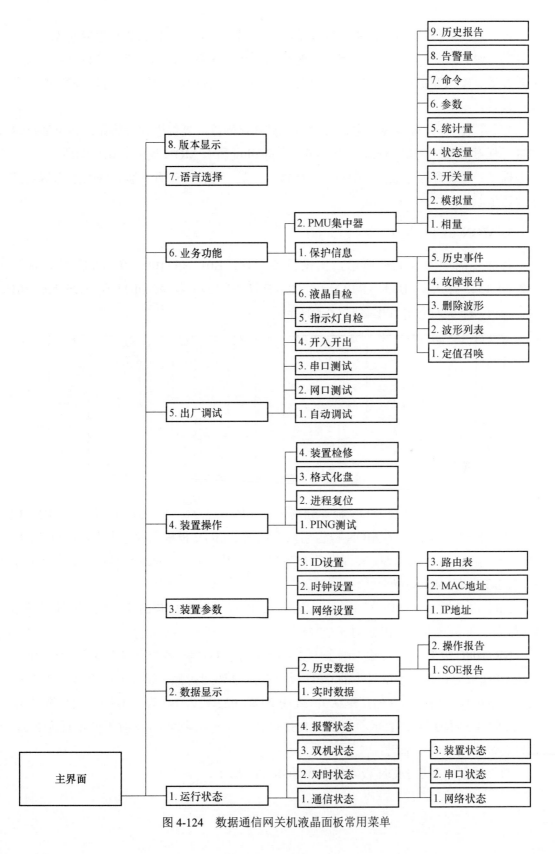

图 4-124　数据通信网关机液晶面板常用菜单

1）运行状态：实时显示本装置通信状态、对时状态、双机状态和报警状态。

2）数据显示：显示所有装置的实时数据，包括状态类、测量类、档位、计量类、装置参数、定值和定值区号 7 大类数据；显示所有装置的历史数据，包括 SOE 报告和操作报告。

3）装置操作：对本装置进行置检修、格式化硬盘、复位进程等操作，并可通过本装置对任意 IP 进行 ping 测试。ping 测试支持 ping 所有 MON 板网口相连网段。

提示：在装置运行液晶主界面，直接按+、−号，可直接查看本装置网络通道规约配置及通道状态。

3. MON（CPU 板）

背面视图如图 4-125 所示，实操设备配置：B01_NR1108C 为 CPU 管理板，B12_NR1525 开入板，B13_NR1224 串口板，B14_NR1225 为 MODEM 板，B16_NR1301 为电源板，下面对各插件配置时行详细介绍。

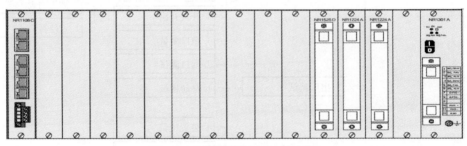

图 4-125　数据通信网关机背板图

装置最多可配置 4 块 MON 板，分别位于插槽 01、03、05、07，6 网口的 MON 板占用 1 个插槽，12 网口的 MON 板占用两个插槽。MON 板根据内存大小、存储空间、网口个数有 11 种可选插件，实训设备 PCS9799 选用的 MON 板为 NR1108C，配置 6 个网口+ 2G 内存+ 4G SSD 卡。

NR1108C 板 6 个网口分别属于两块网卡：网口 1 属于网卡 2；网口 2~6 属于网卡 1，相当于 1 块网卡虚拟出来的 5 个网口。

NR1108C 板 B 码对时输入端子为 2、3、4（注意：第一个端子未用）。当装置配有多块 CPU 板时，仅位于槽号 1 的 CPU 板可以接 B 码对时源。跳线 P3、P14 置为 2-3，表示端子串口为对时口（出厂默认）；跳线 P22、P23 置为 1-2 表示 B 码（出厂默认），跳线 P5、P6 置为 2-3，表示前调试口 RS232 接口输出，多块 CPU 时不能都置为 2-3，否则超级终端会显示乱码。

数据通信网关机 MON 板实物图如图 4-126 所示。

4. I/O（开入开出板）

I/O 板位于槽号 12，提供 4 路开出和 13 路开入。标配板号 NR1525D，开入电源为 DC24V，来自 PWR 电源板的端子 10、11。开入电源为 DC220V 的板号为 NR1525A。插件端子定义和用法参见说明书。

图 4-126　数据通信网关机 MON 板实物图

5. COM 和 MDM（串口板）

插槽号 13、14、15 用来配置 COM 板（串口通信板，板号 NR1224A）或 MDM 板（调度通道板，板号 NR1225A、NR1225B）。每块插件有 5 个通信口，组态中串口号从插槽 13 开始排序，也即插件 13 是串口 1-5，插件 14 是串口 6-10，插件 15 是串口 11-15。

COM 板每个通信口可选配 RS-485/232 方式，第 5 个通信口还可以配置为 RS-422 方式。各方式切换通过板卡跳线实现，跳线方式见板卡上的说明。

MDM 板可以实现与频偏参数为+/−500 的非常规模拟通道通信，具体参考说明书。

6. PWR（电源板）

PWR 电源插件的槽号为 P1，标配 DC110V/220V 自适应，板号 NR1301A。输入电源额定电压为 AC220V 时可使用 NR1301F 插件（与 NR1301A 端子定义相同）。需要使用双电源时，槽号 P1 位置选用插件 NR1301E，槽号 10 选用 NR1301K。

PWR 插件面板如表 4-3 所示。

表 4-3　　　　　　　　　　　　PWR 插件面板

指示灯	颜色	点亮时含义
5V OK	绿色	电源插件 5V 输出正常
ALM	黄色	电源插件 5V 输出异常（如：过压、欠压）
BO_ALM	红色	装置报警
BO_FAIL	红色	装置闭锁

（1）01～03 端子：分别是公共端、装置闭锁空接点、装置报警空接点。

（2）04～06 端子：报警、闭锁第二组接点。

（3）07～08 端子：24V 电源输出端子，供 IO 板使用，输出额定电流为 200mA。

（4）10～12 端子：电源输入和接地端子。

二、组态配置

PCS9799 装置的组态工具为 PCS-COMM，PCS-COMM 的本地数据库采用 mysql，在调试维护电脑上必须安装 mysql 软件才能正确打开备份和项目文件。对于数据通信网关机的调试需要安装 PCS-Gateway 软件进行实时数据查看。

1. 组态上装与下装

首先应在 PCS-COMM 软件点击工具菜单"通讯"→"上装组态"，在弹出对话框中填写目标管理机 IP 地址，IP 地址需在数据通信网关机液晶面板查看，使用前置面板

图 4-127　数据通信网关机
连接图

的调试口进行连接应使用 A 网卡的地址，IP 输入窗口如图 4-127 所示。

连接成功后会弹出"是否同意从管理机上装组态"选择界面（见图 4-128），选择"是"。上装组态成功后会在事件输出窗口反馈"上装组态成功！正在打开组态！"，上装完成后在维护电脑上 PCS-COMM 软件点击"文件"→"保存项目"选择相应的目录即可完成项目本地存储，保存完毕后将文件夹拷贝或压缩进行备份，然后再进行配置更改和下装。

组态下载的方法与上装相同，在 PCS-COMM 软件点击工具菜单"通讯"→"下装组态"，在弹出对话框中填写目标管理机 IP 地址（见图 4-129），然后输入密码（第一次需输入默认密码）点击下装即可完成。

图 4-128　数据通信网关机组态上装图

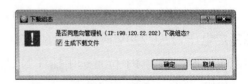

图 4-129　数据通信网关机组态下装图

远程重启管理机：在"通讯"菜单点"重启管理机"即可完成数据通信网关机的远程重启。

2. 组态配置说明

打开组态后配置界面如图 4-130 所示，界面左侧为"项目结构图"（见图 4-130 标

1 处），界面下侧为事件的各种信息（见图 4-130 标 2 处），右侧为"详细配置选项卡"（见图 4-130 标 3 处），其中 3 下边为该配置的细分选项卡（见图 4-130 标 4 处），可以在不同选项卡进行切换，图 4-130 中标 5 处为调试按钮，可通过此按钮调用 PCS-Gateway 进行实时数据调试（初次调用需要配置 PCS-Gateway 的物理地址）。

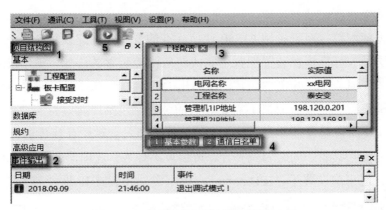

图 4-130　数据通信网关机配置界面介绍

项目结构图包含"基本""数据库""规约""高级应用"四个页面，下面分别进行介绍。

（1）基本配置。"工程配置"选项卡如图 4-131 所示，本页面所有信息均为描述性信息，只是方便工程文件归档，管理机 1 IP 地址和管理机 2 IP 地址填写的 IP 只是方便查看备份时知道实际管理机的地址，对通信不产生影响。

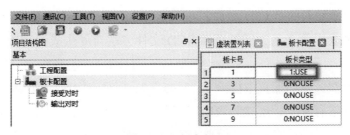

图 4-131　数据通信网关机工程基本配置

板卡配置选项中，要保证 MON 卡在 USE 状态，保证板卡 1 在 USE 状态即可（见图 4-132）。

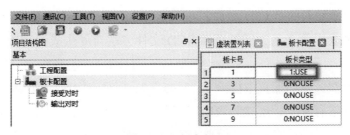

图 4-132　板卡投入

"接受对时"和"输出对时"选项，可在导入 SNTP 规约文本后进行配置，PCS9799 既可接受对时，也可作为时间源，采用 SNTP 对站内其他设备对时。导入规约文本方法，点击"工具"，再点击"添加规约"在弹出窗口选择规约文本的路径即可。导入规约文本后需要在"规约"对应的板卡添加"连接"并设置 SNTP 规约后，此时接受对时和输出对时才能进行设置。

（2）数据库配置。对于采用 61850 通信标准的变电站，建议从 SCD 文件进行装置导入，该方法导入可直接在装置配置中完成对应测控装置的添加，操作过程如图 4-133 所示，选择"工具"→"更新 SCD"，在弹出的对话框中选择对应的 SCD 文件。然后在"装置模板设置"面板应取消不需要导入的装置，包括所有过程层设备（合并单元、智能终端）以及原来配置中存在的装置，如果重新导入会对原有装置进行覆盖，注意选择装置类型为测控装置，同时勾选"合、智装置不导入"选项，点击确认即可。该方法添加测控装置已正确设置了"IED name"、模型类型和装置 IP 地址。

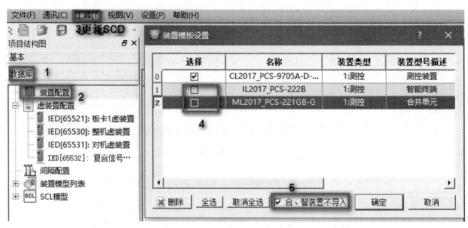

图 4-133　数据库基本配置

装置配置还可以采用 103 规约变电站的方式进行添加，点击"工具"再点击"导入装置文本"，选择 61850 规约，然后选择测控装置的 ICD 文件或者实例化配置的 CID 文件，该方法可在装置模型列表中添加对应的装置模板，此时"装置配置"中的装置列表中无相关装置，需要在图 4-134 标 2 处选择模板新增装置，才能在装置列表中完成对应的装置添加，如图 4-135 标 3 处所示。该方法需要对"IED 名称"和 IP 地址进行手动设置。该方法即使导入的是 CID 文件，也不能自动生成 IED 名称和 IP 地址需要人为手动设置。装置列表中第 2 条为通过更新 SCD 文件方法自动生成的装置信息，可对比两种方法的区别。

（3）规约配置。规约配置中板卡 1、3、5、7、9 对应物理插槽上的 MON 板，本实例均在板卡 1 中进行配置。连接列表中应配置至少 2 个连接（见图 4-135）：IEC 61850 客户端规约负责站内信息的采集、标准 104 调度规约负责对调度端进行通信，分别通过

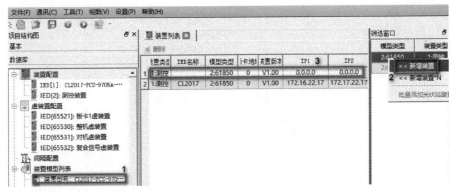

图 4-134　测控装置基本配置

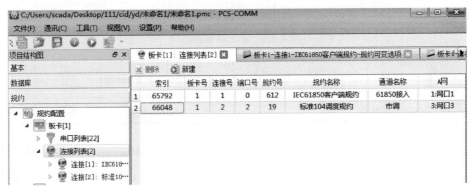

图 4-135　规约连接列表配置

网卡 1 对下通信，网卡 3 对调度通信，若要启用数据通信网关机的 SNTP 服务器功能，也需要在此处配置 SNTP 规约负责对时报文下发。在新建连接时需选择导入对应的规约文本，典型规约文本为 IEC 61850 客户端规约.pcfg,标准调度 104.pcfg 和 SNTP.pcfg。

1）61850 规约配置。

a. 规约可变选项。BRCB 实例号和 URCB 实例号应不得与监控主机和站控层其他主机冲突，一般应由自动化集成厂商者统一分配。BRCB 上送周期为 0ms，URCB 上送周期为 30000ms,其中 0 表示 PCS9799 不对装置设置周期，如需要设置周期上送，上送周期的值为装置的缺省值。BRCB 类型的报告控制块对应的数据集中的 fcda 为信号类的，一般不需要周期上送，默认配置为 0。URCB 类型的报告控制块对应的数据集中的 fcda 为测量类的，一般需要周期上送，但周期不要太短，默认配置为 30s。

61850 规约可变选项设置如图 4-136 所示。

BRCB 和 URCB 的 OptFlds 默认设置为十六进制 3900 和 3800。0 表示 PCS9799 不对装置设置 OptFlds，OptFlds 的值为装置的缺省值。3900 二进制为 0011100100，表示报告中含有时标、上送原因、数据集名称和报告的 entryID。3800 二进制为 0011100000，表示报告中含有时标，上送原因和数据集名称。OptFlds 共 10 位，定义如下：

369

图 4-136　61850 规约选项

reservel	sequence-mber	report-time-stamp	reason-for-inclusion	data-set-name	date-reference	buffer-overflow	entry-ID
Conf-revisoin	Segmentation	未用	未用	未用	未用	未用	未用

　　BRCB 和 RCB 的 TrgOps 默认设置为十六进制 44 和 4C。总召唤总同期默认设置为 15min，当该值设置过小时，可能出现总召数据上送不完就执行下次总召，造成通信频繁中断。本规约可以对装置的报告控制块进行操作，本选项用来控制报告的触发条件，0 表示 PCS9799 不对装置设置 TrgoOps，TrgOps 的值为装置的缺省值。44 二进制为 01000100，表示开启装置报告的数据变化上送和总召唤上送功能。4c 二进制为 01001100，表示开启装置报告的数据变化上送、周期上送和总召唤上送功能。TrgOps 共 6 位，分别为：

未用	数据变化	品质变化	数据刷新	周期	总召唤	未用	未用

　　b. 装置配置信息。此处需将数据库配置中的装置加入，具体步骤如图 4-137 所示，在筛选窗口对应装置处点右键，选择"新增装置"即可将数据库配置的装置添加至 61850 通信连接中，只有在此处完成添加后，装置和数据通信网关机才能正常通信。如果该装置 BRCB/URCB 为多实例，此处配置实例号，范围为 0~99。该参数与规约信息中的"BRCB/URCB 实例号"配合使用，本参数优先，如果本参数为无效值，则规约信息中的参数有效。注意，默认配置为 100，表示无效，采用规约可变选项中的统一参数。

　　2）104 规约配置。

　　a. 规约可变选项。规约模块启用默认为"0：YES"；服务器端口号 2404；主站 IP 地址填写主站对应 IP 即可；主站 IP 地址匹配策略：1 为仅通过 IP 地址匹配，2 为通过 IP 段匹配，0 为通过 IP 地址或者 IP 段匹配；K 值默认为 12，W 值为 8，当 K 和 W 值设置

图 4-137　61850 装置配置

配合不当，可能造成 104 通道频繁中断不能上送数据；T1 默认 60s，T2 默认 10s，T3 默认 20s，3 个时间设置不当也可能造成 104 通道中断。图 4-138 中信息体地址选项卡可对信息体的起始地址进行配置，当转发表数据不对时可能是信息体起始地址不正确造成。

	名称	实际值
1	规约模块启用	0:YES
2	通道响应启动延时(秒)	150
3	通信中断判断时限(秒)	60
4	厂站服务器端口号	2404
5	主站端IP地址01	0.0.0.0
6	主站端IP地址02	0.0.0.0
7	主站端IP地址03	0.0.0.0
8	主站端IP地址04	0.0.0.0
9	主站端IP地址05	0.0.0.0
10	主站端IP地址06	0.0.0.0
11	主站端IP地址07	0.0.0.0
12	主站端IP地址08	0.0.0.0
13	主站端IP地址09	0.0.0.0
14	主站端IP地址10	0.0.0.0
15	主站端IP地址网段	0.0.0.0
16	主站端IP地址匹配策略	1:仅通过IP地址来匹配
17	应用数据帧传送频度	5:每秒80帧
18	帧序号校验策略	0:同时校验发送和接收序号
19	I帧发送策略	0:发出的I帧未被确认数目大于…
20	K值	12
21	I帧接收策略	0:收到I帧数目达到W值之前进…
22	W值	8
23	超时时间T1应用逻辑	0:发出报文超时T1无确认则关…
24	超时时间T1值(秒)	60
25	超时时间T2应用逻辑	0:无接收报文超时T2则启动S帧发送
26	超时时间T2值(秒)	10
27	超时时间T3应用逻辑	0:无数据活动超时T3则启动U…
28	超时时间T3值(秒)	20
29	应用层地址长度	1:2字节

图 4-138　104 规约基本配置

b. 转发表配置。遥测引用表、遥信引用表、遥控引用表配置方法一样，其中单双点遥信表和遥控表的区别在于是用单点还是双点进行报文传输，至于到底选用何种方式传输应跟调度主站协商一致。比如单点报文中 1 表示合位，而在双点报文中 1 表示为分位，所以应根据主站要求进行配置。具体配置方法如图 4-139 所示，第 1 步选择对应的转发表，第 2 步选择对应的装置，第 3 步在对应的点上按右键选择添加的方式，第 4 步在添加的转发表中填写信息体地址，此处信息体地址都填 0 的话将按照规约配置中的起始地址按照顺序进行转发。此处填写的信息体地址应和规约配置选项中的起始地址均为十进制数。默认遥信起始地址为 1H，遥测起始地址 4001H 对应十进制为16385，遥控起始地址 6001H 对应十进制为 24577。

图 4-139　104 转发表配置

（4）高级配置。如图 4-140 所示，高级应用中应将"实时库配置"中"状态量存储历史库"设为"Yes"，允许状态量存储历史库。

	名称	实际值
1	建库方式	0:静态
2	状态量存储历史库	1:YES
3	测量量存储历史库	0:NO
4	计量量存储历史库	0:NO
5	档位存储历史库	0:NO
6	状态量断面存储周期(秒)	0
7	测量量断面存储周期(秒)	0
8	计量量断面存储周期(秒)	0
9	档位断面存储周期(秒)	0

图 4-140　高级应用实时库配置

三、通道调试

在 PCS-COMM 软件中点击 图标即可启动 PCS-Gateway 调试工具进行通道报文监视，如果不能正常启动，需要在设置面板中去更改 PCS-Gateway 的默认路径。在 PCS-Gateway 软件中点击"通讯"→"调试"，在弹出的面板中输入需要连接的管理机的 IP 地址（见图 4-141），即可对数据通信网关机的实时通信情况进行查看，可查看对下 61850 通信状态和对上 104 通信状态，可对通信状态进行逐项排查，输入密码（默认 111111）连接成功后，会

图 4-141　IP 设置

在事件输出界面返回"连接管理机成功，进入调试模式！"。

1. 站内 IED 装置查看

PCS-Gateway 进入调试状态后，双击对应装置列表，可查看站内 IED 装置通信状态，如图 4-142 所示。

图 4-142　站内 IED 通信状态查看

双击 IED 装置，然后点击 RDB，可展开查看 IED 装置 61850 通信的详细状态，如图 4-143 所示，可查看实际值、品质位、刷新时间等参数。

图 4-143　站内 IED 装置 RDB 实时值查看

2. 站内 61850 规约调试

如图 4-144 所示，点击规约配置"连接 1：IEC 61850 客户端"，点击右键重启规约，可查看数据通信网关机与站内装置 61850 通信的过程，方便进行故障排查。

图 4-144　站内 61850 规约通信调试

3. 调度 104 规约调试

如图 4-145 所示，点击规约配置"连接 2：标准 104 调度规约"，点击右键重启规约，可查看数据通信网关机与调度主站建立连接及通信的过程，方便进行故障排查。

图 4-145　调度 104 规约通信调试

4. 网络报文抓包分析

点击 PCS-Gateway 主界面"工具→网络抓包"可根据需要对数据通信网关机的网口进行抓包，图 4-146 为抓取网口 1 的 61850 报文。若要使用工具中的 FTP 和 TELNET 工具，需要在输入密码（默认 1111111）进行确认。

图 4-146　数据通信网关机抓包设置

四、维护要点及注意事项

1. 控制功能设置

在数据通信网关机操作控制参数，可以对测控装置进行"远方/就地"投退，投退后不影响测控装置遥测、遥信上送，但远方无法遥控。此时即使重新下装数据通信网关机也不能改变"远方/就地"状态，需人工进行设置。

2. 遥控同期模型

南瑞继保方案：一个遥控对象实现检同期、检无压、不检、自适应四种方式的遥控，其中自适应方式为由测控/保护装置按其参数采取对应合闸逻辑判断。可采用以下方案：检同期、检无压、不检、自适应等方式的遥控分别由不同的遥控点实现。如开关遥控，四种方式，其 ICD 文件提供 4 个遥控点。

注意：此参数已经不在规约的装置配置信息中配置，而在"数据库→SCL 模型"中按照模型统一配置。

第八节 工 程 实 践

一、线路更名

下面以把"220kV 竞赛线 2017 测控装置"改成"220kV 技培线 2017 测控装置"为例，说明改名的过程，只改线路名称，调度编号不变。

1. SCD 更名

首先在 SCD 里修改装置的描述，把"220kV 竞赛线 2017 测控装置"改成"220kV 技培线 2017 测控装置"。

接着在装置的数据集里，把相应遥信的描述由"竞赛 2017"替换成"教培 2017"，可多选遥信然后通过鼠标右键"替换描述"来进行批量修改，如图 4-147 所示。

图 4-147　SCD 装置描述更名

然后把 CTRL、MEAS 逻辑节点下的遥测、遥控点的描述进行替换（见图 4-148）。另一种更名方式是在"测点数据"中，统一按测点类型，将遥测、遥信、遥控全部测点中的"竞赛 2017"替换成"技培 2017"（见图 4-149）。

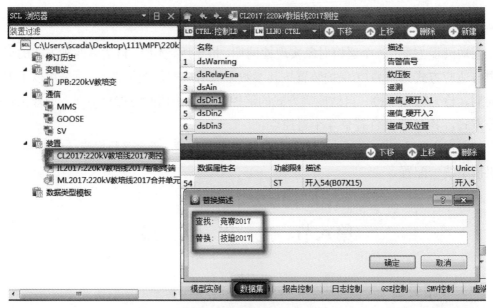

图 4-148　数据集遥信描述更名

图 4-149　测点数据查找替换

2. 监控主机更新

当 SCD 里描述修改完毕，重新导入 SCD 至监控主机组态库即可，点击"维护程序→数据库组态"，启动数据库组态工具，并在厂站名上点击右键，选择"导入 SCD"，在界面选择"导入二次系统"，不选"SCD 中未定义装置从数据中删除"（见图 4-150）。接下来选择需要更新的装置，不选择过程层设备，数据库组态工具会将 SCD 中的测点描述，更新到数据库中的测点描述，如果 SCD 中有新增点，数据库也将同步添加新增的点。

图 4-150　选择装置

接着，在监控主机数据库中检查遥测、遥信、遥控所有的描述是否都已经更新正确，一次设备的关联是否正确等（见图 4-151）。一般情况下数据库只要做检查就行了，不需要做任何修改。

	描述名	原始名
407	220kV教培线2017测控_开入119(B10X20)	开入119(B10X20)
408	220kV教培线2017测控_开入120(B10X21)	开入120(B10X21)
409	220kV教培线2017测控_总断路器位置	总断路器位置
410	220kV教培线2017测控_闸刀1位置	闸刀1位置
411	220kV教培线2017测控_闸刀2位置	闸刀2位置
412	220kV教培线2017测控_闸刀3位置	闸刀3位置
413	220kV教培线2017测控_接地闸刀1位置	接地闸刀1位置
414	220kV教培线2017测控_接地闸刀2位置	接地闸刀2位置

系统配置
采集点配置
- 厂站分支
  - 220kV技培变
    - 220kV西彭线266测控
    - 220kV教培线2017测控
      - IEC61850模型
      - 装置测点
        - 遥信
        - 遥测
        - 遥控

图 4-151　检查数据库

最后更新监控主机画面，点击"维护程序→图形组态"，找到间隔相应的分图，例如 220kV 竞赛线分图，直接点击保存按钮，会弹出窗口提示路径变化，直接点击确定即可自动更新。此时，画面中的遥测、遥信、遥控关联就会自动刷过来了。唯一需要做的就是把分画面、主画面标题手动改一下即可。然后保存发布画面即可。

二、编号及线路更名

对于需要修改调度编号以及线路名称的情况，基本操作过程与线路更名基本一致，此处以"220kV 竞赛线 2017 测控装置"改成"220kV 技培线 2617 测控装置"为例进行说明。首先，SCD 修改和数据库更新的操作过程与线路更名操作的过程完全一致。仅在 SCD 中进行信号描述替换的时候，需要带编号修改，如："竞赛线 2017"替换为"技培线 2617"。数据库操作还是一样更新 SCD 即可（见图 4-152）。

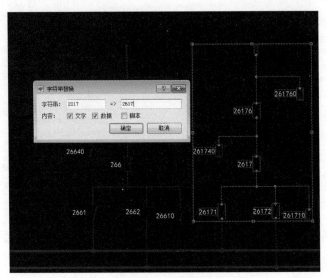

图 4-152　画面更新

　　画面更新过程中，需要在主接线图中，将 2017 间隔替换为 2617 间隔，然后填库，填库结束后，数据库中一次设备配置里，2017 间隔中的一次设备会自动更新为 2617 间隔，同时开关、刀闸关联的信号描述也自动更新为技培 2617 的信号了。画面更新操作同线路更名操作，画面保存时，提示测点关联路径变化，确认后直接保存、发布画面。最后把所有的画面都要发布成最新版本，数据库也要发布。

第九节　常见故障排查思路及处理方法

一、监控主机类

1. 监控主机与站控层设备通信问题

　　对该类故障，应检查监控主机与交换机的网络通信问题。使用 ifconfig -a 命令查看本地网卡状态，确定本地网卡状态后再进一步排查。用 ping 命令进行测试帮助排查，ping 127.0.0.1 或者 ping localhost，确认操作系统到本地网卡硬件联通性。本地 ping 正常，物理网卡在 UP 状态，分别 ping 站内 A 网和 B 网地址，A、B 网线反插是现场最容易出现的故障。

2. 监控主机与间隔层设备通信问题

　　对该类故障，在确认监控主机与其他正常运行装置通信良好后，可排除监控主机故障的可能性，重点排除间隔层设备（保护、测控装置）与站控层交换机的通信状况。首先应检查测控装置的 IP 设置以及至交换机的网线，确认物理连接的联通性后再做进一步排查。用 ping 命令确认物理连接正常后，再做进一步排查。

3. 监控主机功能模块故障

检查监控主机的 61850 进程和模块是否正常启动。检查监控主机的报告实例号是否冲突。检查 BRCB 和 URCB 报告控制块的触发选项是否设置正确。可对触发选项进行全局设置，也可针对单一控制块进行设置，应分别进行检查。

4. 监控主机遥控功能故障

首先应检查登录账号情况，该账号是否有遥控操作权限。然后应该核实是否在间隔分图进行遥控操作，在主接线图上进行遥控操作是否已被设置为禁止。核实监控主机与五防通信是否正常，是否由五防闭锁了该遥控操作。检查该测控装置的通信与站控层通信是否正常，是否由于遥信在不定态造成不能正常遥控。

二、测控装置类

1. SV 采样问题

测控装置采用组网方式进行 SV 采样，9-2 接收模式应设置为 2（0 点对点，1 组网，2 两者），同时应检查"测控采样定值→最大通道限制"的设置是否正确。

2. IED Name 问题

智能变电站测控装置与监控主机的通信不光依赖于 IP，在与监控主机通信时要验证下装到测控装置的 CID 文件中的 IED Name，在下装过程中要防止 IED Name 被随意更改。

三、智能终端类

1. 设备失电类故障

故障现象：装置运行异常。

故障原因：装置工作电源正、负电源内、外侧线压在了绝缘皮上、虚接、端子接线错位。

处理方法：用万用表测量端子内外的正负电源是否有电压，并确认内外侧线接线正确、接触良好。

2. 智能终端与其他链路中断类故障

故障现象：测控装置显示 GO/SV 断链告警、合并单元 GO/SV 断链灯亮、智能终端 GO 断链灯亮。

故障原因：① 光口收发口反接（装置侧或交换机侧均有可能），此时交换机相应的灯不亮；② 交换机侧，每个装置收发光纤不成对，有错接，此时交换机灯亮，但是报 GO/SV 断链；③ 相应装置下载的 goose.txt 文件与 SCD 不符合；④ SCD 配置接收光口与实际光口接线不相符；⑤ SCD 内 VLAN 设置与交换机划分不符；⑥ 交换机过程层 VLAN 划分不正确。

处理方法：① 对调纤芯使收发正确（在装置侧或者交换机侧将光纤的收、发纤芯对调都可以）；② 理清光纤，收发成对；③ 重新导出装置配置，下载，重启装置；④ 修改 SCD 内的光口配置或者更改过程层接线；⑤ 按照设计要求和实际，正确设置交换机 VLAN，恢复 SCD 内的默认 VLAN 为 0；⑥ 正确设置交换机 VLAN。

3. 遥信异常类故障

故障原因：① 智能终端已投入检修压板；② 智能终端遥信正、负电源内、外侧线压在了绝缘皮上、虚接、端子接线错位；③ 智能终端背板未插紧；④ 智能终端的开入短接至正电源；⑤ 智能终端压板背部被短接。

处理方法：① 退出检修压板；② 用万用表测量端子上的正负电源是否有电压，并确认内外侧线接线正确、接触良好；③ 确认正负电源接线正确、接触良好，背板线接触良好并插紧；④ 用万用表测量端子上的电位是否在开入变位时无变化，核对端子上有无多余接线，有的话拆除；⑤ 压板退出后，用万用表测量压板两端压降是否还是为 0，然后将遥信电源拉开后，确认是否有短接线，拆除后再上电。

4. 遥控异常类故障

（1）故障现象：选择成功，执行不成功，面板可以看到遥控选择信息。

故障原因：① 智能终端 KK 把手非远方状态；② 智能终端检修压板投入；③ 智能终端断路器遥控回路独立使能为 1。

处理方法：① 切换到远方状态；② 智能终端检修压板退出；③ 正确设置智能终端定值。

（2）故障现象：开关无法控制，智能终端控制回路断线。

故障原因：开关控制回路正、负电源内、外侧线压在了绝缘皮上、虚接、端子接线错位。

处理方法：用万用表测量端子上的正负电源是否有电压，并确认内外侧线接线正确、接触良好。

（3）故障现象：所有遥控无法出口，但 KK 把手可以操作。

故障原因：智能终端开出板件未插好或松动。

处理方法：确认正负电源接线正确、接触良好，将板件接触良好并插紧。

5. 对时异常类故障

故障现象：失步告警。

故障原因：智能终端 B 码对时光纤未插好。

处理方法：插好 B 码尾纤。

四、合并单元类

1. 设备失电类故障

故障现象：装置运行异常。

故障原因：装置工作电源正、负电源内、外侧线压在了绝缘皮上、虚接、端子接线错位。

处理方法：用万用表测量端子上的正负电源是否有电压，并确认内外侧线接线正确、接触良好。

2. 合并单元与其他链路中断类故障

故障现象：测控装置显示 GO/SV 断链告警、合并单元 GO/SV 断链灯亮、智能终端 GO 断链灯亮。

故障原因：① 光口收发反接（装置侧或交换机侧），交换机相应的灯不亮；② 交换机侧，每个装置收发光纤不成对，有错接，交换机灯亮，但是 GO/SV 断链；③ 相应装置下载 goose.txt 文件与 SCD 不符合；④ SCD 配置接收光口与实际光口接线不相符；⑤ SCD 内 VLAN 设置与交换机划分不符；⑥ 交换机过程层 VLAN 划分不正确。

处理方法：① 对调纤芯使收发正确（在装置侧或者交换机侧反都可以）；② 理清光纤，收发成对；③ 重新导出装置配置，下载，重启装置；④ 修改 SCD 内的光口配置或者更改过程层接线；⑤ 按照设计要求和实际，正确设置交换机 VLAN，恢复 SCD 内的默认 VLAN 为 0；⑥ 正确设置交换机 VLAN。

3. 遥测异常类故障

故障现象：测控装置遥测不对或者数据异常。

故障原因：① 合并单元 TA/TV 变比设置不正确；② 合并单元电压级联规约；③ 电压 U_n 接线虚接或线被压在了绝缘皮上；④ 电压回路中空开接线虚接或者接线被压在了绝缘皮上；⑤ 电流回路单相、相间被短接。

处理方法：① 模拟液晶修改合并单元变比；② 修改级联规约为 0，代表交流头常规采样；③ 确认电压数据接收无误，但各项数据均不准，确认 U_n 的接线是否错位，是否有线被压在了绝缘皮上；④ 查看合并单元上无电压数据，并用万用表测量发现无电压，但仪器输入有电压，将仪器输出关掉后，检查空开是否有接线虚接或被压在了绝缘皮上，并进行恢复；⑤ 查看合并单元上的电流数据，确认虚端子连接也正常，将仪器输出关掉后，确认端子、背板上是否存在短接，发现后进行恢复。

4. 对时异常类故障

故障现象：失步告警。

故障原因：合并单元对时模式设置错误。

处理方法：修改测控装置定值与实际接线相符。

五、数据通信网关机类

1. 与间隔层装置通信不通的核查

（1）在 PCS9799 的液晶面板进行 ping 操作，确定是否可以 ping 通间隔层设备。

（2）核实组态中间隔层设备的 IEDname、IP 是否正确，且需要核实组态中是否有 IEDname 和 IP 重复的情况（通过 PCS9794A 代理模式的除外）。

（3）核实现场分配给数据通信网关机的实例号是否与其他客户端冲突，以及确定间隔层设备是单实例还是多实例，需要按照间隔层设备进行配置。

2. 无法接收间隔层装置的信息

（1）需要核实 PCS9799 组态的模型与间隔层设备使用的模型是否一致。

（2）需要核实间隔层设备是否投入检修模式。

3. 对间隔层装置进行控制失败

（1）需要核实 PCS9799 组态中同期模式参数是否配置正确。

（2）需要核实该控制点的控制类型是否正确（ctlmodel 的类型）。

六、网络故障类

1. 监控主机与测控装置通信中断

故障现象：监控主机画面不刷新或者告警实时框内无任何装置的有效变位或告警信息。

故障原因：① 监控主机网线插错网卡；② 监控主机网线虚接；③ 测控装置后网线虚接；④ 测控装置 IP 地址设置错误；⑤ 测控装置 IEDname 与客户端不符；⑥ 测控装置 GOOSE 通信 4138 插件未投入；⑦ 数据库 pcsdebdef 菜单操作—报告控制块设置 BRCB/URCB 中报告触发条件设置不正确；⑧ pcs9700/deployment/etc/fe/inst.ini 文件内报告实例号与数据通信网关机设置相同；⑨ SCD 无测控装置 S1 访问点；⑩ 交换机内

站控层设置了端口 PVID+VLAN 分组，监控主机、测控装置不再同一个 VLAN 内，监控主机与测控装置 ping 失败。

处理方法：① 桌面右键 console 内敲命令 ifconfig，查看监控主机各网口 IP 地址；② 网线虚接恢复；③ ping 命令不通，检查交换机网口闪烁情况，测控装置网口闪烁；④ 修改测控装置 IP 地址；⑤ 液晶修改 IEDname 或者重新下载 cid 模型；⑥ 板卡配置中投入 4138 插件；⑦ 按需设置，通常为周期/总召/变化上送；⑧ 监控主机 inst 下默认 scada1 实例号为 1；修改监控主机实例或数据通信网关机实例保证不冲突；⑨ SCD 中添加 S1 访问点；⑩ 明确交换机的 VLAN 划分依据，根据交换机网口所接装置，配置正确的站控层 VLAN+端口 VlanID 号，使之存在于同一组。

2. 数据通信网关机与测控装置通信中断

故障现象：数据通信网关机内通信中断显示对测控装置通信中断。

故障原因：① 数据通信网关机对下网线插错网卡或者虚接；② 数据通信网关机对下不通，交换机侧虚接；③ 测控装置未添加到 61850 客户端规约下；④ 61850 规约未选择所属网卡；⑤ 数据通信网关机组态中测控装置 IP 地址错；⑥ 数据通信网关机组态中测控装置 IED 名称错；⑦ 61850 规约可变选项中 BRCB/URCB 实例序号与监控主机冲突或 61850 规约中不冲突但装置配置信息下的 BRCB/URCB 实例序号与监控主机冲突；⑧ 61850 客户端规约中 TrgOps 触发条件设置错误；⑨ 交换机内站控层设置了端口 PVID+VLAN 分组，数据通信网关机、测控装置不在同一个 VLAN 内，数据通信网关机与测控装置 ping 失败。

处理方法：① 监控主机 ping 不通数据通信网关机对下 IP 地址，检查数据通信网关机对下网线的插接情况，发现网口插错或虚接，恢复正常插接；② 监控主机 ping 不通数据通信网关机对下 IP 地址，检查交换机侧网线的插接情况，发现网口插错或虚接，恢复正常插接；③ 将测控装置添加到 61850 客户端下的装置配置信息中；④ 数据通信网关机报警，分进程出错，选择连接表下的 A 网实际网卡；⑤ 数据库装置配置中修改 IP 地址，保存下装，重启生效；⑥ 数据库装置配置中修改 IEDname，保存下装，重启生效；⑦ 修改 BRCB/URCB 实例号；⑧ BRCB 一般为 44；URCB 一般为 4c；⑨ 明确交换机的 VLAN 划分依据，根据交换机网口所接装置，配置正确的站控层 VLAN+端口 VlanID 号，使之存在于同一组。

3. 数据通信网关机 104 通信中断

故障现象：数据通信网关机显示 104 通信中断或 104 模拟工具通信不上。

故障原因：① 数据通信网关机对上 104 网线插错网卡或者虚接；② 数据通信网关机 104 插件网线，交换机侧虚接；③ 数据通信网关机液晶上厂站 IP 地址设置错误；

④ 数据通信网关机组态内主站前置 IP 地址设置错误;⑤ 数据通信网关机组态内 104 规约模块未启用;⑥ 104 厂站服务器端口号 2404 设置错误;⑦ 104 规约超时时间 T_1 值小于超时时间 T_2;⑧ 交换机内站控层设置了 vlan+端口 vlanID,导致数据通信网关机对上、仿真机不再同一个组。

处理方法:① 数据通信网关机网线恢复至相应网口;② 数据通信网关机网线交换机侧排除虚接;③ 数据通信网关机液晶上厂站 IP 地址设置正确,保存,下装重启;④ 数据通信网关机组态内主站前置 IP 地址设置正确,保存,下装重启;⑤ 数据通信网关机组态内 104 规约模块设置正确,保存,下装重启;⑥ 104 厂站服务器端口号 2404 设置正确,保存,下装重启;⑦ 修改 104 可变信息下的 T_1 时间,一般大于 T_2 即可,默认 60s;⑧ 明确交换机的 VLAN 划分依据,根据交换机网口所接装置,配置正确的站控层 VLAN+端口 VlanID 号,使之存在于同一组。

第五章

智能变电站自动化系统常见故障排查思路及案例分析

第一节 故障排查思路

由于智能变电站通信规约和网络结构与常规变电站有较大区别，智能变电站的维护和故障处理方法发生了较大改变。针对智能变电站的故障，二次检修人员首先要清楚设备的运行原理，然后采取科学的方法逐步缩小故障点的判别区域，达到精准定位，这里罗列一些排查思路，希望可以给现场人员帮助。

一、抽屉原则

通常变电站的遥信、遥测、遥控功能出现问题，从站端一次设备到主站自动化系统涉及的回路和设备较多，我们按照抽屉原则从现场一次设备第一个回路或设备节点依次检查至主站自动化系统，检查内容包含二次电源电压、二次电缆接线、网络交换机网口/光口及网线、配置参数等。这是最基础的办法，也是最耗时间的办法。

二、逆向思维法

既然"三遥"数据出现问题，那么先从系统参数检测，再检查二次设备到一次设备，根据出现的现象一层一层往一次设备方向排查。偶然出现的故障，若在系统上无相关回路的工作，系统参数和设备参数就不会有问题，着重检查回路和硬件问题。若异常发生前，在系统上有相关工作，那么着重检查工作要接触到的设备硬件和参数配置。系统上参数检查对比是最容易检查的地方，二次设备和网络设备需到现场不停电先进行检查，有必要时对一次设备停电进行检查。

三、分段排除法

以某回路三遥异常的故障排查为例,此时就需要采用分段排除法,因为它的回路从一次设备到二次端子再到过程层设备、过程层网络、间隔层设备到站控层网络到站控层设备再通过调度数据网设备、通信传输设备及通道到达调度主站自动化系统。首先可以通过对比主站自动化系统和站端自动化设备区别是站内故障还是主站自动化系统故障,锁定异常的大概范围。若为站内故障,则从中间测控装置查找问题,因为测控装置液晶展示的信息丰富易于检查问题,若测控装置信息检查无问题,则故障可能出现在测控装置上送方向;若测控装置信息检查都发现异常,则故障可能出现在测控装置靠近一次设备这边。判断完测控装置,故障范围基本缩小一半,接下来,确定问题范围后,再取这个范围的中心点设备继续分段排查。同样原理可以检查监控主机、合并单元、智能终端的数据,这样逐渐将故障范围缩小 1/2 以达到精确定位的目的。测控装置以上通信报文的问题,可以通过抓包 MMS 报文的方式检查。过程层设备一般无液晶显示,可以通过模拟液晶查看,或者通过智能变电站网络报文分析仪和故障录波或抓包工具进行过程层 GOOSE 和 SV 信息的检查。

四、置换排除法

针对一个系统中有多个零部件共同工作产生作用,不能判断究竟是哪个部件出现问题,那么可以采取使用相同型号相同配置的部件去置换,当更换到坏部件,故障现象发生改变或者故障恢复,那么就能推断故障的原因。譬如测控装置、合并单元、智能终端,装置异常有可能是采集插件、DI 开入插件、DO 输出插件、CPU 通信插件的问题,在无法判断具体故障位置时,可以通过更换故障相关的其中一个硬件进行尝试,若故障现象恢复则更换的插件正确,若故障仍未恢复则继续尝试更换其他插件。

五、枚举法

有时需要综合思考这个故障原因可能出在什么地方,通过联系设备厂家、经验丰富的自动化运维人员得到一些可能出现故障的点。考虑将这些分散的点一项一项枚举出来,纳入到系统中,如果大概率会出现已发生的故障现象,那么就着重检查这一项。检查这一项时注意其他条件不变,检查一项就详细检查排查一项,尽量不做重复的检查,这样能高效率排查出问题。若检查完所有枚举项也未查出问题,应重新整理思路,看能否找出新的点。在有新的思路后可以考虑重复检查,注意在复杂的检查过程中详细记录检查环境、检查内容、检查思路和检查结果,这样能够避免现场重复工作,利于理清思路找出问题。

六、综合分析

使用以上列举的各种方法或使用其他科学的方式，进行综合分析。

譬如一个回路的遥测数据异常，那么可以与保护采样数据横向对比是否有异常，与计量系统对比是否有异常。可以纵向对比在合并单元、测控装置、监控主机、数据通信网关机、主站调度系统每个地方检查数据是否正确。可以将可疑的遥测数据纳入到系统来考虑，母线平衡的数据是否合理，线路损耗是否合理，变压器损耗是否合理。

譬如一个回路遥信有问题，可以对比监控主机和调度主站的信息，若信号在监控主机和调度主站不一致，那么信号错误一定出在监控主机或数据通信网关机；若信号在监控主机和调度主站一致且错误，那么问题就出在交换机、测控至一次设备。

七、故障处理的"望""闻""问""切"

（1）"望"就是观察，仔细观察故障现象、装置的指示灯和网口指示灯等。

（2）"闻"就是用鼻子闻有无电子元器件烧毁的异味以及用耳听装置有无异响等。

（3）"问"就是查阅装置的修试记录、缺陷记录以及装置的其他资料，了解装置故障初期的状态等信息。

（4）"切"就是触摸、检查，用手感知装置的温度，检查网线有无松动，检查装置等网络通信参数设置情况等。

八、收集故障案例

工作中，应注意收集各厂家各型号装置的常见故障，逐步形成案例集，以供培训和研究、总结。以通信为例，南瑞科技 NS2000 系统的 NSD500V 测控装置网线接触不良或 A、B 网插反时，其面板上相应报警灯亮，四方的 CSC2000 系统的 CSI200E/EA 测控装置 A、B 网插反时遥信、遥测功能正常，但遥控无法执行等。

第二节 案 例 分 析

【案例 1】110kV 洪湖变电站 110kV Ⅰ 母遥测母线电压消失、110kV Ⅰ 母母线测控装置 SV 总告警、GOOSE 总告警（交换机端口故障）。

1. 故障现象

2018 年 9 月 18 日，值班人员通知，110kV 洪湖智能变电站地调及监控主机 110kV Ⅰ 母遥测母线电压消失、110kV Ⅰ 母母线测控装置 SV 总告警、GOOSE 总告警，110kV Ⅰ 母线上其余所有间隔母线电压正常，无其他异常信号（见图 5-1）。

図 5-1 故障現象

（a）SV、GOOSE 总告警；（b）电压异常；（c）链路中断；（d）110kV 母线测控组网口

2. 分析处理过程

准备完毕后迅速奔赴现场，现场查看运行情况,110kV I 母母线测控装置收合并单元、智能终端所有链路中断，110kV I 母线上其余所有间隔保护、测控装置、网分母线电压、链路均正常，无其他异常信号；查询 VLAN 表，观察测控装置至过程层交换机组网口（5 口）灯不亮，110kV I 母合并单元、110kV I 母智能终端组网口亮，初步怀疑

中心交换机光口损坏或跳纤连接故障。临时更换测控装置组网口跳纤至调试口，光口灯亮，链路恢复、遥测恢复，遥信恢复。登录过程层交换机，对备用口（14 口），重新 VLAN 划分，110kV Ⅰ 母测控装置更换到 14 口后，110kV Ⅰ 母母线智能终端、合并单元、母线测控装置均链路恢复，遥信测试正常，遥测恢复正常，遥控选择试验正确，异常恢复（见图 5-2～图 5-4）。

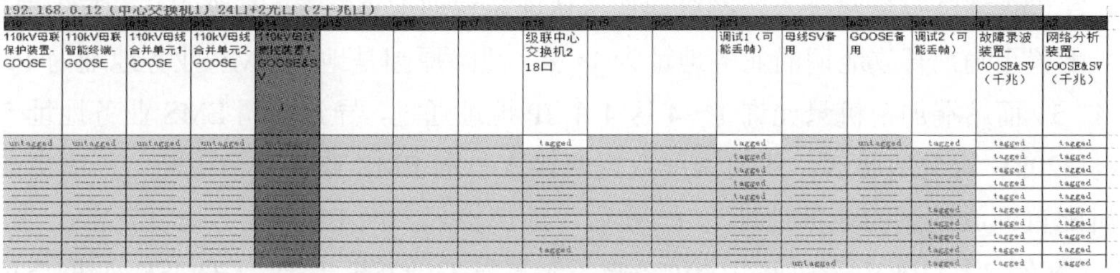

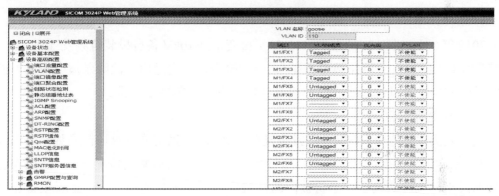

图 5-2　VLAN 表改动

图 5-3　交换机 SV-VLAN 划分

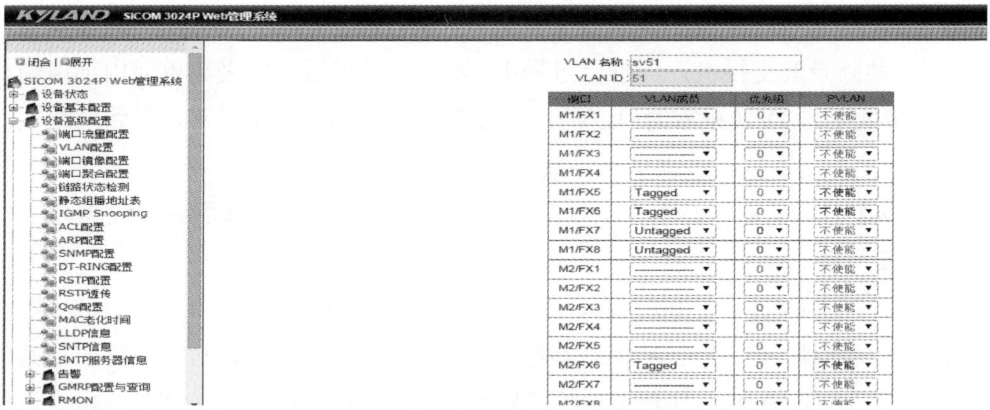

图 5-4　交换机 GOOSE-VLAN 划分

【案例 2】220kV 紫金站调度数据网接入二网 EMS 业务通信中断（加密机配置问题）。

1. 故障现象

2018 年 11 月 28 日 20：23，220kV 紫金变电站更换接入网二网纵向加密认证装置后，调度数据网市调接入二网 EMS 通信正常，但地调接入二网 EMS 链路中断。通过厂家重新进行配置并重启接入网二网纵向加密认证装置后，市调和地调的 EMS 业务均恢复正常。

2. 分析处理过程

经检查调度数据网接入二网纵向加密认证装置的配置情况，发现证书签发正确，端口号配置正确，开放地调的业务地址为 1～4。故障原因是地调 EMS 业务地址为 1、2、3、4、5，而站端加密机只允许 1～4 这 4 个 IP 地址通过，导致地调 EMS 业务地址 5 不能与 220kV 紫金站通信，从而调度数据网接入二网 EMS 业务通信中断。厂家更改加密机配置开放地调的业务地址为 1～6 后，地调接入二网 EMS 业务恢复正常。

【案例 3】110kV 平桥站 10kV 备自投装置发 GOOSE 告警，GOOSE_A 网络风暴（网络风暴）。

1. 故障现象

2018 年 6 月 16 日 17：00 左右，110kV 平桥变电站 10kV 备自投装置频发"B02GOOSE 报警""B02GOOSE_A 网络风暴报警"。通过检查发现问题出在故障录波交换机，拔出故障录波交换机至过程层中心交换机光纤后，设备告警恢复正常。

2. 分析处理过程

二次人员现场检查，不仅备自投装置在告警，网络报文分析仪还监测到全站过程层 GOOSE 报文网络风暴，通过咨询厂家技术人员全站网络风暴的情况下，一旦遇到电网故障通过组网跳闸的设备信息将被阻塞，装置将不能满足速动性、严重者设备还将拒动。通过对全站过程层网络交换机分段隔离排查，最后检查到网络风暴由故障录波交换机设备引起，通过物理隔离故障录波交换机，全站过程层网络风暴消失，其他设备功能恢复正常。故障录波交换机返厂维修过程中，发现交换机运行中采集单元内部电源模块输出电压偏低至 3.1V（正常为 3.3V），光纤采集口主芯片工作异常，导致网络数据异常。现已更换新交换机，过程层网络数据正常。

【案例 4】110kV 顺江站 1 号主变压器 901 遥测数据异常（遥测装置故障）。

1. 故障现象

2018 年 7 月 13 日 14：00 左右，监控值班员发现 EMS（D5000）中 110kV 顺江变电站 1 号主变压器 901 开关 A 相遥测电流显示为 -3600A 左右，对比主变压器其他侧负荷，正常应该为 2500A，且有无功数据异常，现场监控主机和测控装置显示电流值也为 -3600A。901 测控装置型号为东方电子 DF1725A，重启装置后，设备告警恢复正常。

2. 分析处理过程

二次人员现场检查，901 回路在监控主机和测控装置均显示为 -3600A，监控主机与测控装置显示电流值也为 -3600A，检查网口闪烁正常，从监控主机 ping 测控装置无异常，遥测值有刷新。厂家判断为 DSP 程序运行异常，通过重启测控装置，遥测值恢复正常。

【案例 5】110kV 东林变电站测控屏遥信电源模块故障（电源模块故障）。

1. 故障现象

2018 年 11 月 19 日 4：25，110kV 东林变电站"35kV 线路间隔全部遥信异常变位"。8：35 自动化运维人员现场检查发现 35kV 线路间隔一、二次设备运行正常，无异常告警，同时发现 35kV 线路测控屏内所有测控装置面板遥信电源灯频繁闪烁，重启装置未恢复正常。

2. 分析处理过程

自动化运维人员检查 35kV 线路测控屏二次回路后，发现测控屏内遥信稳压电源模块（型号 SP150-48）损坏，导致遥信电压异常，造成监控主机及调度主站接收遥信频繁动作复归，影响了自动化设备的遥信实时性、准确性。现场检查该稳压模块输入及输出均为 DC220V 电压，10：30 将稳压模块跳开暂时恢复测控屏遥信电压，确保自动化设备信息的准确性。14：15 用稳压模块备品备件将故障模块换下，测控屏遥信电压恢复正常。

【案例 6】35kV 来凤变电站东方电子数据通信网关机调度数据网一平面通道中断。（网络参数配置错误）。

1. 故障现象

2018 年 10 月 5 日 16：25，35kV 来凤变电站"调度数据网一平面通道中断"。16：30 自动化主站检查发现主站 EMS 系统前置机无法 ping 通来凤站数据通信网关机 A、数据通信网关机 B。17：00 经向地调申请轮流重启数据通信网关机 A、B 机，调度数据网一平面通道未恢复正常。

2. 分析处理过程

经现场检查发现该站调度数据网路由器、交换机、纵向加密装置已按照电力监控系统安全防护要求细化路由及隧道策略。联系相关专家检查数据通信网关机 A、B 机网络配置，发现装置通道列表下以太网 E/F 中装置内部的掩码配置分别为 255.255.255.252/255.255.255.0，掩码范围较宽，该掩码不符合电力监控系统安全防护要求，将其改为 255.255.255.255 一对一的静态路由，通道恢复正常。

【案例 7】35kV 太龙变电站直流控母、合母电压跳变（遥测采集模块故障）。

1. 故障现象

2018 年 9 月 29 日 00：58，地调监控发现 35kV 太龙变电站"直流充电电压，控母电压频发越一级上限；电压值跳动幅值较大"。8：37 运维人员检查现场直流系统充电电压为 243V，控母电压为 223V，直流系统电压均属正常。同时，运维人员发现站内监控主机也存在数据跳变的问题。10：26 技术人员到站检查处理后，监控主机界面和地调监控界面直流电压数值恢复正常。

2. 分析处理过程

经二次班人员检查监控主机遥测曲线，发现该站除直流充电电压、控母电压曲线上下波动外，该站主控室温度曲线也上下波动。检查直流充电电压、控母电压采集变送器输入端电压均处于正常范围内。检查主控室温度变送器输入端电阻值与当时环境温度幅值匹配。另外，直流电压变送器与温度变送器为不同厂家生产且型号功能不一致，故大概率排除变送器损坏原因，怀疑为该站接入直流充电电压、控母电压和主控室温度的国电南瑞 NSD500M3 公用测控装置 2 遥测采集 AAI 板功能异常。在公用测控装置 2 更换了备用 AAI 插件后，监控主机界面和地调监控界面直流电压数值恢复正常。

【案例 8】220kV 龙都变电站频发 220kV 金都西线 262 开关低油压重合闸报警信号（电缆绝缘降低）。

1. 故障现象

2018 年 11 月 1 日 8：58，地调监控发现 220kV 龙都变电站频发"220kV 金都西线262 开关低油压重合闸报警"信号。9：27 运维人员检查现场监控主机也频发"220kV金都西线 262 开关低油压重合闸报警"信号。9：42 技术人员到站检查处理后，监控主机界面和地调监控界面"220kV 金都西线 262 开关低油压重合闸报警"信号恢复复归状态，再无频发误发现象。

2. 分析处理过程

经二次班人员检查监控主机事项列表，发现该站除短时频发"220kV 金都西线 262开关低油压重合闸报警"外，还有持续时间极短的"直流系统绝缘故障"信号发出。二次班人员认为 220kV 金都西线 262 开关低油压重合闸报警对地绝缘降低导致直流系统绝缘故障和低油压重合闸报警频发伴随复归。在查阅 220kV 金都西线 262 开关机构图纸后，测量确认 A 相低油压重合闸报警接点对地绝缘降低。在用备用线芯替换接入 A相低油压重合闸报警接点后，直流系统绝缘故障和低油压重合闸报警恢复复归状态，再无频发误发现象。

【案例 9】220kV 某变电站变位遥信无法上送至市调、地调主站，站端 SOE 信号可上传至市调、地调主站（Ⅰ区数据通信网关机）。

1. 故障现象

现场检查测控装置无异常，变位遥信、SOE 数据上送至站端监控主机正常。

2. 分析处理过程

该站数据通信网关机运行时间较长，装置老旧，对于多主站多调度数据网的支持能力较弱，由于变电站对应市调、市调备调、地调、地调备调 4 个主站，主站较多，有变位遥信信号时，数据通信网关机无法处理，导致变位遥信无法上送至市调、地调主站，只能上传 SOE 信号至市调、地调主站。更换数据通信网关机及调试，与市调、地调主站联调。

【**案例 10**】220kV 某常规变电站，全站至市调、地调数据不刷新（CAN 网）。

1. 故障现象

现场检查发现监控主机数据也不刷新，所有测控装置通信异常灯亮。

2. 分析处理过程

数据通信网关机与测控装置采用 CAN 网通信，CAN 网 A 口由于数据通信网关机 CAN 网口故障，导致 A 网不通，但之前未发告警。此次数据通信网关机与测控装置 CAN 网 B 通信线缆损坏，导致 CAN 网 B 也不通，全站测控装置至数据通信网关机通信中断，数据不刷新，更换通信线后恢复正常。

附 录
智能变电站自动化系统思维导图

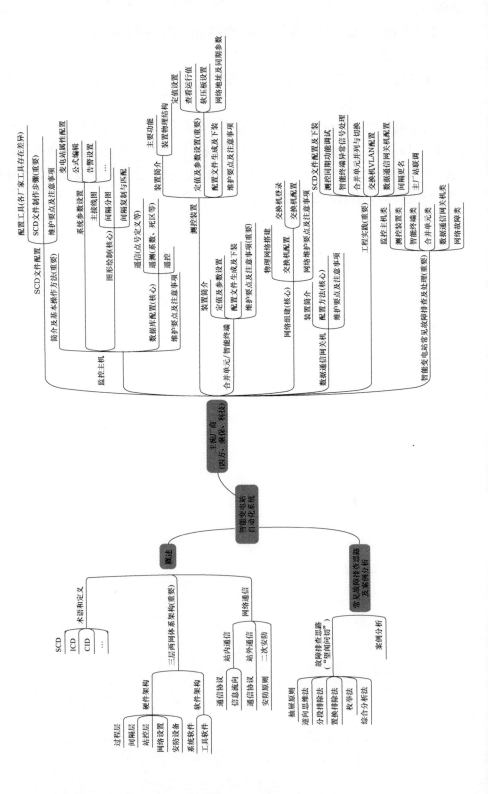